张景中科普文集

ZHANG
JINGZHONG
KEPU WENJI

张景中◎著

几何新方法和新体系

长江出版传媒
湖北科学技术出版社

图书在版编目（C I P）数据

几何新方法和新体系 / 张景中著. -- 武汉 ：
湖北科学技术出版社，2017.6（2022.1 重印）
ISBN 978-7-5352-9544-6

Ⅰ. ①几… Ⅱ. ①张… Ⅲ. ①几何学—少
年读物 Ⅳ. ①O18-49

中国版本图书馆 CIP 数据核字(2017)第 172458 号

责任编辑：王小芳　　封面设计：喻　杨

出版发行：湖北科学技术出版社　　电话：027-87679468
地　　址：武汉市雄楚大街 268 号　　邮编：430070
（湖北出版文化城 B 座 13-14 层）
网　　址：http：//www.hbstp.com.cn

印　　刷：湖北画中画印刷有限公司　　邮编：441300

700×1000　1/16　16.75 印张　280 千字
2017 年 8 月第 1 版　2022 年 1 月第 2 次印刷
定价：62.00 元

ZONGXU

总序

感谢湖北科学技术出版社督促我将这30多年里写的科普作品回顾整理一下。我想人的天性是懒的，就像物体有惰性。要是没什么鞭策，没什么督促，很多事情就做不成。我的第一本科普书《数学传奇》，就是在中国少年儿童出版社的文赞阳先生督促下写成的。那是1979年暑假，他到成都，到我家里找我。他说你还没有出过书，就写一本数学科普书吧。这么说了几次，盛情难却，我就试着写了，自己一读又不满意，就撕掉重新写。那时没有电脑或打字机，是老老实实用笔在稿纸上写的。几个月下来，最后写了6万字。他给我删掉了3万，书就出来了。为什么要删？文先生说，他看不懂的就删，连自己都看不懂，怎么忍心印出来给小朋友看呢？书出来之后，他高兴地告诉我，很受欢迎，并动员我再写一本。

后来，其他的书都是被逼出来的。湖南教育出版社出版的《数学与哲学》，是我大学里高等代数老师丁石孙先生主编的套书中的一本。开策划会时我没出席，他们就留了“数学与哲学”这个题目给我。我不懂哲学，只好找几本书老老实实地学了两个月，加上自己的看法，凑出来交卷。书中对一些古老的话题如“飞矢不动”“白马非马”“先有鸡还是先有蛋”“偶然与必然”，冒昧地提出自己的看法，引起了读者的兴趣。此书后来被3家出版社出版。又被选用改编为数学教育方向的《数学哲学》教材。其中许多材料还被收录于一些中学的校本教材之中。

《数学家的眼光》是被陈效师先生逼出来的。他说，您给文先生写了书，他退休了，我接替他的工作，您也得给我写。我经不住他一再劝说，就答应下来。一答应，就像是欠下一笔债似的，只好想到什么就写点什么。5年积累下来，写成了 6 万字的一本小册子。

这是外因，另外也有内因。自己小时候接触了科普书，感到帮助很大，印象很深。比如苏联伊林的《十万个为什么》《几点钟》《不夜天》《汽车怎样会跑路》；我国顾均正的《科学趣味》和他翻译的《乌拉·波拉故事集》，刘薰宇的《马先生谈算学》和《数学的园地》，王峻岑的《数学列车》。这些书不仅读起来有趣，读后还能够带来悠长的回味和反复的思索。还有法布尔的《蜘蛛的故事》和《化学奇谈》，很有思想，有启发，本来看上去很普通的事情，竟有那么多意想不到的奥妙在里面。看了这些书，就促使自己去学习更多的科学知识，也激发了创作的欲望。那时我就想，如果有人给我出版，我也要写这样好看的书。

法布尔写的书，以十大卷的《昆虫记》为代表，不但是科普书，也可以看成是科学专著。这样的书，小朋友看起来趣味盎然，专家看了也收获颇丰。他的科学研究和科普创作是融为一体的，令人佩服。

写数学科普，想学法布尔太难了。也许根本不可能做到像《昆虫记》那样将科研和科普融为一体。但在写的过程中，总还是禁不住想把自己想出来的东西放到书里，把科研和科普结合起来。

从一开始，写《数学传奇》时，我就努力尝试让读者分享自己体验过的思考的乐趣。书里提到的“五猴分桃”问题，在世界上流传已久。20 世纪 80 年代，诺贝尔奖获得者李政道访问中国科学技术大学，和少年班的学生们座谈时提到这个问题，少年大学生们一时都没有做出来。李政道介绍了著名数学家怀德海的一个巧妙解答，用到了高阶差分方程特解的概念。基于函数相似变换的思想，我设计了“先借后还”的情景，给出一个小学生能够懂的简单解法。这个小小的成功给了我很大的启发：写科普不仅仅是搬运和解读知识，也要深深地思考。

在《数学家的眼光》书中，提到了祖冲之的密率 355/113 有什么好处的问题。数学大师华罗庚在《数论导引》一书中用丢番图理论证明了，所有分母不超过 366 的分数中，355/113 最接近圆周率 π。另一位数学家夏道行，在他的《e 和 π》一书中用连分数理论推出，分母不超过 8000 的分数中，355/113 最接近圆周率 π。在学习了这些方法的基础上我做了进一步探索，只用初中数学中的不等式知识，不多几行的推导就能证明，分母不超过 16586 的分数中，355/113 是最接近 π 的冠军。而 52163/16604 比 355/113 在小数后第七位上略精确一点，但分母却大了上百倍！

我的老师北京大学的程庆民教授在一篇书评中，特别称赞了五猴分桃的新解法。著名数学家王元院士，则在书评中对我在密率问题的处理表示欣赏。学术前辈的鼓励，是对自己的鞭策，也是自己能够长期坚持科普创作的动力之一。

在科普创作时做过的数学题中，我认为最有趣的是生锈圆规作图问题。这个问题是美国著名几何学家佩多教授在国外刊物上提出来的，我们给圆满地解决了。先在国内作为科普文章发表，后来写成英文刊登在国外的学术期刊《几何学报》上。这是数学科普与科研相融合的不多的例子之一。佩多教授就此事发表过一篇短文，盛赞中国几何学者的工作，说这是他最愉快的数学经验之一。

1974 年我在新疆当过中学数学教师。一些教学心得成为后来科普写作的素材。文集中多处涉及面积方法解题，如《从数学教育到教育数学》《新概念几何》《几何的新方法和新体系》等，源于教学经验的启发。面积方法古今中外早已有了。我所做的，主要是提出两个基本工具（共边定理和共角定理），并发现了面积方法是具有普遍意义的几何解题方法。1992 年应周咸青邀请访美合作时，从共边定理的一则应用中提炼出消点算法，发展出几何定理机器证明的新思路。接着和周咸青、高小山合作，系统地建立了几何定理可读证明自动生成的理论和算法。杨路进一步把这个方法推广到非欧几何，并发现了一批非欧几何新定理。国际著名计算机科学家保伊尔（Robert S. Boyer）将此誉为计算机处理几何问题发展道路上的里程碑。这一工作获 1995 年中国科学院自然科学一等奖和 1997 年国家自然科学二等奖。从教学到科普又到科学研究，20 年的发展变化实在出乎自己的意料！

在《数学家的眼光》中，用一个例子说明，用有误差的计算可能获得准确的结果。基于这一想法，最近几年开辟了“零误差计算”的新的研究方向，初步有了不错的结果。例如，用这个思想建立的因式分解新算法，对于两个变元的情形，比现有方法效率有上千倍的提高。这个方向的研究还在发展之中。

1979—1985 年，我在中国科学技术大学先后为少年班和数学系学生讲微积分。在教学中对极限概念和实数理论做了较深入的思考，提出了一种比较容易理解的极限定义方法——“非 ε 语言极限定义”，还发现了类似于数学归纳法的“连续归纳法”。这些想法，连同面积方法的部分例子，构成了 1989 年出版的《从数学教育到教育数学》的主要内容。这本书是在四川教育出版社余秉本女士督促下写出来的。书中第一次提出了“教育数学”的概念，认为教育数学的任务是“为了数学教育的需要，对数学的成果进行再创造。”这一理念渐渐被更多的学者和老师们认同，导致 2004 年教育数学学会（全名是“中国高等教育学会教育数学专业委员会”）的诞生。此后每年举行一次教育数学年会，交流为教育而改进数学的心得。这本书先后由三家出版社出版，从此面积方法在国内被编入多种奥数培训读物。师范院校的教材《初等几何研究》（左铨如、季素月编著，上海科技教育出版社 1991 年出版）中详细介绍了系统面积方法的基本原理。已故的著名数学家和数学教育家，西南师大陈重穆教授在主持编写的《高效初中数学实验教材》中，把面积方法的两个基本工具“共边定理”和“共角定理”作为重要定理，教学实验效果很好。1993 年，四川都江教育学院刘宗贵老师根据此书中的想法编写的教材《非 ε 语言一元微积分学》在贵州教育出版社出版在教学实践中效果明显，后来他还发表了论文。此后，重庆师范学院陈文立先生和广州师范学院萧治经先生所编写的微积分教材，也都采用了此书中提出的“非 ε 语言极限定义”。

10 多年之后，受林群先生研究工作的启发带动，我重启了关于微积分教学改革的思考。文集中有关不用极限的微积分的内容，是 2005 年以来的心得。这方面的见解，得到著名数学教育家张奠宙先生的首肯，使我坚定了投入教学实践的信心。我曾经在高中尝试过用 5 个课时讲不用极限的微积分初步。又在南方科技大学试讲，用 16 个课时不用极限讲一元微积分，严谨论证了所有的基本定理。初步实验的效果尚可，系统的教学实践尚待开展。

也是在 2005 年后，自己对教育数学的具体努力方向有了新的认识。长期以来，几何教学是国际上数学教育关注的焦点之一，我也因此致力于研究更为简便有力的几何解题方法。后来看到大家都在删减传统的初等几何内容，促使我作战略调整的思考，把关注的重点从几何转向三角。2006 年发表了有关重建三角的两篇文章，得到张奠宙先生热情的鼓励支持。这方面的想法，就是《一线串通的初等数学》一书的主要内容。书里面提出，初中一年级就可以学习正弦，然后以三角带动几何，串联代数，用知识的纵横联系驱动学生的思考，促进其学习兴趣与数学素质的提高。初一学三角的方案可行吗？宁波教育学院崔雪芳教授先吃螃蟹，做了一节课的反复试验。她得出的结论是可行！但是，学习内容和国家教材不一致，统考能过关吗？做这样的教学实验有一定风险，需要极大的勇气，也要有行政方面的保护支持。2012 年，在广州市科协开展的“千师万苗工程”支持下，经广州海珠区教育局立项，海珠实验中学组织了两个初中班全程地实验。两个实验班有 105 名学生，入学分班平均成绩为 62 分和 64 分，测试中有三分之二的学生不会作三角形的钝角边上的高，可见数学基础属于一般水平。实验班由一位青年教师张东方负责备课讲课。她把《一线串通的初等数学》的内容分成 5 章 92 课时，整合到人教版初中数学教材之中。整合的结果节省了 60 个课时，5 个学期内不仅讲完了按课程标准 6 个学期应学的内容，还用书中的新方法从一年级下学期讲正弦和正弦定理，以后陆续讲了正弦和角公式，余弦定理这些按常规属于高中课程的内容。教师教得顺利轻松，学生学得积极愉快。其间经历了区里的 3 次期末统考，张东方老师汇报的情况如下：

从成绩看效果

期间经过三次全区期末统考。实验班学生做题如果用了教材以外的知识，必须对所用的公式给出推导过程。在全区 80 个班级中，实验班的成绩突出，比区平均分高很多。满分为 150 分，实验一班有 4 位同学获满分，其中最差的个人成绩 120 多分。

	实验 1 班平均分	实验 2 班平均分	区平均分	全区所有班级排名
七年级下期末	140	138	91	第一名和第八名
八年级上期末	136	133	87.76	第一名和第五名
八年级下期末	145	141	96.83	第一名和第三名

这样的实验效果是出乎我意料的。目前，广州市教育研究院正在总结研究经验，并组织更多的学校准备进行更大规模的教学实验。

科普作品，以“普”为贵。科普作品中的内容若能进入基础教育阶段的教材，被社会认可为青少年普遍要学的知识，就普得不能再普了。当然，一旦成为教材，科普书也就失去了自己作为科普的意义，只是作为历史记录而存在。这是作者的希望，也是多年努力的目标。

文集编辑工作即将完成之际，湖北科学技术出版社刘虹老师建议我写个总序。我从记忆中检索出一些与文集中某些内容有关的往事杂感，勉强塞责。书中不当之处，欢迎读者指正。

湖北科学技术出版社何龙社长和谢俊波主任热心鼓励我出版文集；还有华中师范大学国家数字化学习工程中心彭翕成老师（《绕来绕去的向量法》作者之一，该书中绝大多数例题和题解由他提供）为文集的出版付出了辛勤劳动，在此谨表示衷心的感谢。

2017 年 4 月

目录

MULU

上篇

下篇

上　篇

第1章

大师谈小题九点七线 面积奏奇效一箭三雕

著名数学大师华罗庚，在《1978年全国中学生数学竞赛题解》前言中，谈到了这样一个有趣的几何题：

【例1.1】 凸四边形 $ABCD$ 的两边 AD、BC 延长后交于 K，两边 AB、CD 延长后交于 L. 对角线 BD、AC 延长后分别与直线 KL 交于 F、G.

求证：$\frac{KF}{LF}=\frac{KG}{LG}$.

如图1-1. 只看图，不看文字，题目也是一目了然的. 几条直线那么一交，不附加任何别的条件，凭空就要你证明一个等式，似乎不容易下手．华罗庚在指出这个题目包含了射影几何的基本原理之后，给出了用中学生所掌握的知识解决它的方法. 下述证明引自华罗庚先生所写的前言原文：

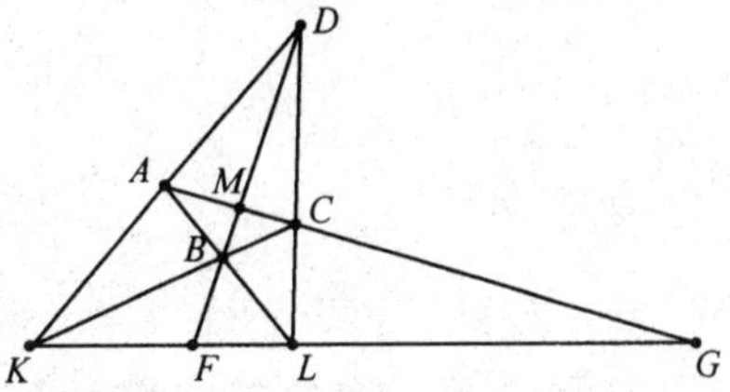

图1-1

证明 1 设$\triangle KFD$中KF边上的高为h，利用

$$2\triangle KFD\text{面积}=KF\cdot h$$
$$=KD\cdot DF\sin\angle KDF,$$

得到

$$KF=\frac{1}{h}\cdot KD\cdot DF\cdot\sin\angle KDF;$$

同理，再求出LF、LG与KG的类似表达式. 因而

$$\frac{KF}{LF}\cdot\frac{LG}{KG}=\frac{KD\cdot DF\sin\angle KDF}{LD\cdot DF\sin\angle LDF}\cdot\frac{LD\cdot DG\sin\angle LDG}{KD\cdot DG\sin\angle KDG}$$
$$=\frac{\sin\angle KDF}{\sin\angle LDF}\cdot\frac{\sin\angle LDG}{\sin\angle KDG}.$$

同样可得到

$$\frac{AM}{CM}\cdot\frac{CG}{AG}=\frac{\sin\angle ADM}{\sin\angle CDM}\cdot\frac{\sin\angle CDG}{\sin\angle ADG},$$

所以

$$\frac{KF}{LF}\cdot\frac{LG}{KG}=\frac{AM}{CM}\cdot\frac{CG}{AG}.$$

类似地可以证明

$$\frac{LF}{KF}\cdot\frac{KG}{LG}=\frac{\sin\angle LBF}{\sin\angle KBF}\cdot\frac{\sin\angle KBG}{\sin\angle LBG}$$
$$=\frac{\sin\angle ABM}{\sin\angle CBM}\cdot\frac{\sin\angle CBG}{\sin\angle ABG}=\frac{AM}{CM}\cdot\frac{CG}{AG}.$$

由此可见$\left(\frac{KF}{LF}\cdot\frac{LG}{KG}\right)^2=1$，即证得结论 .

也许你一时还掌握不了上述证明的要领 . 那不要紧 . 等一下讲一个简单点的证法. 为了介绍那个简单的证法，先要复习一点小学生的几何知识：

三角形的面积等于底乘高的积的一半 .

并且由此可知：

共高三角形的面积比等于底之比 .

别以为这两条命题平凡简单，它们是平面几何中最重要的基本事实 . 从它们

出发，马上可得一个用途极广的几何解题工具，即

共边定理 若直线 AB 与 PQ 交于 M，则有

$$\frac{\triangle PAB}{\triangle QAB}=\frac{PM}{QM}.$$

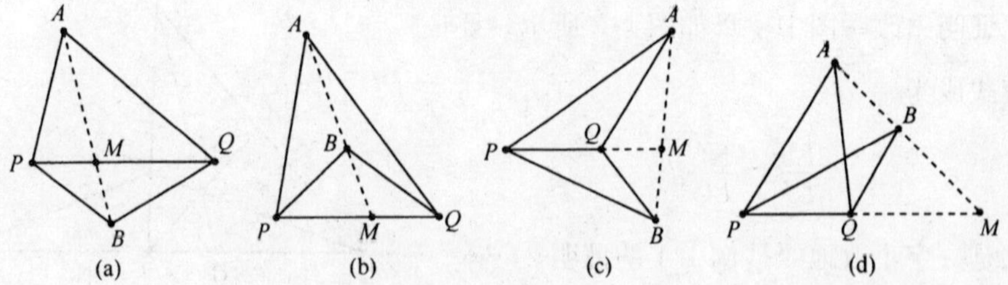

图 1-2

证明 1 不妨设 A 与 M 不同，则

$$\frac{\triangle PAB}{\triangle QAB}=\frac{\triangle PAB}{\triangle PAM}\cdot\frac{\triangle PAM}{\triangle QAM}\cdot\frac{\triangle QAM}{\triangle QAB}$$

$$=\frac{AB}{AM}\cdot\frac{PM}{QM}\cdot\frac{AM}{AB}=\frac{PM}{QM}.$$

证明 2 在直线 AB 上取一点 N 使 $MN=AB$，则 $\triangle PAB=\triangle PMN$，$\triangle QAB=\triangle QMN$. 所以

$$\frac{\triangle PAB}{\triangle QAB}=\frac{\triangle PMN}{\triangle QMN}=\frac{PM}{QM}.$$

这两种证法均适用于图 1-2 的四种情形．在证明 2 中添加的点 N，我们在图 1-2中没有画出，留给读者来做.

有了共边定理，便可以对例 1.1 给出一个十分简捷的证法：

证明 2 由共边定理得

$$\frac{KF}{LF}=\frac{\triangle KBD}{\triangle LBD}=\frac{\triangle KBD}{\triangle KBL}\cdot\frac{\triangle KBL}{\triangle LBD}=\frac{CD}{CL}\cdot\frac{AK}{AD}$$

$$=\frac{\triangle ACD}{\triangle ACL}\cdot\frac{\triangle ACK}{\triangle ACD}=\frac{\triangle ACK}{\triangle ACL}=\frac{KG}{LG}.$$

这比起前一个证法，不但简捷，起点也低得多．共边定理比正弦概念要简单些，准备知识少得多．不但如此，这个证法还有一箭三雕的效果．请看下面的

例子.

【例 1.2】 在图 1-1 中，试证：

$$\frac{MD}{MB}=\frac{FD}{FB}.$$

证明 改写图中字母如图 1-3 所示，要证的等式成为

$$\frac{KF}{LF}=\frac{KG}{LG},$$

证法是一字不改地照抄例 1.1 的证明 2，

$$\frac{KF}{LF}=\frac{\triangle KBD}{\triangle LBD}=\frac{\triangle KBD}{\triangle KBL}\cdot\frac{\triangle KBL}{\triangle LBD}$$

$$=\frac{CD}{CL}\cdot\frac{AK}{AD}=\frac{\triangle ACD}{\triangle ACL}\cdot\frac{\triangle ACK}{\triangle ACD}$$

$$=\frac{\triangle ACK}{\triangle ACL}=\frac{KG}{LG}.$$

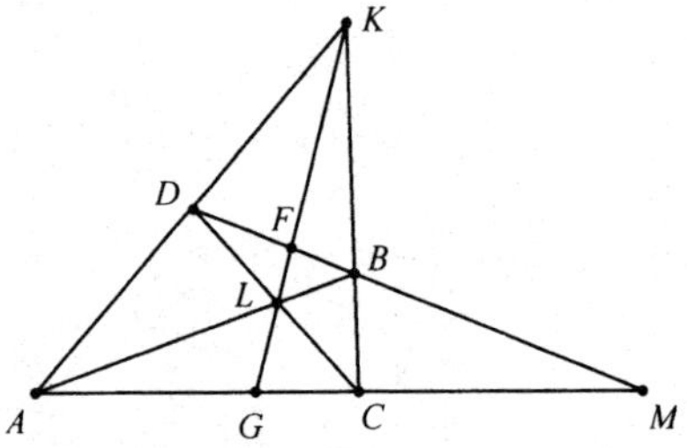

图 1-3

【例 1.3】 在图 1-1 中，试证：

$$\frac{KF}{CM}=\frac{AG}{CG}.$$

证明 把图 1-1 中的字母重新标注如图 1-4所示，则要证的等式为

$$\frac{KF}{LF}=\frac{KG}{LG}.$$

证法仍然是照抄例 1.1 的证明 2，

$$\frac{KF}{LF}=\frac{\triangle KBD}{\triangle LBD}=\frac{\triangle KBD}{\triangle KBL}\cdot\frac{\triangle KBL}{\triangle LBD}$$

$$=\frac{CD}{CL}\cdot\frac{AK}{AD}=\frac{\triangle ACD}{\triangle ACL}\cdot\frac{\triangle ACK}{\triangle ACD}$$

$$=\frac{\triangle ACK}{\triangle ACL}=\frac{KG}{LG}.$$

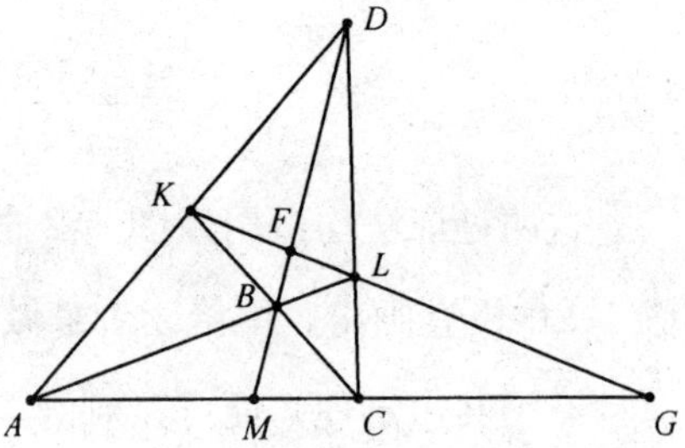

图 1-4

看来，例 1.1 确是一个富有启发性的题目．它向我们提出了一串问题.

第一个问题：数学大师花了很大气力才证出来的等式，怎么会变得如此简单

容易?

首先，不要忘了，我们是站在大师的肩膀上，当然应看得更远、更清楚．后人比前人做得更好，是自然的．其次，具体一点的理由，是我们有了强有力的新工具——共边定理．这个工具的应用，使一大批几何题目变得更容易了．

第二个问题：为什么同样的几行推导竟能用于三个不同的问题?

比较一下图 1-1、图 1-3 和图 1-4，三个图中都有个四边形 $ABCD$. 不同的是，图 1-1 中是凸四边形，图 1-4 中是凹四边形，而图 1-3 中是星形四边形而已．三个图的共同特点是：直线 AD、BC 交于 K，直线 AB、CD 交于 L，直线 BD、AC 分别与 KL 交于 F、G. 在应用共边定理时，我们关心的只是由四点确定的两条直线及其交点，而不管这四个点的相对位置如何．因此，三种情形下，共边定理的应用都通行无阻!

第三个问题是：找出这样简捷的证法，有没有什么窍门? 是单凭灵感碰运气? 还是有章可循?

这是一个更重要的问题．寻找解法的方法比解法本身要重要得多．找到一个题目的解法，好比找到了打开某一把锁的钥匙．知道如何寻找解法，就像掌握了为许多各式各样的锁配钥匙的办法.

寻找解法，也有不同的思路.

从战略上讲，大体有两类想法：

一种是“摸着石头过河”．走一步，摸一步，不断地试探、选择，以求找到成功之路．这种办法如能成功，往往可以找到较简单的解法．但不保险，有可能走到一半就无法前进了.

另一种是“周密算计，顺藤取瓜，务求必得”．这种办法往往以代数为帮手，以计算助推理，有绝大的成功把握．缺点是往往涉及较繁的计算.

下面分别就这两种思路，展开进一步的讨论.

习 题 1

1.1 参照图 1-1，分别从下列几个等式出发，以证明比例式$\frac{KG}{LG}=\frac{KF}{LF}$.

(1) $\frac{KG}{LG}=\frac{\triangle AKG}{\triangle ALG}$; (2) $\frac{KG}{LG}=\frac{\triangle CKG}{\triangle CLG}$;

(3) $\frac{KG}{LG}=\frac{\triangle DCK+\triangle DCG}{\triangle DCG}$; (4) $\frac{KF}{LF}=\frac{\triangle BKF}{\triangle BLF}$;

(5) $\frac{KF}{LF}=\frac{\triangle DKF}{\triangle DLF}$; (6) $\frac{KF}{LF}=\frac{\triangle DMK}{\triangle DML}$.

1.2 参照图 1-1，分别从下列几个等式出发，以证明比例式$\frac{AM}{CM}=\frac{AG}{CG}$.

(1) $\frac{AM}{CM}=\frac{\triangle DAM}{\triangle DCM}$; (2) $\frac{AM}{CM}=\frac{\triangle BAM}{\triangle BCM}$;

(3) $\frac{AG}{CG}=\frac{\triangle ALG}{\triangle CLG}$; (4) $\frac{AG}{CG}=\frac{\triangle KAG}{\triangle KCG}$.

1.3 参照图 1-4，用四种不同于例 1.2 的方法证明等式$\frac{DF}{BF}=\frac{DM}{BM}$.

第2章

总结经验按图索骥 探索规律摸石过河

我们来分析一下，例 1.1 的简捷解法产生的思路.

如图 1-1，没有给出任何别的条件，要证明一个等式$\frac{KF}{LF}=\frac{KG}{LG}$. 遇到这种题目，应当怎么想?

没有特别条件，仅仅是几条直线交来交去，这类题目似难实易．战略上应当有这么一个总的认识：**凡是只涉及直线的相交、平行，同一直线上的线段比，以及面积比的题目，都属于“仿射几何”的范围，而且是仿射几何中“线性”问题的范围．这类问题，归根结底，用共边定理就足以解决了．**

这就确定了战略方向．**用共边定理，把线段比化为面积比，把面积比化为线段比，在两种几何量的反复转化中解决问题．**

要证明等式$\frac{KF}{LF}=\frac{KG}{LG}$，出发点可以有几种. 可以从比值$\frac{KF}{LF}$出发去找$\frac{KG}{LG}$；也可以从$\frac{KG}{LG}$出发去找$\frac{KF}{LF}$；还可以从$\frac{KF}{LF}\cdot\frac{LG}{KG}$出发证明它等于 1 等．反正是摸

索，姑且从$\frac{KF}{LF}$出发试试.

把$\frac{KF}{LF}$化为面积比，办法不止一种，有$\frac{KF}{LF}=\frac{\triangle BKF}{\triangle BLF}$；$\frac{KF}{LF}=\frac{\triangle DKF}{\triangle DLF}$，$\frac{KF}{LF}=\frac{\triangle KBD}{\triangle LBD}$……这需要选择．为什么在前述证明中正好选了第三个？

推导数学公式，怕的是兜圈子．转来转去，总在出发点附近循环，怎么能达到目的？要跳出圈子，就要求变．要把一个式子变一变，还要保持值相等，常用的办法是分子分母同乘上一个式子，或加上又减去某个式子．这里用分子分母同乘一式的办法，是为了继续应用共边定理乘上的式子，当然应当是既和原来的分母上的三角形共边，又和分子上的三角形共边的三角形，才便于重新组合化为线段比，以求变化.

从图上看，同时和$\triangle BKF$、$\triangle BLF$共边的三角形，现成的只有$\triangle BKL$．如采用

$$\frac{KF}{LF}=\frac{\triangle BKF}{\triangle BLF}=\frac{\triangle BKF}{\triangle BKL}\cdot\frac{\triangle BKL}{\triangle BLF}$$
$$=\frac{KF}{KL}\cdot\frac{KL}{LF}=\frac{KF}{LF},$$

兜起圈子来了！采用

$$\frac{KF}{LF}=\frac{\triangle DKF}{\triangle DLF}=\frac{\triangle DKF}{\triangle DKL}\cdot\frac{\triangle DKL}{\triangle DLF}$$
$$=\frac{KF}{LF},$$

也要兜圈子！这就决定选择

$$\frac{KF}{LF}=\frac{\triangle KBD}{\triangle LBD}=\frac{\triangle KBD}{\triangle KBL}\cdot\frac{\triangle KBL}{\triangle LBD}$$
$$=\frac{CD}{CL}\cdot\frac{AK}{AD},$$

这使推演过程跳出了圈子，前进一步.

向前又该如何？摸着石头过河，每一步都要摸．但目的地在河对岸，是明确的．到对岸找什么，找的是比值$\frac{KG}{LG}$. 那么，和$\frac{KG}{LG}$最近的几块“石头”是什么关系呢？有

$$\frac{\triangle ACK}{\triangle ACL}=\frac{KG}{LG}\text{，}\frac{\triangle AKG}{\triangle ALG}=\frac{KG}{LG}\text{，}\frac{\triangle CKG}{\triangle CLG}=\frac{KG}{LG}\cdots\cdots$$

把刚才得出的比值$\frac{CD}{CL}\cdot\frac{AK}{AD}$和这几块“石头”联系起来的“跳板石”是什么呢？经过摸索，试探，会发现有几条通路：

$$\frac{CD}{CL}\cdot\frac{AK}{AD}=\frac{\triangle ACD}{\triangle ACL}\cdot\frac{\triangle ACK}{\triangle ACD}=\frac{\triangle ACK}{\triangle ACL}=\frac{KG}{LG},$$

$$\frac{CD}{CL}\cdot\frac{AK}{AD}=\frac{\triangle AGD}{\triangle ALG}\cdot\frac{\triangle AKG}{\triangle AGD}=\frac{\triangle AKG}{\triangle ALG}=\frac{KG}{LG},$$

$$\frac{CD}{CL}\cdot\frac{AK}{AD}=\frac{\triangle CDG}{\triangle CLG}\cdot\frac{\triangle GCK}{\triangle CDG}=\frac{\triangle CKG}{\triangle CLG}=\frac{KG}{LG}.$$

“条条大路通罗马”！我们取了第一条，因为不必添辅助线 DG.

其实，细致研究就会发现，开始出发时的三个等式，也并非只有一个能走通．另外两个也有办法跳出圈子，但要添条辅助线，如

$$\frac{KF}{LF}=\frac{\triangle BKF}{\triangle BLF}=\frac{\triangle BKF}{\triangle BCF}\cdot\frac{\triangle BCF}{\triangle BLF}=\frac{BK}{BC}\cdot\frac{CD}{LD}\quad\text{（添 }CF\text{），}$$

$$\frac{KF}{LF}=\frac{\triangle DKF}{\triangle DLF}=\frac{\triangle DKF}{\triangle DAF}\cdot\frac{\triangle DAF}{\triangle DLF}=\frac{DK}{DA}\cdot\frac{AB}{LB}\quad\text{（添 }AF\text{），}$$

等等，也跳出了圈子．而且进一步有

$$\frac{BK}{BC}\cdot\frac{CD}{LD}=\frac{\triangle AKL}{\triangle ALC}\cdot\frac{\triangle ACK}{\triangle AKL}=\frac{\triangle ACK}{\triangle ACL}=\frac{KF}{LG},$$

$$\frac{DK}{DA}\cdot\frac{AB}{LB}=\frac{\triangle KCL}{\triangle ACL}\cdot\frac{\triangle ACK}{\triangle KCL}=\frac{\triangle ACK}{\triangle ACL}=\frac{KG}{LG}.$$

同样达到了目的地.

把我们找到的多种可能性，画出一张图来，图中箭头表示推演的方向，从图中可以找到许多不同的证明方法：

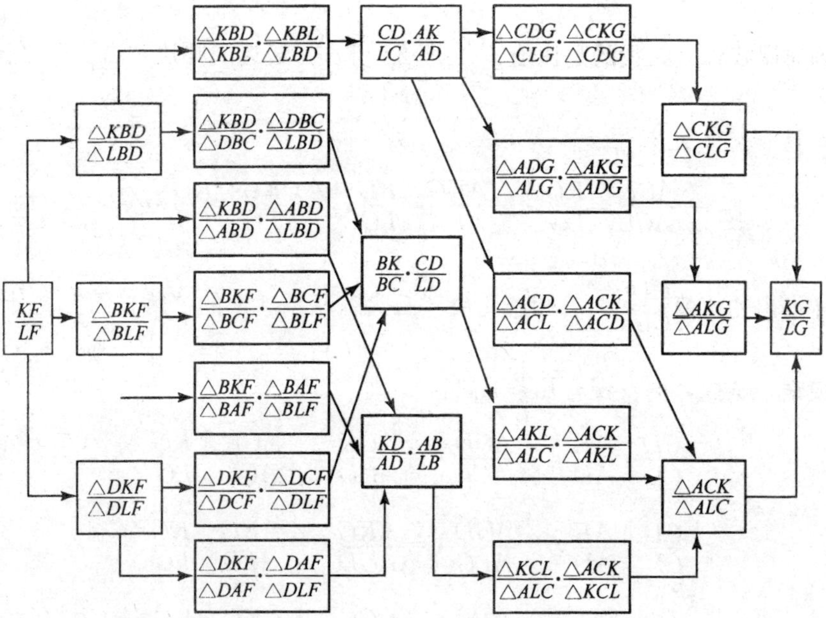

实际上，添加辅助线 ML、MK、BG 等后，还能产生一些新的推演路线. 例如，

$$\frac{KF}{LF}=\frac{\triangle KMD}{\triangle LMD}\cdot\frac{\triangle DMC}{\triangle DMC}=\frac{\triangle KMD}{\triangle DMC}\cdot\frac{\triangle DMC}{\triangle LMD}=\frac{KB}{BC}\cdot\frac{CD}{LD}$$

$$=\frac{\triangle AKL}{\triangle ALC}\cdot\frac{\triangle AKC}{\triangle AKL}=\frac{\triangle AKC}{\triangle ALC}=\frac{KG}{LG}$$

等. 所有这些证法都是大同小异，简捷明了. 在这么多证明路线当中，摸出一条并不难. 可见，我们的证法，不是靠碰运气才得到的.

下面是一个较为简单的例子.

【例 2.1】 凸四边形 $ABCD$ 中，M、N 分别是 AB、CD 中点，直线 MN 分别与直线 BC、AD 交于 P，Q（图 2-1）.

求证：$\dfrac{AQ}{DQ}=\dfrac{BP}{CP}$.

证明 1 作辅助线 AN、DM、CM、BN，由共边定理，

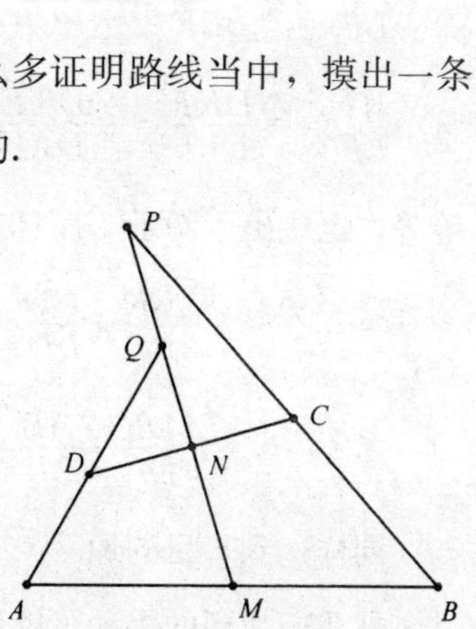

图 2-1

$$\frac{AQ}{DQ}=\frac{\triangle AMN}{\triangle DMN}=\frac{\triangle BMN}{\triangle CMN}=\frac{BP}{CP}.$$

证明 2 作辅助线 BQ、CQ，由共边定理，

$$\frac{AQ}{DQ}=\frac{\triangle AMQ}{\triangle DMQ}=\frac{\triangle BMQ}{\triangle CMQ}=\frac{BP}{CP}.$$

证明 3 作辅助线 PD、PA，由共边定理，

$$\frac{AQ}{DQ}=\frac{\triangle AMP}{\triangle DMP}=\frac{\triangle BMP}{\triangle CMP}=\frac{BP}{CP}.$$

这三种证法，都不难用“摸着石头过河”的办法找到．下面是例 2.1 的变异.

【例 2.2】 凸四边形的两条对角线为 AC、BD. 在 AB、CD 两边上分别取 M、N 使 $BM=2MA$，$CN=2ND$，连 MN 分别与 AC、BD 交于 P、Q（图 2-2).

求证：$BQ\cdot CP=4DQ\cdot AP$.

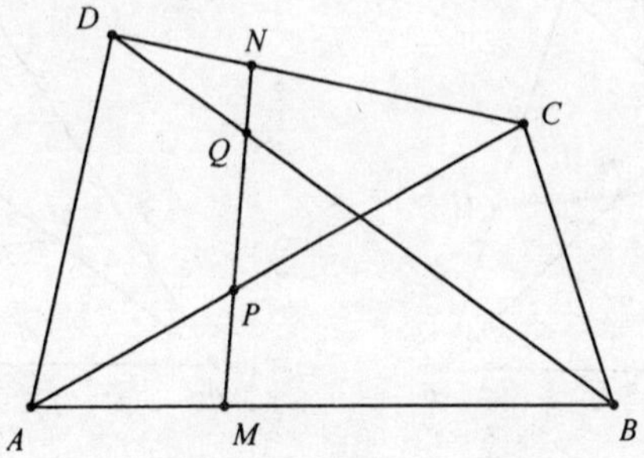

图 2-2

证明 只要证明$\frac{BQ}{DQ}=4\cdot\frac{AP}{CP}$就可以了．由共边定理得

$$\frac{BQ}{DQ}=\frac{\triangle BMN}{\triangle DMN}=\frac{\triangle BMN}{\triangle AMN}\cdot\frac{\triangle AMN}{\triangle CMN}\cdot\frac{\triangle CMN}{\triangle DMN}$$

$$=\frac{BM}{AM}\cdot\frac{AP}{CP}\cdot\frac{CN}{DN}=4\cdot\frac{AP}{CP}.$$

从$\frac{BQ}{DQ}=\frac{\triangle BQN}{\triangle DQN}$或$\frac{BQ}{DQ}=\frac{\triangle BQM}{\triangle DQM}$出发，也能奏效，读者不妨一试.

习 题 2

2.1　在图 2-1 中，若再设 $AD=BC$，求证：$PC=DQ$.

2.2　在直线 AQ、PB 上分别取点 D、C，AB、CD 两直线分别与直线 PQ 交于 M、N.

求证：$\dfrac{AQ}{DQ}\cdot\dfrac{BM}{AM}=\dfrac{BP}{CP}\cdot\dfrac{CN}{DN}$.

2.3　凸四边形 $ABCD$ 中，对角线 AC、BD 的中点分别为 M、N，直线 MN 分别与 AD、BC 交于 P、Q（图 2-3）.

求证：$\dfrac{BQ}{CQ}=\dfrac{DP}{AP}$.

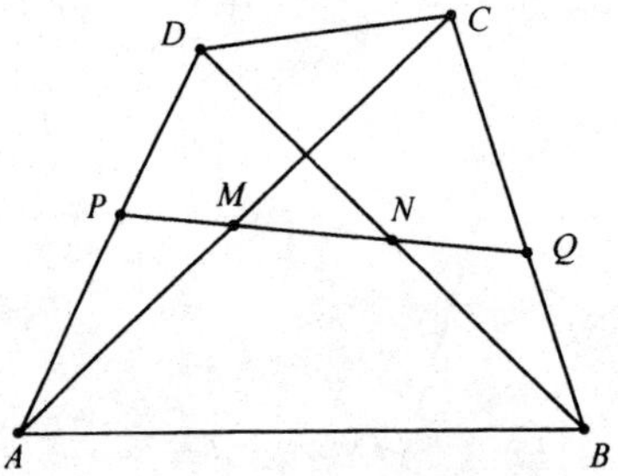

图 2-3

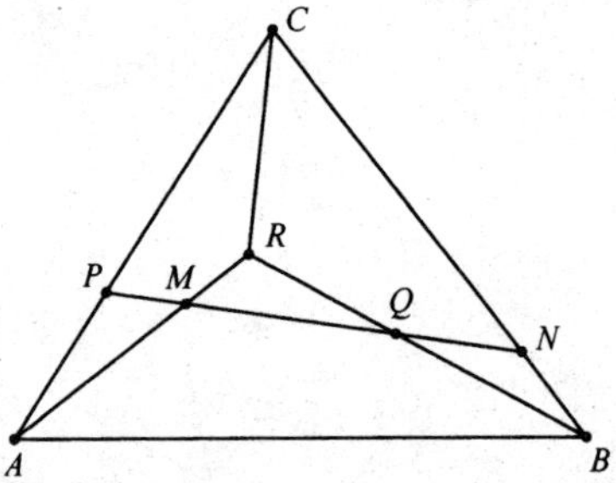

图 2-4

2.4　在△ABC 内任取一点 R，连 RA、RB、RC，又设一直线顺次与 AC、AR、BR、BC 交于 P、M、Q、N（图 2-4）.

求证：$\dfrac{PA}{PC}\cdot\dfrac{CN}{BN}=\dfrac{AM}{RM}\cdot\dfrac{QR}{QB}$.

2.5　在△ABC 内任取一点 P，作直线 PA、PB、PC，分别在 PA、PB、PC 上取点 X、Y、Z，直线 XY 与 AC、BC 交于 C_1、C_2，直线 YZ 与 AB、AC 交于 A_1、A_2，直线 ZX 与 BC、BA 交于 B_1、B_2（图 2-5）.

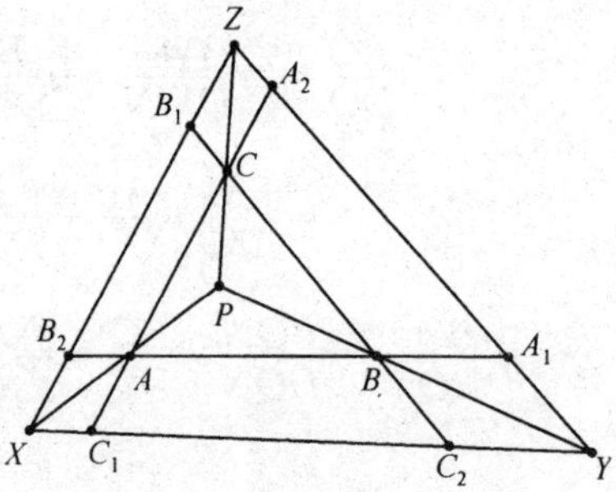

图 2-5

求证：

$$\frac{XB_1 \cdot XB_2 \cdot YC_1 \cdot YC_2 \cdot ZA_1 \cdot ZA_2}{XC_1 \cdot XC_2 \cdot YA_1 \cdot YA_2 \cdot ZB_1 \cdot ZB_2}=1.$$

$\left(\text{提示：由}\dfrac{XB_1}{ZB_1}=\dfrac{\triangle XBC}{\triangle ZBC}\text{等式可消去}A_1\text{、}B_1\text{、}C_1\text{、}A_2\text{、}B_2\text{、}C_2\right)$

第3章

见微知著从偶然到必然 得陇望蜀识技巧出方法

现在进一步讨论例 1.1. 抓住一个题目做透，有举一反三之功.

摸着石头过河，固然过得去，但在未登彼岸之前，心里总还不踏实．若用顺藤取瓜的办法，抓住藤，总可以找到瓜，除非根本没有长瓜.

看图 1-1，考察比值$\dfrac{KF}{LF}$和$\dfrac{KG}{LG}$是由什么确定的. 先画出三角形 KLD，这时 F 与 G 还都没定下来．但只要点 B 的位置定下来，F、A、C 就都被确定了. A、C 两点定下来，G 点的位置也定下来了.

其实，B 点的位置也可以由 A、C 两点确定．由于 A、C 两点分别在线段 KD、LD 上，比起悬空的 B 点更便于表示. A 的位置可由比值$\lambda=\dfrac{AK}{AD}$确定，C 的位置可由$\mu=\dfrac{CL}{CD}$确定．只要从 λ 和 μ 出发能算出比值$\dfrac{KF}{LF}$和$\dfrac{KG}{LG}$来，看看它们相等不相等，问题就解决了！

先算$\dfrac{KF}{LF}$. 因为

$$\lambda=\frac{AK}{AD}=\frac{\triangle KBL}{\triangle DBL},\quad \mu=\frac{CL}{CD}=\frac{\triangle KBL}{\triangle DBK},$$

所以

$$\frac{KF}{LF}=\frac{\triangle DBK}{\triangle KBL}\cdot\frac{\triangle KBL}{\triangle DBL}=\frac{\lambda}{\mu}. \tag{3-1}$$

再算$\frac{KG}{LG}$. 因为

$$\lambda=\frac{AK}{AD}=\frac{\triangle KGC}{\triangle DGC},\quad \mu=\frac{CL}{CD}=\frac{\triangle LGC}{\triangle DGC},$$

所以

$$\frac{KG}{LG}=\frac{\triangle KGC}{\triangle DGC}\cdot\frac{\triangle DGC}{\triangle LGC}=\frac{\lambda}{\mu}. \tag{3-2}$$

对比（3-1）与（3-2），可得所要证的等式.

这样得到的证明稍繁，但找寻证法的思路却比较单纯——就是根据已知参数把未知量算出来.

顺藤取瓜，出发点也可以变化. 例如，可先设已知$\frac{KF}{LF}=\alpha$，再在DF上取点B，设$BD=\beta DF$. 于是可算出

$$\begin{cases}\triangle KBL=(1-\beta)\triangle KLD,\\ \frac{\triangle KBD}{\triangle LBD}=\frac{KF}{LF}=\alpha,\end{cases}$$

$$\triangle KBD+\triangle LBD=\beta\triangle KLD.$$

记$\triangle KLD=S$，由上式可解出

$$\triangle KBD=\frac{\alpha\beta}{1+\alpha}S,\quad \triangle LBD=\frac{\beta}{1+\alpha}S,\quad \triangle KBL=(1-\beta)S.$$

再由此求出

$$\frac{AK}{AD}=\frac{\triangle KBL}{\triangle LBD},\quad \frac{CL}{CD}=\frac{\triangle KBL}{\triangle KBD},$$

即可进一步计算出$\frac{KG}{LG}$.

要是假定先知道了比值$\frac{KG}{LG}=\mu$，$\frac{KA}{AD}=v$，则可以算出

$$\triangle ALG=\frac{1}{\mu}\triangle AKG,\quad \triangle ACG=\frac{1}{v}\triangle AKG,$$

所以

$$\frac{CL}{CD}=\frac{\triangle ALG}{\triangle ADG}=\frac{v}{\mu}.$$

知道了$\frac{KA}{AD}=v$，$\frac{CL}{CD}=\frac{v}{\mu}$，也就确定了两点 A、C 的位置，我们是会求比值$\frac{KF}{AD}$的.

计算虽然稍繁，算完之后，却可以把整个过程组织到一起．删剪多余的枝叶，对照图形分析，以获取一个形式上简捷的证明．例如，从前述式（3-1）与式（3-2）倒推，可得

$$\begin{aligned}\frac{KG}{LG}&=\frac{\triangle KGC}{\triangle DGC}\cdot\frac{\triangle DGC}{\triangle LGC}=\frac{AK}{AD}\cdot\frac{DC}{CL}\\&=\frac{\triangle KBL}{\triangle DBL}\cdot\frac{\triangle DBK}{\triangle KBL}=\frac{\triangle DBK}{\triangle DBL}\\&=\frac{KF}{LF}.\end{aligned}$$

从而进一步简化了证明.

在简化了的证明的背后，隐藏着可能较繁的计算．**先计算，再从计算的结果删繁就简，获得简捷的证法**，这种手段，我们称之为“诱导法”.

几何量的转换与计算，是诱导法的基本功．只要有耐心，几何题总是可以算出来的. 下面举出一些由简到繁的与线段比或面积比有关的计算例题.

【例 3.1】 在$\triangle ABC$ 的两边 AC、BC 上各取一点 M、N，AN、BM 交于 P. 已知 $AM=\lambda AC$，. $BN=\mu BC$，求比值$\frac{PN}{AP}$（图 3-1）.

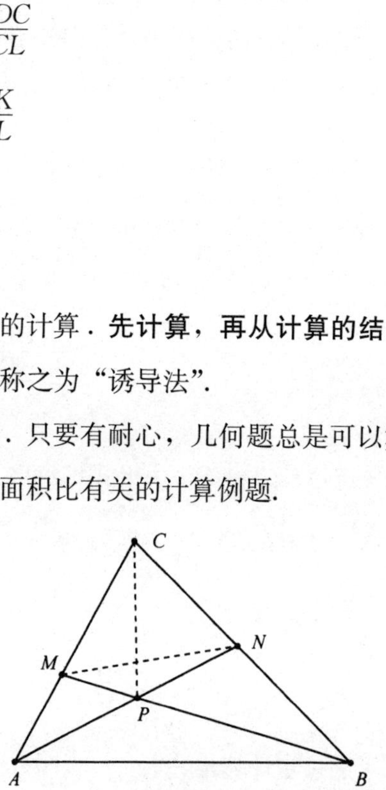

图 3-1

分析 可能有几种入手方案，如

（1）先求出$\triangle ABM$、$\triangle NBM$ 两块面

积，再利用

$$\frac{PN}{AP}=\frac{\triangle NBM}{\triangle ABM};$$

(2) 先求出$\triangle PBC$的面积，再利用

$$\frac{AP}{PN}=\frac{AN-PN}{PN}=\frac{AN}{PN}-1=\frac{\triangle ABC}{\triangle PBC}-1;$$

(3) 利用$\frac{PN}{AP}=\frac{\triangle PNB}{\triangle PAB}$，设法过渡到已知量；

(4) 利用$\frac{PN}{AP}=\frac{\triangle MPN}{\triangle MAP}$，设法过渡到已知量；

(5) 利用$\frac{PN}{AP}=\frac{\triangle CPN}{\triangle CAP}$，设法过渡到已知量.

这些方案都可以实现．对应的解法是

解 1 设$\triangle ABC=s$，则

$$\frac{PN}{AP}=\frac{\triangle NBM}{\triangle ABM}=\frac{\mu\triangle CBM}{\triangle ABM}=\frac{\mu CM}{AM}=\frac{\mu(1-\lambda)}{\lambda}.$$

推导中用到$\frac{\triangle ABM}{\triangle ABC}=\frac{AM}{AC}=\lambda$，$\frac{\triangle NBM}{\triangle CBM}=\frac{BN}{BC}=\mu$.

解 2 由于

$$\frac{\triangle PAB}{\triangle PBC}=\frac{AM}{MC}=\frac{\lambda}{1-\lambda},\qquad \frac{\triangle PAB}{\triangle PAC}=\frac{BN}{NC}=\frac{\mu}{1-\mu},$$

所以

$$\frac{\triangle ABC}{\triangle PBC}=\frac{\triangle PAB+\triangle PBC+\triangle PAC}{\triangle PBC}=\frac{\lambda}{1-\lambda}+1+\frac{\lambda(1-\mu)}{\mu(1-\lambda)},$$

所以

$$\frac{AP}{PN}=\frac{AN}{PN}-1=\frac{\triangle ABC}{\triangle PBC}-1=\frac{\lambda}{1-\lambda}+\frac{\lambda(1-\mu)}{\mu(1-\lambda)}=\frac{\lambda}{\mu(1-\lambda)},$$

所以

$$\frac{PN}{AP}=\frac{\mu(1-\lambda)}{\lambda}.$$

解 3 由共边定理得

$$\frac{PN}{AP}=\frac{\triangle PNB}{\triangle PAB}=\frac{\triangle PNB}{\triangle PCB}\cdot\frac{\triangle PCB}{\triangle PAB}=\frac{BN}{BC}\cdot\frac{MC}{AM}=\frac{\mu(1-\lambda)}{\lambda}.$$

解 4　由共边定理得

$$\frac{PN}{AP}=\frac{\triangle MPN}{\triangle MAP}=\frac{\triangle MPN}{\triangle MPC}\cdot\frac{\triangle MPC}{\triangle MAP}=\frac{BN}{BC}\cdot\frac{MC}{AM}=\frac{\mu(1-\lambda)}{\lambda}.$$

此与解 3 殊途同归，都极简捷.

解 5　由共边定理得

$$\frac{PN}{AP}=\frac{\triangle CPN}{\triangle CAP}=\frac{\triangle CPN}{\triangle CPB}\cdot\frac{\triangle CPB}{\triangle APB}\cdot\frac{\triangle APB}{\triangle CAP}$$

$$=\frac{CN}{BC}\cdot\frac{MC}{AM}\cdot\frac{BN}{CN}=\frac{BN}{BC}\cdot\frac{MC}{AM}=\frac{\mu(1-\lambda)}{\lambda}.$$

这个题目虽简单，变化却不少．它体现了共边定理的基本用法，值得揣摩．以下以此题为基点，逐步加码.

【例 3.2】　在$\triangle ABC$的三边BC、CA、AB上分别取点P、Q、R，连接AP、RQ交于M. 若已知$AR=\lambda AB$，$BP=\mu BC$，$CQ=\rho CA$，求比值$\frac{MR}{MQ}$和$\frac{AM}{MP}$（图 3-2）.

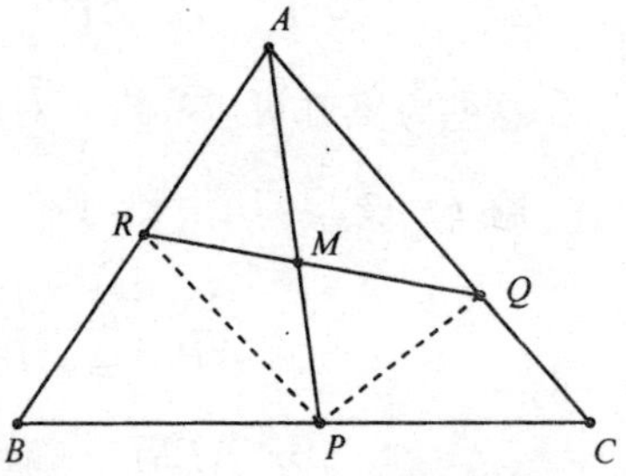

图 3-2

解　由共边定理得

$$\frac{MR}{MQ}=\frac{\triangle APR}{\triangle APQ}=\frac{\triangle APR}{\triangle APB}\cdot\frac{\triangle APB}{\triangle APC}\cdot\frac{\triangle APC}{\triangle APQ}$$

$$=\frac{AR}{AB}\cdot\frac{PB}{PC}\cdot\frac{AC}{AQ}=\frac{\lambda\mu}{(1-\mu)(1-\rho)}.$$

计算$\frac{AM}{MP}$的思路是：用$\frac{AM}{MP}=\frac{\triangle ARQ}{\triangle PRQ}$，分子$\triangle ARQ$易算出，而分母$\triangle PRQ$可由$\triangle ABC$减去三个三角形$\triangle ARQ$、$\triangle BPR$、$\triangle CPQ$面积而得．易知：

$$\triangle ARQ=\frac{\triangle ARQ}{\triangle ABQ}\cdot\frac{\triangle ABQ}{\triangle ABC}\cdot\triangle ABC$$

$$=\frac{AR}{AB}\cdot\frac{AQ}{AC}\cdot\triangle ABC$$

$$=\lambda(1-\rho)\triangle ABC;$$

同理得

$$\triangle BPR=\mu(1-\lambda)\triangle ABC,$$
$$\triangle CPQ=\rho(1-\mu)\triangle ABC.$$

于是有

$$\begin{aligned}\frac{AM}{MP}&=\frac{\triangle ARQ}{\triangle PRQ}\\&=\frac{\triangle ARQ}{\triangle ABC-\triangle ARQ-\triangle BPR-\triangle CPQ}\\&=\frac{\lambda(1-\rho)}{1-\lambda(1-\rho)-\mu(1-\lambda)-\rho(1-\mu)}\\&=\frac{\lambda(1-\rho)}{1-(\lambda+\mu+\rho)+\lambda\mu+\mu\rho+\lambda\rho}.\end{aligned}$$

【例 3.3】 在$\triangle ABC$的两边AB、AC上分别取点M、N，在BC边上取两点P、Q. 如果已知有$AM=tAB$，$BP=sBC$，$CQ=uBC$，$CN=vAC$（图 3-3）. 又有MQ与ⅣP交于H，MP与NQ延长后交于G. 求比值$\frac{NH}{PH}$和$\frac{NG}{QG}$.

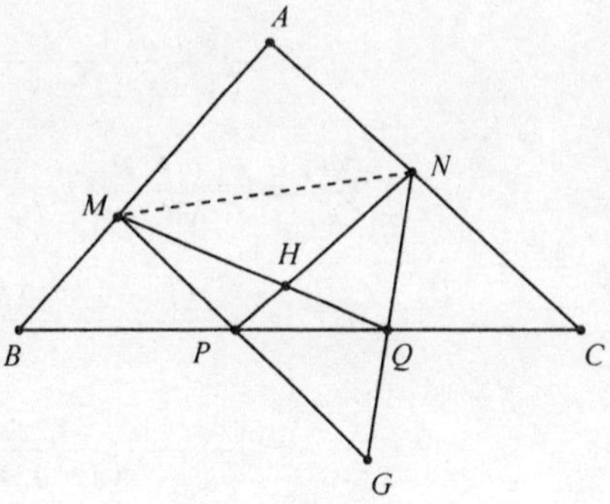

图 3-3

解 利用共边定理知

$$\frac{NH}{PH}=\frac{\triangle MQN}{\triangle MQP},$$

$$\frac{NG}{QG}=\frac{\triangle MNP}{\triangle MQP},$$

故应计算$\triangle MQN$、$\triangle MNP$、$\triangle MQP$. 为此，求出：

$$\triangle AMN=t(1-v)\triangle ABC,$$
$$\triangle BPM=s(1-t)\triangle ABC,$$
$$\triangle CQN=uv\triangle ABC,$$
$$\triangle BQM=(1-u)(1-t)\triangle ABC,$$

$$\triangle CNP=v(1-s)\triangle ABC,$$

$$\begin{aligned}\triangle MQP&=\frac{\triangle MQP}{\triangle MBQ}\cdot\triangle MBQ\\&=\frac{PQ}{BQ}\cdot\triangle MBQ\\&=\frac{1-s-u}{1-u}(1-u)(1-t)\triangle ABC\\&=(1-s-u)(1-t)\triangle ABC.\end{aligned}$$

因此可得

$$\begin{aligned}\frac{NH}{PH}&=\frac{\triangle MQN}{\triangle MQP}\\&=\frac{\triangle ABC-\triangle AMN-\triangle BMQ-\triangle CQN}{\triangle MQP}\\&=\frac{1-t(1-v)-(1-u)(1-t)-uv}{(1-t)(1-s-u)}\\&=\frac{tv+u(1-t-u)}{(1-t)(1-s-u)},\end{aligned}$$

$$\begin{aligned}\frac{NG}{QG}&=\frac{\triangle MNP}{\triangle MQP}\\&=\frac{\triangle ABC-\triangle AMN-\triangle BMP-\triangle CPN}{\triangle MQP}\\&=\frac{1-t(1-v)-s(1-t)-v(1-s)}{(1-t)(1-s-u)}\\&=\frac{1-(t+s+v)+tv+st+vs}{(1-t)(1-s-u)}.\end{aligned}$$

【例 3.4】 凸四边形 $ABCD$ 面积为 s，对角线 AC、BD 交于 P. 在 AD、BC 两边上分别取点 M、N. 已知 $AM=\lambda AD$，$BN=\mu BC$，$AP=uAC$，$BP=vBD$（图 3-4），求四边形 $ABNM$ 的面积.

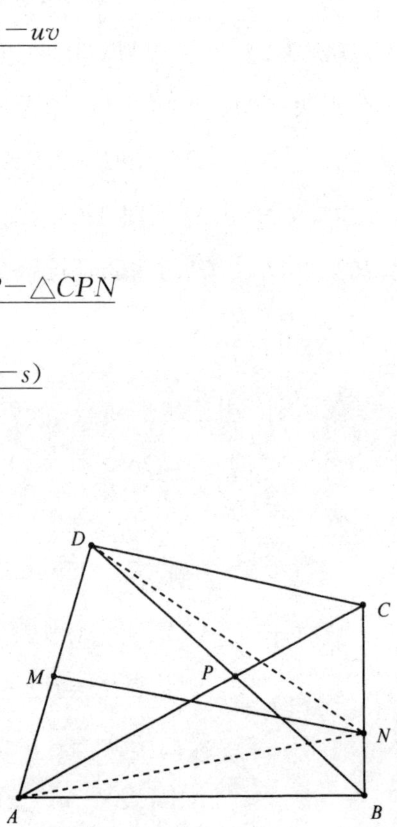

图 3-4

解 由共边定理，

$$\frac{\triangle ABC}{\triangle ADC}=\frac{BP}{DP}=\frac{v}{1-v},$$

$$\frac{\triangle BDC}{\triangle BAD}=\frac{CP}{AP}=\frac{1-u}{u},$$

并由

$$\triangle ABC+\triangle ADC=\triangle BDC+\triangle BAD=s,$$

可得

$$\triangle BDC=(1-u)s,\ \triangle ABC=vs.$$

设所求的四边形 $ABNM$ 的面积为 x，则

$$\begin{aligned}x&=\triangle ABN+\triangle AMN=\frac{\triangle ABN}{\triangle ABC}\cdot\triangle ABC+\frac{\triangle AMN}{\triangle AND}\cdot\triangle AND\\&=\frac{BN}{BC}\cdot vs+\frac{AM}{AD}\cdot(s-\triangle ABN-\triangle DCN)\\&=\mu vs+\lambda\left(s-\frac{\triangle ABN}{\triangle ABC}\cdot\triangle ABC-\frac{\triangle DCN}{\triangle BDC}\cdot\triangle BDC\right)\\&=\mu vs+\lambda[s-\mu vs-(1-\mu)(1-u)s]\\&=[(\lambda\mu+\lambda u+\mu v)-\lambda\mu(u+v)]s.\end{aligned}$$

在以上诸题中，让各个参数取具体数字，可以设计出许多题目，请读者自己试试.

习 题 3

3.1 如图 3-5 所示，在$\triangle ABC$的 BC 边上取一点 N，AC 边延长线上取一点 M，使 $AM=\lambda AC$，$BN=\mu BC$. AN、BM 交于 P. 求比值$\frac{PN}{AP}$和$\frac{PM}{BP}$.

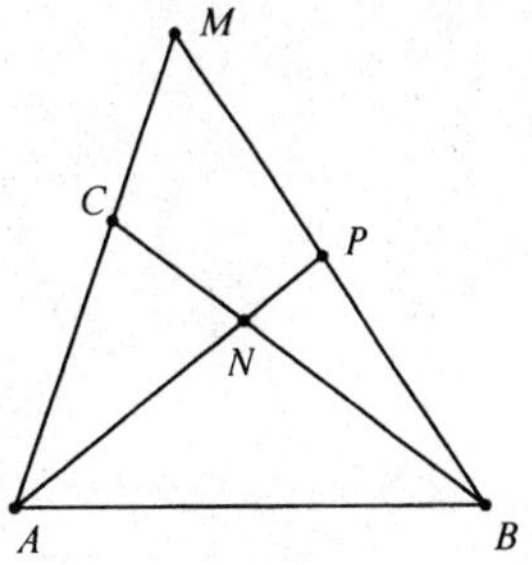

图 3-5

3.2 在 3.1 题中，若设 $AC=2MC$，$BN=NC$，$\triangle ABC$ 的面积为 s. 求四边形 $MPNC$ 的面积.

3.3 两线段 AB、CD 交于 P. 在 AD 上取一点 N，

作直线 NP 交 BC 于 M，如图 3-6 所示，若已知 $AN=\lambda DN$，$BP=AP$，$CP=\mu DP$. 求比值$\frac{BM}{CM}$和$\frac{PM}{PN}$.

3.4　如图 3-7 所示，凸四边形 $ABCD$ 的两条对角线交于 P，两边 AD、BC 延长后交于 Q. 已知 $PC=\frac{1}{2}AP$，$PD=\frac{1}{3}PB$，四边形 $ABCD$ 面积为 s. 求 $\triangle ABQ$ 的面积.

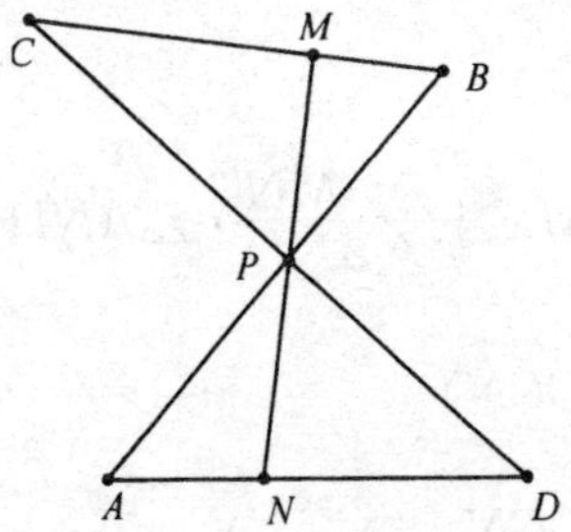

图 3-6

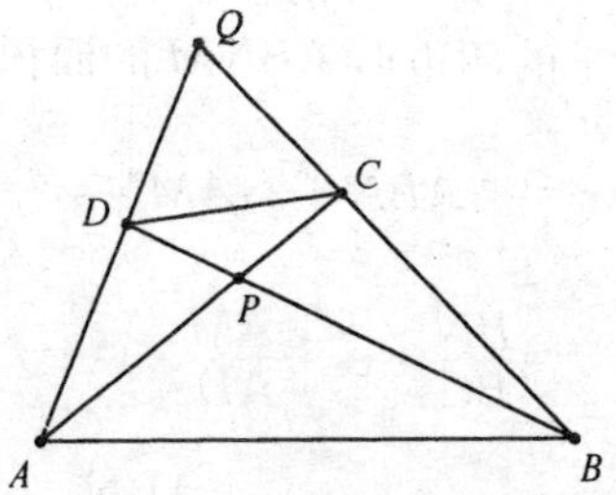

图 3-7

3.5　如图 3-8 所示，在$\triangle ABC$ 的 AC 边上取 N，BA 的延长线上取 M，BC 边上取 Q，CB 的延长线上取 P. 连接线段 MO、PN 交于 H. 若已知 $AM=tAB$，$BP=sBC$，$CQ=uBC$，$CN=vAC$. 求比值$\frac{NH}{PH}$.

3.6　凸四边形 $ABCD$ 的对角线 AC、BD 交于 P，AC、BD 的中点 M、N 连接而得的直线分别交 AD、BC 于 G、H（图 3-9）. 已知 $PA=2PC$，$PB=3PD$，四边形 $ABCD$ 面积为 s，求四边形 $ABHG$ 的面积.

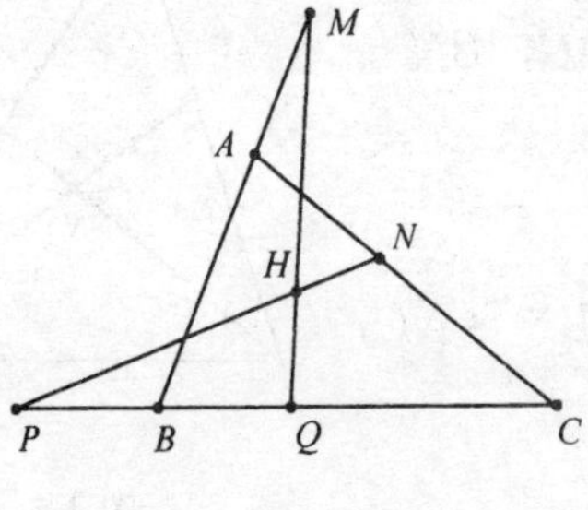

图 3-8

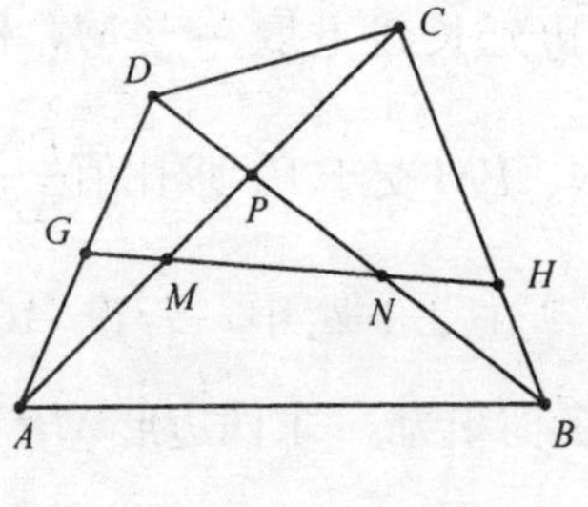

图 3-9

3.7　在$\triangle PAB$的AB边上任取一点M，在PM上取一点N，过N作两直线．一条与AB、PB分别交于S、D，一条与AB、PA分别交于T、F（图 3-10）．求证：$\dfrac{\triangle DSF}{\triangle DTF}=\dfrac{MA}{MB}\cdot\dfrac{BS}{AT}$.

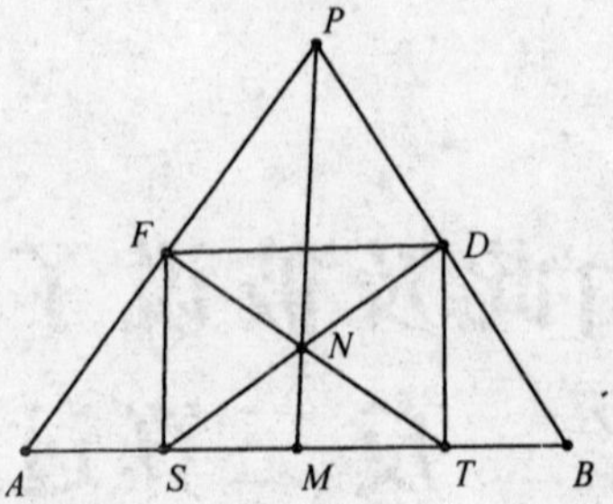

图 3-10

第4章

由此及彼说了共边讲共角 举一反三算过三角比四边

下面再引入一个工具——共角定理，它可以使许多计算推导过程简化.

回顾例 3.2. 解题过程中需要计算$\triangle ARQ$，是这样算的：

$$\begin{aligned}\triangle ARQ &=\frac{\triangle ARQ}{\triangle ABQ}\cdot\frac{\triangle ABQ}{\triangle ABC}\cdot\triangle ABC\\&=\frac{AR}{AB}\cdot\frac{AQ}{AC}\triangle ABC\\&=\lambda(1-\rho)\ \triangle ABC.\end{aligned}$$

类似的计算很多，如同一题中$\triangle BPR$，$\triangle CPQ$的计算．例 3.3 中，$\triangle AMN$、$\triangle BPM$、$\triangle CQN$等的计算都要重复这个步骤．在数学里，把经常要用到的类似推演过程公式化，可以大大简化证明与计算．如果上述$\triangle ARQ$的计算可以简化为

$$\triangle ARQ=\frac{AR}{AB}\cdot\frac{AQ}{AC}\triangle ABC.$$

岂不更方便?

但这就应当指出，在什么条件下可以一步写出像$\triangle ARQ=\frac{AR}{AB}\cdot\frac{AQ}{AC}\triangle ABC$这类等式. 下述定理圆满地完成了这个任务：

共角定理 若$\angle ABC$与$\angle A'B'C'$相等或互补，则

$$\frac{\triangle ABC}{\triangle A'B'C'}=\frac{AB\cdot BC}{A'B'\cdot B'C'}.$$

证明 如图 4-1 所示，把两个三角形拼在一起，并且让B与B'重合，便得

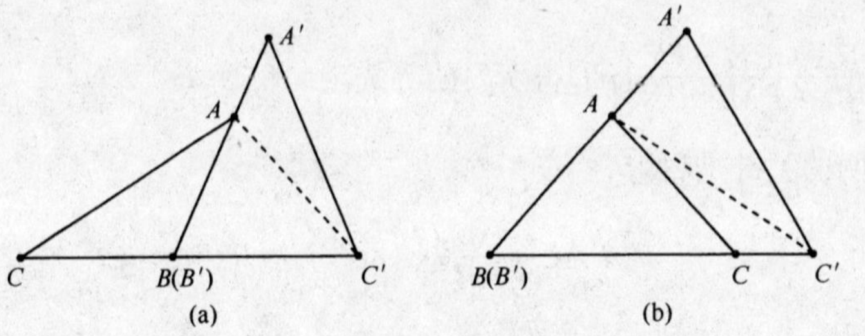

图 4-1

$$\begin{aligned}\frac{\triangle ABC}{\triangle A'B'C'}&=\frac{\triangle ABC}{\triangle ABC'}\cdot\frac{\triangle ABC'}{\triangle A'B'C'}\\&=\frac{BC}{B'C'}\cdot\frac{AB}{A'B'}\end{aligned}\tag{4-1}$$

共角定理的应用极多. 暂举三则.

【例 4.1】 如图 4-2 所示，过点P的三直线分别与另两直线交于A、L，B、M，C、N.

求证：$\frac{PB}{PM}=\frac{AB}{AC}\cdot\frac{PC}{PN}+\frac{BC}{AC}\cdot\frac{PA}{PL}$.

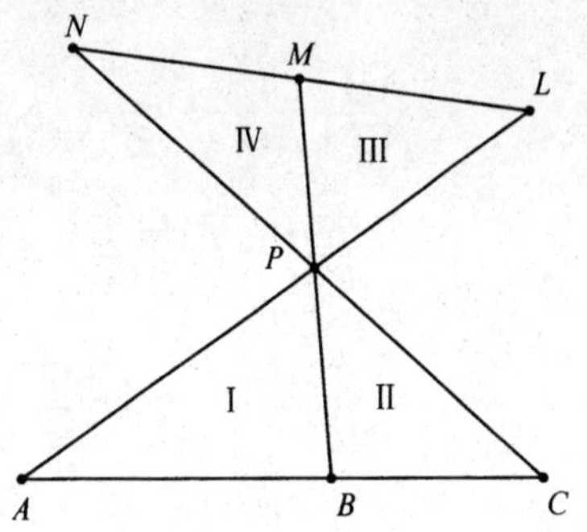

图 4-2

证明 如图 4-2. 分别记$\triangle PAB$、$\triangle PBC$、$\triangle PLM$、$\triangle PMN$的面积为$\triangle$Ⅰ、$\triangle$Ⅱ、$\triangle$Ⅲ、$\triangle$Ⅳ. 利用等式

$$\frac{\triangle PNL}{\triangle PAC}=\frac{\triangle Ⅲ+\triangle Ⅳ}{\triangle PAC}$$

及

$$\triangle PAC=\frac{AC}{AB}\triangle \text{Ⅰ}=\frac{AC}{BC}\triangle \text{Ⅱ},$$

可得

$$\frac{\triangle PNL}{\triangle PAC}=\frac{AB}{AC}\cdot\frac{\triangle \text{Ⅲ}}{\triangle \text{Ⅰ}}+\frac{BC}{AC}\cdot\frac{\triangle \text{Ⅳ}}{\triangle \text{Ⅱ}}.$$

再用共角定理即得

$$\frac{PN\cdot PL}{PA\cdot PC}=\frac{AB}{AC}\cdot\frac{PL\cdot PM}{PA\cdot PB}+\frac{BC}{AC}\cdot\frac{PM\cdot PN}{PB\cdot PC}.$$

两端同乘以$\frac{PA\cdot PB\cdot PC}{PL\cdot PM\cdot PN}$，即得所要的等式.

此题证明的关键是利用

$$\triangle PAC=\frac{AC}{AB}\triangle \text{Ⅰ}=\frac{AC}{BC}\triangle \text{Ⅱ}.$$

把不共角的分子分母化为共角．这种共角化技巧，今后还会不断用到.

【例 4.2】 自一点 P 引四条直线分别与另两条直线交于 A、B、C、D 及 A'、B'、C'、D'，如图 4-3 所示.

求证：$\frac{AB\cdot CD}{AC\cdot BD}=\frac{A'B'\cdot C'D'}{A'C'\cdot B'D'}$.

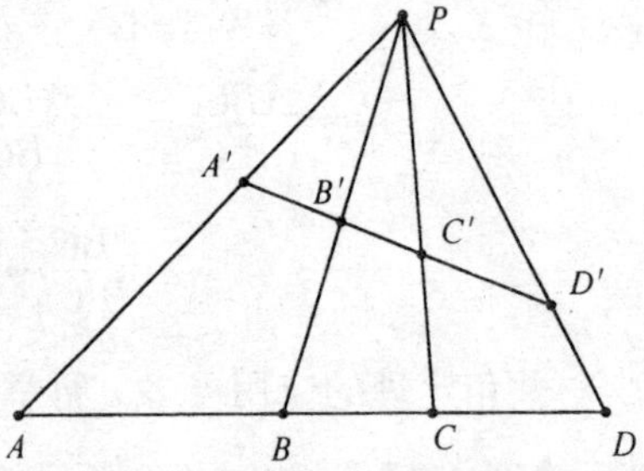

图 4-3

证明 由共边及共角定理得

$$\begin{aligned}&\frac{AB\cdot CD\cdot A'C'\cdot B'D'}{AC\cdot BD\cdot A'B'\cdot C'D'}\\&=\frac{\triangle PAB}{\triangle PAC}\cdot\frac{\triangle PCD}{\triangle PBD}\cdot\frac{\triangle PA'C'}{\triangle PA'B'}\cdot\frac{\triangle PB'D'}{\triangle PC'D'}\\&=\frac{\triangle PAB}{\triangle PA'B'}\cdot\frac{\triangle PCD}{\triangle PC'D'}\cdot\frac{\triangle PA'C'}{\triangle PAC}\cdot\frac{\triangle PB'D'}{\triangle PBD}\\&=\frac{PA\cdot PB}{PA'\cdot PB'}\cdot\frac{PC\cdot PD}{PC'\cdot PD'}\cdot\frac{PA'\cdot PC'}{PA\cdot PC}\cdot\frac{PB'\cdot PD'}{PB\cdot PD}\\&=1\quad（这与要证的等式等价）.\end{aligned}$$

【例 4.3】 两线段 AB、PQ 交于 M. 过 M 作一直线与 AQ、BP 分别交于 C、D. 作另一直线与 BQ、AP 分别交于 E、F. 连 DE、CF 分别与 AB 交于 H、

G，如图 4-4 所示.

求证：$\dfrac{MG}{AG}=\dfrac{MH}{BH}\cdot\dfrac{MB}{MA}$.

证明　由共边及共角定理可得

$$\frac{MG}{AG}=\frac{\triangle MCF}{\triangle ACF}=\frac{\triangle MCF}{\triangle MDE}\cdot\frac{\triangle MDE}{\triangle BDE}\cdot\frac{\triangle BDE}{\triangle BPQ}\cdot\frac{\triangle BPQ}{\triangle APQ}\cdot\frac{\triangle APQ}{\triangle AFC}$$

$$=\frac{MC}{MD}\cdot\frac{MF}{ME}\cdot\frac{MH}{BH}\cdot\frac{BD}{BP}\cdot\frac{BE}{BQ}\cdot\frac{MB}{MA}\cdot\frac{AP}{AF}\cdot\frac{AQ}{AC}$$

$$=\frac{\triangle ABC}{\triangle ABD}\cdot\frac{\triangle ABF}{\triangle ABE}\cdot\frac{MH}{BH}\cdot\frac{\triangle ABD}{\triangle ABP}\cdot\frac{\triangle ABE}{\triangle ABQ}\cdot\frac{MB}{MA}\cdot\frac{\triangle ABP}{\triangle ABF}\cdot\frac{\triangle ABQ}{\triangle ABC}$$

$$=\frac{MH}{BH}\cdot\frac{MB}{MA}.$$

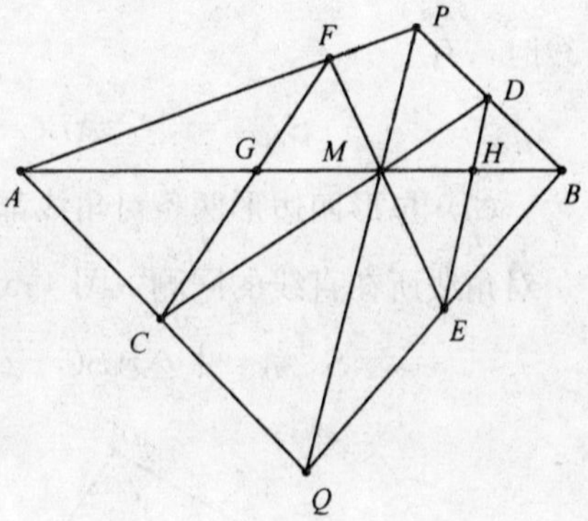

图 4-4

顺便指出，当 M 是 AB 中点时，可推知 $MG=MH$，它就是**四边形的蝴蝶定理**．这个题目还有许多变化，留作习题.

现在转向共角定理的推广.

共角定理涉及两个三角形的面积比．我们希望把它推广到两个四边形的面积比.

四边形可分为凸四边形、凹四边形、星形四边形、退化四边形，如图 4-5 的 (a) ～ (d).

四边形的这种分类可以用对角线 AC、BD 的相对位置来刻画．如果用 S_{ABCD} 表示四边形的面积，S_{ABCD} 的构成也与 AC、BD 的相对位置有关．具体地，

(1) 凸四边形的两条对角线相交于一点（图 4-5 (a)）．每条对角线的两端点分居于另一对角线所在直线的两侧，这时，

$$S_{ABCD}=\triangle ABC+\triangle ADC=\triangle BAD+\triangle BCD.$$

（2）凹四边形两条对角线一在四边形内，另一在四边形外，分别叫做内对角线和外对角线．内对角线的两端点居于外对角线所在直线同侧，外对角线的两端点居于内对角线所在直线异侧．如图 4-5 之(b)，当 AC、BD 分别为外、内对角线时，有

$$S_{ABCD}=|\triangle ABC-\triangle ADC|=\triangle BAD+\triangle BCD.$$

（3）星形四边形两条对角线都是外对角线，其中每条对角线的两端点都在另一对角线所在直线的同侧（图 4-5（c））．我们约定：

$$S_{ABCD}=|\triangle ABC-\triangle ADC|=|\triangle BAD-\triangle BCD|.$$

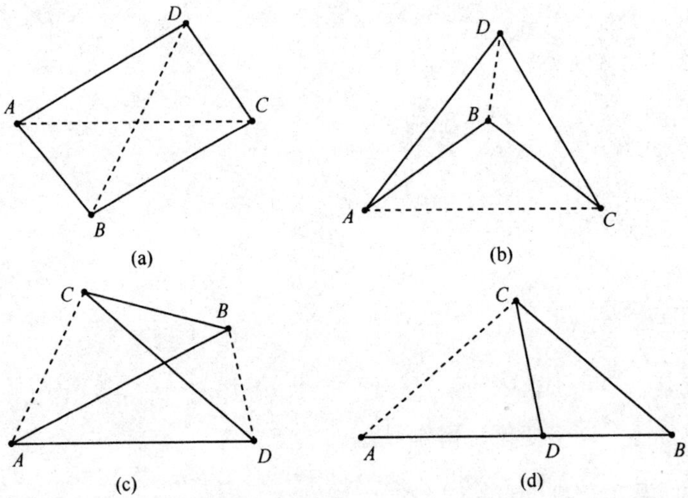

图 4-5

（4）退化四边形总有三个顶点在同一直线上，因而只有一条不与边重合的对角线．这条对角线可能是外对角线，如图 4-5（d）所示；也可能是内对角线，如图 4-6 所示．这时，当 AC 为外对角线时，有

$$S_{ABCD}=|\triangle ABC-\triangle ADC|$$
$$=\triangle BAD+\triangle BCD.$$

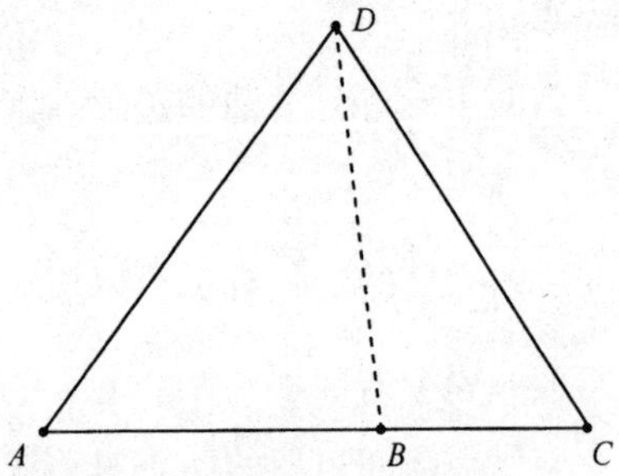

图 4-6

当 BD 为内对角线时，如图 4-6 所示，则

$$S_{ABCD}=\triangle BAD+\triangle BCD=\triangle ABC+\triangle ADC.$$

总之，不论哪种情形，S_{ABCD} 总可以由三角形 $\triangle ABC$、$\triangle ADC$（或 $\triangle BCD$、$\triangle BAD$）的和或差构成．当四边形的一条对角线 AC（或 BD）沿它所在的直线滑动时，见图 4-7. $\triangle ABC$、$\triangle ADC$ 的面积不变（$\triangle BAD$、$\triangle BCD$ 面积不变），它们的和与差也不会变，从而 S_{ABCD} 也不变．具体地，在图 4-7 中，AC 滑到 A_1C_1 处，$A_1C_1=AC$. 则 $S_{A_1BC_1D}=S_{ABCD}$.

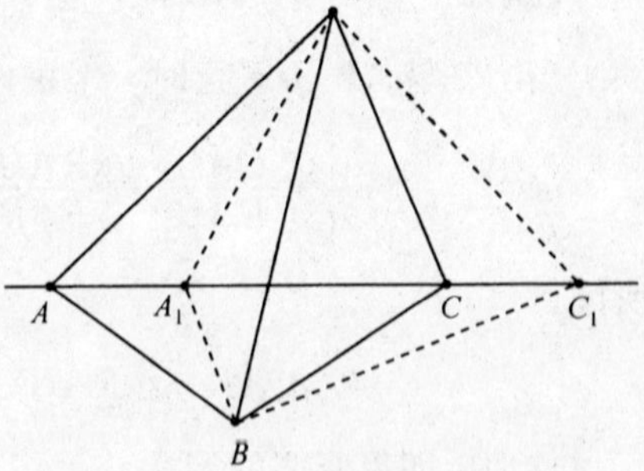

图 4-7

根据这个道理，可以让一个四边形的两条对角线分别沿它所在的直线滑动，直到两条对角线成为一个三角形的两边．这个三角形的面积，正好等于原四边形的面积．也就是说：

四边形 $ABCD$ 的面积，等于以其两对角线长为两边，其夹角等于对角线夹角的三角形面积．

因此得到

推广的共角定理 **若四边形 $ABCD$ 与 $A'B'C'D'$ 的对角线夹角相等或互补，则**

$$\frac{S_{ABCD}}{S_{A'B'C'D'}}=\frac{AC\cdot BD}{A'C'\cdot B'D'}.$$

今后，用到共角定理时，均不排除四边形面积比的情形.

下面举例说明推广后的共角定理的应用．这个例子本身也是一个十分有用的命题.

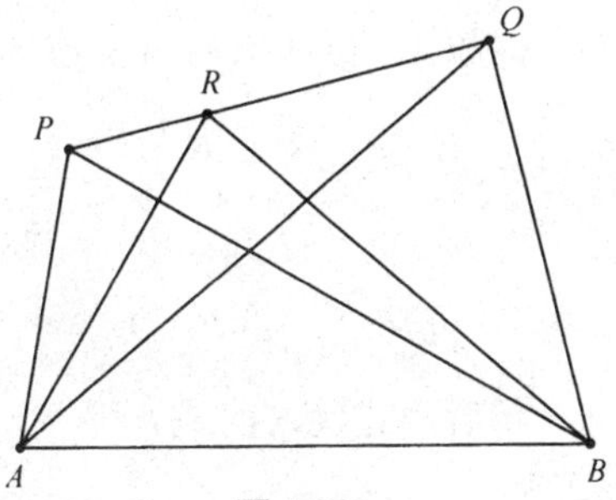

图 4-8

【例 4.4】 如图 4-8 所示，设线段 PQ 在直线 AB 的一侧，R 是 PQ 上任一点，PR

$=\lambda PQ$.

求证：$\triangle RAB=(1-\lambda)\triangle PAB+\lambda\triangle QAB$（**这个公式叫做定比分点公式**）.

证明 1 当 $PQ /\!/ AB$ 时，$\triangle PAB=\triangle RAB=\triangle QAB$，要证的公式当然是对的. 当 PQ 与 AB 不平行时，考虑两个星形四边形面积比，由共角定理，可得

$$\frac{|\triangle QAB-\triangle RAB|}{|\triangle RAB-\triangle PAB|}=\frac{S_{AQBR}}{S_{ARBP}}=\frac{AB\cdot RQ}{AB\cdot PR}=\frac{1-\lambda}{\lambda},$$

所以

$$\lambda(\triangle QAB-\triangle RAB)=(1-\lambda)(\triangle RAB-\triangle PAB).$$

整理后即得所要的等式.

证明 2 不妨设 QP 延长后与直线 AB 交于 M，则得

$$\frac{\triangle QAB}{\triangle RAB}=\frac{QM}{RM},\quad \frac{\triangle RAB}{\triangle PAB}=\frac{RM}{PM},$$

所以

$$\begin{cases}\dfrac{\triangle QAB-\triangle RAB}{\triangle RAB}=\dfrac{QM-RM}{RM}=\dfrac{QR}{RM},\\[2ex] \dfrac{\triangle RAB-\triangle PAB}{\triangle RAB}=\dfrac{RM-PM}{RM}=\dfrac{RP}{RM},\end{cases}$$

所以

$$\frac{\triangle QAB-\triangle RAB}{\triangle RAB-\triangle PAB}=\frac{QR}{RP}=\frac{1-\lambda}{\lambda}.$$

整理后，可得所要的等式.

这个证明只用了共边定理，比证明 1 更基本些．下面的证法不用共边定理，而且也不讨论 PQ 与 AB 两直线是否相交.

证明 3 设四边形 $ABQP$ 面积为 s，则

$$\begin{aligned}\triangle RAB&=s-\triangle RAP-\triangle RBQ\\&=s-\lambda\triangle PAQ-(1-\lambda)\triangle PBQ,\end{aligned}$$

$$\triangle PAQ=s-\triangle QAB,\quad \triangle PBQ=s-\triangle PAB.$$

将后两式代入前式，得

$$\triangle RAB=s-\lambda(s-\triangle QAB)-(1-\lambda)(s-\triangle PAB)$$

$$=s-\lambda s-(1-\lambda)s+\lambda\triangle QAB+(1-\lambda)\triangle PAB$$

$$=\lambda\triangle QAB+(1-\lambda)\triangle PAB.$$

【例 4.5】 已知四边形 $ABCD$ 求作一个平行四边形与它面积相等.

解 如图 4-9 所示，设四边形对角线 AC、BD 交于 O. 根据对角线在所在直线上滑移时四边形面积不变的性质，可得下列做法：

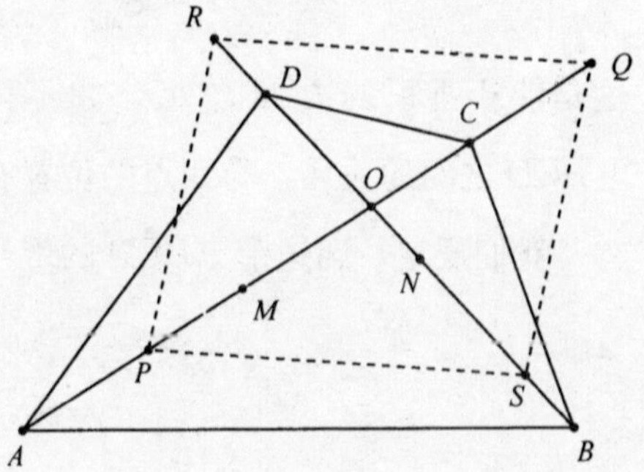

图 4-9

（1）分别作出 AC、BD 的中点 M、N；

（2）以 O 为心，MA 为半径作弧交直线 AC 于 P、Q；

（3）以 O 为心，NB 为半径作弧交直线 BD 于 S、R；

（4）顺次连接 P、S、Q、R 四点便成凸四边形 $PSQR$. 则 $PSQR$ 即所求的平行四边形.

本节引入了新工具共角定理和定比分点公式（即例 4.4）. 但是，我们的定比分点公式有一个限制. 即要求 P、Q 在直线 AB 的同侧，并且要求 R 在 P、Q 两点之间. 这限制是可以去掉的. 只要引入有向线段比和带号面积的概念，就可以解决这个问题.

记号 $\overline{AB}$ 表示有向线段，它的长度绝对值等于 AB，但符号可正可负. 其正负可以由指定其直线 AB 的方向而确定. 如果直线 AB 的方向是由 A 到 B，则 $\overline{AB}>0$，而 $\overline{BA}<0$. 一般总有 $\overline{AB}=-\overline{BA}$.

容易验证，共线三点 A、B、C 之间，总有

$$\overline{AB}+\overline{BC}=\overline{AC},$$

这个等式不管如何规定直线方向，也不管 B 是否在 A、C 之间，总是成立的. 这是有向线段的方便之处.

记号 S_{ABC} 表示 $\triangle ABC$ 的带号面积. 一般规定；当 A-B-C 沿 $\triangle ABC$ 周界反时针绕行时有 $S_{ABC}>0$，反过来 $S_{ABC}<0$. 例如，在图 4-9 中，$S_{ABC}>0$，$S_{ADB}<0$

等. 按这种规定，应当有 $S_{ABC}=-S_{BAC}=S_{BCA}=-S_{CBA}=S_{CAB}=-S_{ACB}$，也就是说，相邻两个字母换位时，$S_{ABC}$ 变号. 有了带号面积，平面上任意四点 A、B、C、D 之间，总有

$$S_{ABC}+S_{ACD}=S_{ABD}+S_{BCD}.$$

这是带号面积的方便之处. 如不用带号面积，则 $\triangle ABC$、$\triangle ACD$、$\triangle ABD$、$\triangle BCD$ 之间的关系，与四点的位置有关，会产生多种情形.

我们规定，四边形 $ABCD$ 的带号面积为

$$\begin{aligned}S_{ABCD}&=S_{ABC}+S_{ACD}\\&=S_{ABD}+S_{BCD}.\end{aligned}$$

当且仅当 $AC /\!/ BD$ 时，$S_{ABCD}=0$（这里把共线当成平行的特例）.

有了带号面积与有向线段的概念，共边定理可表示为更准确的形式，即

共边定理（一般形式）　若直线 PQ 与 AB 交于 M，则

$$\frac{S_{PAB}}{S_{QAB}}=\frac{\overline{PM}}{\overline{QM}},$$

且

$$\frac{\overline{PM}}{\overline{PQ}}=\frac{S_{PAB}}{S_{PAQB}}.$$

而定比分点公式也可以推广到更一般的形式.

定比分点公式（一般形式）　若 P、Q、R 三点共线，$\lambda\overline{PQ}=\overline{PR}$，则

$$S_{RAB}=\lambda S_{QAB}+(1-\lambda)\,S_{PAB}.$$

关于上述的有关有向线段与带号面积的基本性质以及一般形式的共边定理与定比分点公式，请读者作为习题试加验证.

习　题　4

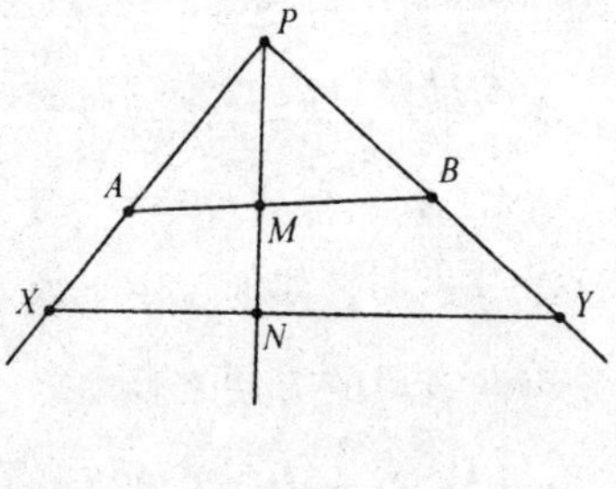

图 4-10

4.1　如图 4-10 所示，在 $\triangle PAB$ 的 AB 边上任取一点 M，作任一直线与直线 PA、PB、PM

分别交于 X、Y、N. 设 $\frac{AM}{BM}=\frac{\lambda}{\mu}$.

求证：$\frac{PM}{PN}=\frac{\mu}{\lambda+\mu}\cdot\frac{PA}{PX}+\frac{\lambda}{\lambda+\mu}\cdot\frac{PB}{PY}$.

4.2 利用 4.1 题的结果给出例 1.1 的又一证法.

4.3 利用定比分点公式证明．在图 4-10 中，有

$$\frac{MN}{PN}=\frac{\mu}{\lambda+\mu}\cdot\frac{AX}{PX}+\frac{\lambda}{\lambda+\mu}\cdot\frac{BY}{PY}.$$

4.4 线段 AB 与 PQ 交于 M. 过 M 作直线与 AQ、PB 分别交于 E、F，作直线与 AP、BQ 分别交于 C、D. 直线 CF、DE 分别与射线 MA、MB 交于 G、H，如图 4-11 所示. 若已知 $MA=MB$，

求证：$MG=MH$.

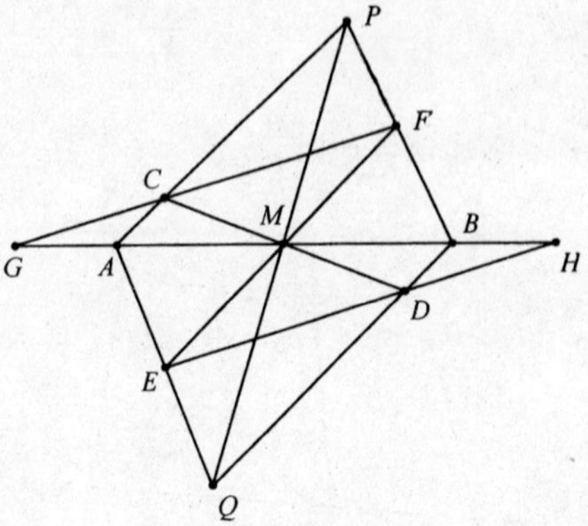

图 4-11

4.5 如图 4-12 所示，设线段 PQ 延长后与线段 AB 交于 M. 过 M 作两直线分别与直线 AP、BQ 交于 F、E，与直线 BP、AQ 交于 D、C 连直线 DE、CF 分别交直线．AB 于 H、C.

求证：$\frac{MG}{AG}=\frac{MH}{BH}\cdot\frac{MB}{MA}$.

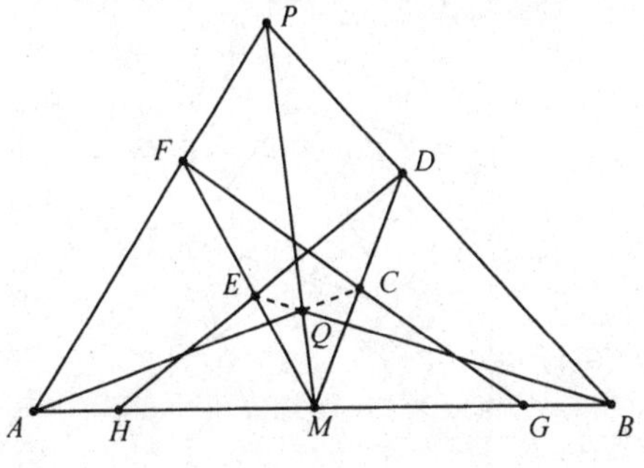

图 4-12

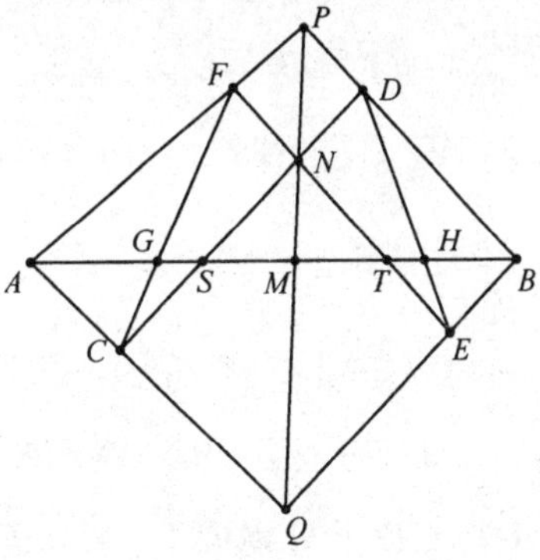

图 4-13

4.6　如图 4-13 所示，线段 AB，PQ 交于 M，在 PQ 上任取一点 N，过 N 作两直线．其中一条分别交 AQ、AB、PB 于 C、S、D；另一条分别交 AP、AB、BQ 于 F、T、E．连接 CF、DE 分别交 AB 于 C、H．

求证：$\dfrac{SG}{AG}\cdot\dfrac{BH}{TH}=\dfrac{BS}{AT}$.

4.7　在凸四边形四边 AB、BC、CD、DA 上顺次取点 P、N、Q、M，连接 PQ、MN 交于 O，如图 4-14 所示．若已知

$$\frac{AM}{AD}=\frac{BN}{BC}=\lambda,\qquad \frac{AP}{AB}=\frac{DQ}{DC}=\mu.$$

求比值 $\dfrac{PO}{PQ}$ 和 $\dfrac{MO}{MN}$.

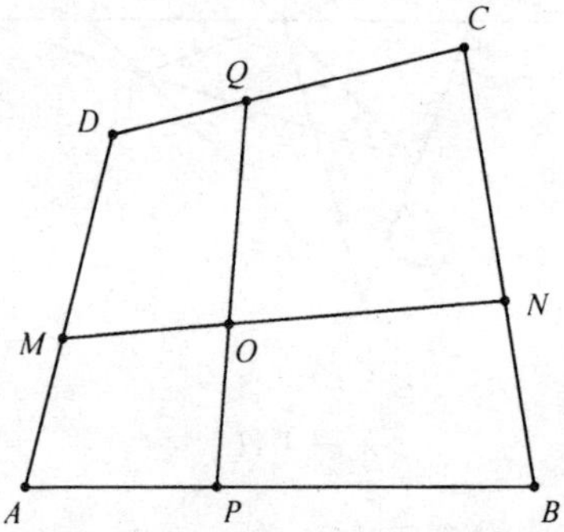

图 4-14

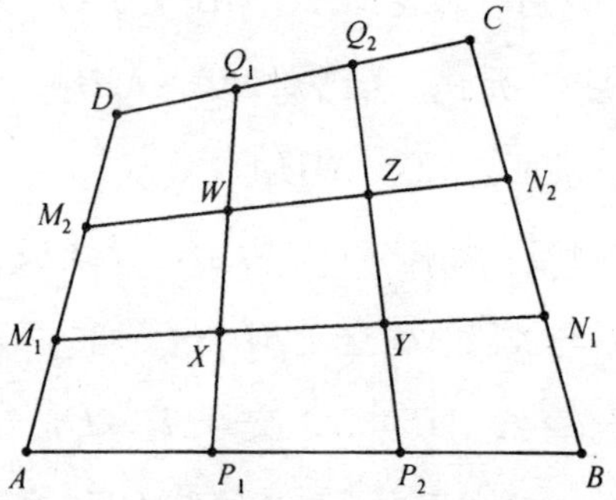

图 4-15

4.8　在凸四边形四边 AB、BC、CD、DA 上顺次取各边三分点 P_1、P_2、N_1、N_2、Q_2、Q_1、M_2、M_1．连接 P_1Q_1、P_2Q_2、M_1N_1、M_2N_2 交于四点 X、Y、Z、W（图 4-15）．

求证：$S_{XYZW}=\dfrac{1}{9}S_{ABCD}$.

4.9　如图 4-16 所示，凸四边形 $ABCD$ 中，$\triangle ADC=\lambda\triangle ABC$，$\triangle BDC=\mu BAD$．在边 AB、CD 上分别取 P、Q，连 PD、AQ 交于 M，PC、BQ 交于 N，MN 与对角线 BD

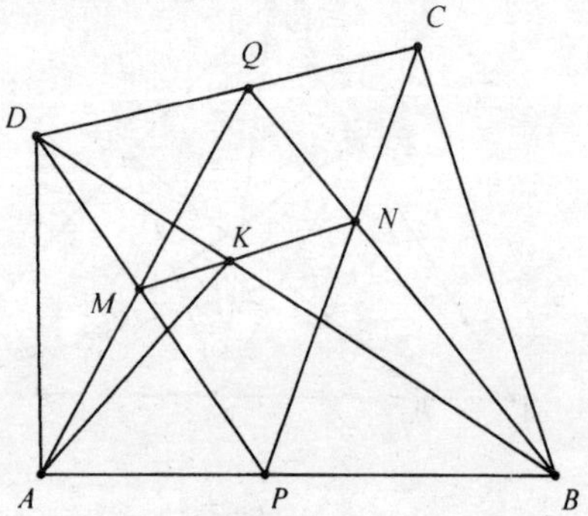

图 4-16

交于K 若四边形$ABCD$面积为s. 试求$\triangle KAB$的面积.

4.10 验证共边定理的一般形式，即当PQ与AB相交于M时

$$\frac{\overline{PM}}{\overline{QM}}=\frac{S_{PAB}}{S_{QAB}},\qquad \frac{\overline{PM}}{\overline{PQ}}=\frac{S_{PAB}}{S_{PAQB}}.$$

4.11 验证定比分点公式的一般形式：如果P、Q、R共线，$\overline{PR}=\lambda\,\overline{PQ}$，$A$、$B$是同平面上任意两点，则

$$S_{RAB}=\lambda S_{QAB}+(1-\lambda)S_{PAB}.$$

第5章

步步为营行看风起云涌 层层消点坐等水落石出

我们已经引入共边定理、共角定理以及定比分点公式（例 4.4），它们都是解题的有力工具．但是，如何有效地利用这些工具解决问题呢？用这些工具能解决些什么问题呢？

前面还讨论了解题的思路，提出了“摸着石头过河”和“顺藤取瓜”的想法．但这些想法也并非万试万灵，能不能充分运用我们所提出的工具，建立起一套更有效的方法呢？

这实际上提出了几何证题的机械化步骤的寻求问题．从本章起，我们围绕这一问题进行探讨．读者将会看到，下面提出的方法，可以在相当广泛的范围内．把几何证题的过程化为机械步骤．

用一个简单的例子来引入我们的想法．

【例 5.1】 已知任意三角形$\triangle ABC$，直线 XY 与直线 AC 交于 E，与直线 BC 交于 D，与直线 AB 交于 F（图 5-1）．

求证：$\dfrac{CE}{AE}\cdot\dfrac{BD}{CD}\cdot\dfrac{AF}{BF}=1$．

先进行一下分析.

题目要证的结论是一个等式. 等式左端有很多字母，等式右端只有数字 1. 如果有个办法能把左端的字母一个一个消掉，问题不是就解决了吗?

这想法就叫“逐点消解法”，简称“消点法”.

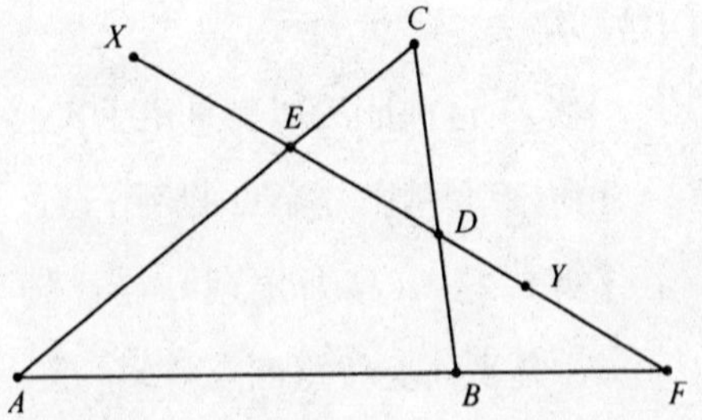

图 5-1

但是，怎样才能把这些点一一消去呢. 寻根究底，必须看这些点是如何产生的. 这叫做“解铃还需系铃人”.

好，我们把题目中涉及的八个点产生过程作一分析.

第一步：任取平面上的不共线三点 A、B、C.

第二步：任取不重合的两点 X、Y.

第三步：直线 XY 与 AC 相交得 E，与 BC 相交得 D，与 AB 相交得 F.

前五个点 A、B、C、X、Y 可以叫做自由点，因为是任取的. 后三点 D、E、F 是直线交出来的. 可以叫做约束点.

消点，主要是消约束点. 把几何约束消去了，也就是用上了题设条件，问题才能水落石出.

按照“后产生的先消解”这个次序，我们应当从点 F 消起. 在要证的结论中，包含 F 的几何量是共线线段之比$\frac{AF}{BF}$. 应用共边定理，有

$$\frac{AF}{BF}=\frac{\triangle AXY}{\triangle BXY}.$$

这就消去了点 F. 同理，继续把点 D、E 消去：

$$\frac{CE}{AE}=\frac{\triangle CXY}{\triangle AXY},\ \frac{BD}{CD}=\frac{\triangle BXY}{\triangle CXY}.$$

把这些等式代人要证的结论的左端，消去 D、E、F，得到

$$\frac{CE}{AE}\cdot\frac{BD}{CD}\cdot\frac{AF}{BF}=\frac{\triangle CXY}{\triangle AXY}\cdot\frac{\triangle BXY}{\triangle CXY}\cdot\frac{\triangle AXY}{\triangle BXY}=1$$

问题已解决了.

本来，这种证法似乎是由于灵感，但现在是用机械的步骤得到的.

再看一个稍微复杂点的例子.

【例 5.2】（高斯定理） 已知 A_0、A_1、A_2、A_3 是平面上任意四点，M_1 是 A_1A_3 的中点，M_2 是 A_0A_2 的中点. 直线 A_1A_2 与 A_0A_3 交于 X，直线 A_0A_1 与 A_2A_3 交于 Y，直线 M_1M_2 与 XY 交于 M_3（图 5-2）.

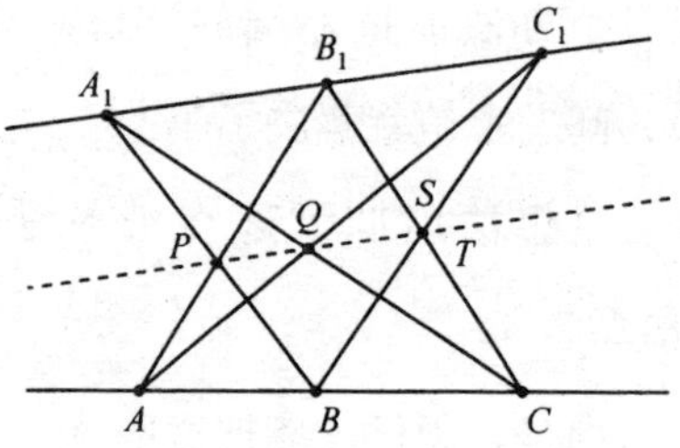

图 5-2

求证：$\overline{XM_3}=\overline{M_3Y}$.

先分析图 5-2 中各点产生的过程.

第一步：任取平面上不共线四点，即自由点 A_0，A_1，A_2，A_3.

第二步：取 A_0A_3、A_1A_2，交点 X，A_0A_1、A_2A_3，交点 Y.

第三步：取 A_1A_3 中点 M_1，A_0A_2 中点 M_2.

第四步：取 M_1M_2 与 XY 交点 M_3.

在这个题目中，只有 A_0、A_1、A_2、A_3 这四个自由点，其余五点都是约束点.

要证的结论是$\overline{XM_3}=\overline{M_3Y}$，我们把它写成比的形式，即要

$$\frac{\overline{XM_3}}{\overline{M_3Y}}=1.$$

而消点顺序是：M_3，M_1 与 M_2，X 与 Y……

从线段比中消直线交点，总是用共边定理. 由于 M_3 是 XY 与 M_1M_2 的交点，由共边定理得

$$\frac{\overline{XM_3}}{\overline{M_3Y}}=\frac{S_{XM_2M_1}}{S_{YM_1M_2}}.$$

这消去了点 M_3. 然后轮到消 M_1、M_2.

因为 M_1 是 A_1A_3 中点，由定比分点公式当然能够把带号面积 $S_{XM_2M_1}$ 用 $S_{XM_2A_1}$ 和 $S_{XM_2A_3}$，表示出来

$$S_{XM_2M_1}=\frac{1}{2}(S_{XM_2A_1}+S_{XM_2A_3}).$$

同理得

$$S_{YM_1M_2}=\frac{1}{2}(S_{YA_1M_2}+S_{YA_3M_2}).$$

把这两个等式代入前式，得

$$\frac{\overline{XM_3}}{\overline{M_3Y}}=\frac{S_{XM_2A_1}+S_{XM_2A_3}}{S_{YA_1M_2}+S_{YA_3M_2}}.$$

下面要消去 M_2. 因为 M_2 是 A_0A_2 中点，故得

$$S_{XM_2A_1}=\frac{1}{2}(S_{XA_0A_1}+S_{XA_2A_1})=\frac{1}{2}S_{XA_0A_1},$$

$$S_{XM_2A_3}=\frac{1}{2}(S_{XA_0A_3}+S_{XA_2A_3})=\frac{1}{2}S_{XA_2A_3},$$

$$S_{YA_1M_2}=\frac{1}{2}(S_{YA_1A_0}+S_{XA_1A_2})=\frac{1}{2}S_{YA_1A_2},$$

$$S_{YA_3M_2}=\frac{1}{2}(S_{YA_3A_0}+S_{YA_3A_2})=\frac{1}{2}S_{YA_3A_0}.$$

代入前式得

$$\frac{\overline{XM_3}}{\overline{M_3Y}}=\frac{S_{XA_0A_1}+S_{XA_2A_3}}{S_{YA_1A_2}+S_{YA_3A_0}}=\frac{S_{XA_0A_1}-S_{XA_3A_2}}{S_{YA_1A_2}-S_{YA_0A_1}}=\frac{S_{A_0A_1A_2A_3}}{S_{A_0A_1A_2A_3}}=1.$$

于是证明完成.

这最后一步是从图上看出来的，

整个证明可以写成紧凑简捷的形式.

例 5.2 的证明

$$\frac{\overline{XM_3}}{\overline{M_3Y}}=\frac{S_{XM_2M_1}}{S_{YM_2M_1}}=\frac{\frac{1}{2}(S_{XM_2A_1}+S_{XM_2A_3})}{\frac{1}{2}(S_{YA_1M_2}+S_{YA_3M_2})}=\frac{\frac{1}{2}(S_{XA_0A_1}+S_{XA_2A_3})}{\frac{1}{2}(S_{XA_1A_2}+S_{YA_3A_0})}$$

$$=\frac{S_{XA_0A_1}-S_{XA_3A_2}}{S_{YA_1A_2}-S_{YA_0A_3}}=\frac{S_{A_0A_1A_2A_3}}{S_{A_0A_1A_2A_3}}=1.$$

这证明看上去又像是出于巧思，其实它是机械地产生出来的.

【例 5.3】（帕普斯定理） 已知 A、B、C 三点共线，A_1、B_1、C_1 三点共线. 直线 AB_1 与 A_1B 交于 P、AC_1 与 A_1C 交于 Q，BC_1 与 B_1C 交于 S.

求证：P、Q、S 三点在一直线上.

这个题目的待证结论是 P、Q、S 三点共线. 也就是 PQ 直线过点 S. 我们设 PQ 过 B_1C 的一点 T. 再证明 T 与 S 是同一个点就好了. 为了证明 T 与 S 是一个点，可以证明等式

$$\frac{\overline{B_1S}}{\overline{CS}}=\frac{\overline{B_1T}}{\overline{CT}},$$

也就是

$$\frac{\overline{B_1S}}{\overline{CS}}\cdot\frac{\overline{CT}}{\overline{B_1T}}=1.$$

这样把三点共线问题转化为关于线段长之比的等式形式，是消点法的常用变换.

图 5-3 中各点产生顺序是

第一步：自由点 A、B、A_1、B_1；

第二步：在直线 AB 上任取点 C，在直线 A_1B_1 上任取点 C_1；

第三步：取 AB_1、A_1B 的交点 P，AC_1、A_1C 的交点 Q，BC_1、B_1C 的交点 S；

第四步：取 PQ 与 B_1C 的交点 T. 消点次序应当是 T、S、P 与 Q……

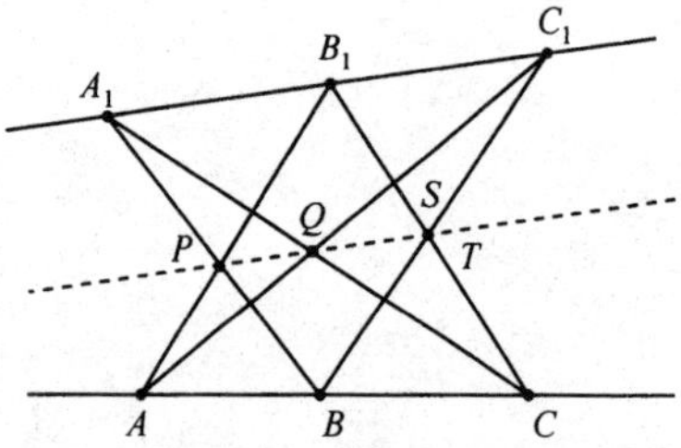

图 5-3

从共线线段比中消去直线交点，我们已遇到过几次了，可用共边定理

$$\frac{\overline{CT}}{\overline{B_1T}}=\frac{S_{CPQ}}{S_{B_1PQ}},\qquad \frac{\overline{B_1S}}{\overline{CS}}=\frac{S_{B_1BC_1}}{S_{CBC_1}},$$

这是因为 T 是 PQ 与 B_1C 交点，S 是 B_1C 与 BC_1 交点之故.

于是

$$\frac{\overline{B_1S}}{\overline{CS}}\cdot\frac{\overline{CT}}{\overline{B_1T}}=\frac{S_{CPQ}}{S_{B_1PQ}}\cdot\frac{S_{B_1BC}}{S_{CBC_1}}.$$

下面要从 S_{CPQ} 及 S_{B_1PQ} 中消去 P 及 Q. 先消 Q，注意到 Q 是两直线 AC_1 和 A_1C 交点. 从带号面积比消去交点，这对我们是新课题，它可以分两步解决：

(1)

$$\begin{cases} S_{CPQ}=\dfrac{S_{CPQ}}{S_{CA_1P}}\cdot S_{CA_1P}=\dfrac{\overline{QC}}{\overline{CA_1}}\cdot S_{CA_1P}=\dfrac{S_{AC_1C}\cdot S_{CA_1P}}{S_{ACC_1A_1}}, \\ S_{B_1PQ}=\dfrac{S_{B_1PQ}}{S_{B_1PC_1}}\cdot S_{B_1PC_1}=\dfrac{\overline{AQ}}{\overline{AC_1}}\cdot S_{B_1PC_1}=\dfrac{S_{ACA_1}\cdot S_{B_1PC_1}}{S_{ACC_1A_1}}, \end{cases}$$

于是原式化为

$$\frac{\overline{B_1S}}{\overline{CS}}\cdot\frac{\overline{CT}}{\overline{B_1T}}=\frac{S_{AC_1C}\cdot S_{CA_1P}\cdot S_{B_1BC_1}}{S_{ACA_1}\cdot S_{B_1PC_1}\cdot S_{CBC_1}},$$

下面要从 S_{CA_1P} 和 $S_{B_1PC_1}$ 中消去 P. 这与消 Q 的方法类似.

(2)

$$\begin{cases} S_{CA_1P}=\dfrac{S_{CA_1P}}{S_{CA_1B}}\cdot S_{CA_1B}=\dfrac{\overline{A_1P}}{\overline{A_1B}}\cdot S_{CA_1B}=\dfrac{S_{A_1AB_1}\cdot S_{CA_1B}}{S_{A_1ABB_1}}, \\ S_{B_1PC_1}=\dfrac{S_{B_1PC_1}}{S_{B_1AC_1}}\cdot S_{B_1AC_1}=\dfrac{\overline{B_1P}}{\overline{B_1A}}\cdot S_{B_1AC_1}=\dfrac{S_{A_1BB_1}\cdot S_{B_1AC_1}}{S_{A_1ABB_1}}. \end{cases}$$

代人原式后得

$$\begin{aligned}\frac{\overline{B_1S}}{\overline{CS}}\cdot\frac{\overline{CT}}{\overline{B_1T}}&=\frac{S_{AC_1C}\cdot S_{A_1AB_1}\cdot S_{CA_1B}\cdot S_{B_1BC_1}}{S_{ACA_1}\cdot S_{A_1BB_1}\cdot S_{B_1AC_1}\cdot S_{CBC_1}}\\&=\frac{S_{AC_1C}}{S_{CBC_1}}\cdot\frac{S_{A_1AB_1}}{S_{B_1AC_1}}\cdot\frac{S_{CA_1B}}{S_{ACA_1}}\cdot\frac{S_{B_1BC_1}}{S_{A_1BB_1}}\\&=\frac{\overline{AC}}{\overline{BC}}\cdot\frac{\overline{A_1B_1}}{\overline{B_1C_1}}\cdot\frac{\overline{BC}}{\overline{AC}}\cdot\frac{\overline{B_1C_1}}{\overline{A_1B_1}}=1.\end{aligned}$$

这证明写成紧凑形式便是.

例 5.3 的证明

$$\begin{aligned}\frac{\overline{B_1S}}{\overline{CS}}\cdot\frac{\overline{CT}}{\overline{B_1T}}&=\frac{S_{B_1BC_1}}{S_{CBC_1}}\cdot\frac{S_{CPQ}}{S_{B_1PQ}}\\&=\frac{S_{B_1BC}}{S_{CBC_1}}\cdot\frac{S_{AC_1C}\cdot S_{CA_1P}}{S_{ACA_1}\cdot S_{B_1PC_1}}\quad(\text{由 (1)})\end{aligned}$$

$$=\frac{S_{B_1BC_1}}{S_{CBC_1}}\cdot\frac{S_{AC_1C}}{S_{ACA_1}}\cdot\frac{S_{CA_1B}\cdot S_{A_1AB_1}}{S_{A_1BB_1}\cdot S_{B_1AC_1}}\quad（由（2））$$

$$=\frac{S_{B_1BC_1}}{S_{A_1BB_1}}\cdot\frac{S_{AC_1C}}{S_{CBC_1}}\cdot\frac{S_{CA_1B}}{S_{ACA_1}}\cdot\frac{S_{A_1AB_1}}{S_{B_1AC_1}}$$

$$=\frac{\overline{B_1C_1}}{\overline{A_1B_1}}\cdot\frac{\overline{AC}}{\overline{BC}}\cdot\frac{\overline{BC}}{\overline{AC}}\cdot\frac{\overline{A_1B_1}}{\overline{B_1C_1}}=1.$$

这样，我们用机械步骤给出了这个有相当难度的著名定理的简捷而初等的证明.

【例 5.4】（德萨格定理） 已知直线 AA_1、BB_1、CC_1 交于 S，BC 与 B_1C_1 交于 P，AC 与 A_1C_1 交于 Q，AB 与 A_1B_1 交于 R（图 5-4）.

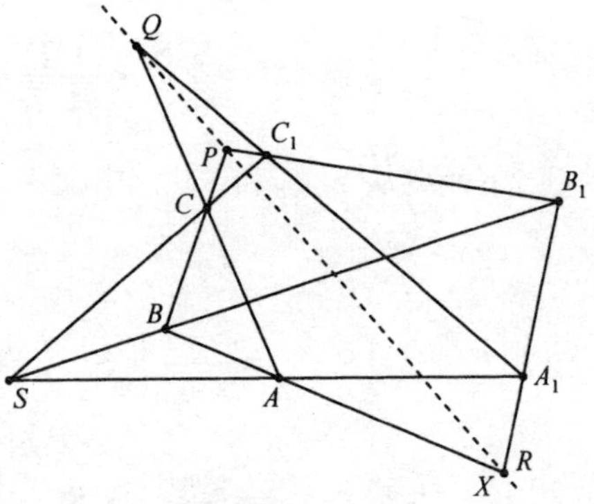

图 5-4

求证：P、Q、R 三点共线.

用老办法把三点共线问题转化为等比问题，即设 PQ 与 AB 交于 X. 要证 P、Q、R 共线，即要证 X 与 R 重合，即

$$\frac{\overline{AR}}{\overline{BR}}=\frac{\overline{AX}}{\overline{BX}},$$

也就是
$$\frac{\overline{AR}}{\overline{BR}}\cdot\frac{\overline{BX}}{\overline{AX}}=1.$$

分析图 5-4 中各点产生的顺序.

第一步：取自由点 S、A、B、C；

第二步：在直线 SA 上任取 A_1，在直线 SB 上任取 $B1$，在直线 SC 上任取 C_1；

第三步：取 BC 与 B_1C_1 的交点 P，取 AC 与 A_1C_1 的交点 Q. 取 AB 与 A_1B_1 的交点 R；

第四步：取 PQ 与 AB 的交点 X.

消点顺序为：X、R、P、Q、C_1、B_1、A_1.

用共边定理消 X、R，

$$\frac{\overline{AR}}{\overline{BR}}=\frac{S_{AA_1B_1}}{S_{BA_1B_1}},\qquad \frac{\overline{AX}}{\overline{BX}}=\frac{S_{APQ}}{S_{BPQ}}.$$

分两步从 S_{APQ}、S_{BPQ} 中消 Q，

$$S_{APQ}=\frac{S_{APQ}}{S_{APC}}\cdot S_{APC}=\frac{\overline{AQ}}{\overline{AC}}\cdot S_{APC}=\frac{S_{AA_1C_1}\cdot S_{APC}}{S_{AA_1CC_1}}.$$

这里有一步不容易看出来，即

$$\frac{\overline{AQ}}{\overline{AC}}=\frac{S_{AA_1C}}{S_{AA_1CC_1}}.$$

这用到了共边定理的一般形式以及四边形的带号面积的定义

$$S_{AA_1CC_1}=S_{AA_1C_1}+S_{A_1CC_1}=S_{AA_1C_1}-S_{CA_1C_1}.$$

以后我们将把这个消点法公式化，用起来就方便了.

同理，从 S_{BPQ} 中消 Q 得

$$S_{BPQ}=\frac{S_{BPQ}}{S_{BAP}}\cdot S_{BAP}=\frac{\overline{CQ}}{\overline{AC}}S_{BAP}=\frac{S_{A_1C_1C}\cdot S_{BAP}}{S_{AA_1CC_1}},$$

则原式成为

$$\frac{\overline{AR}}{\overline{BR}}\cdot\frac{\overline{BX}}{\overline{AX}}=\frac{S_{AA_1B_1}}{S_{BA_1B_1}}\cdot\frac{S_{A_1C_1C}\cdot S_{BAP}}{S_{AA_1C_1}\cdot S_{APC}},$$

然后从 S_{BAP}，S_{APC} 中消去 P，

$$S_{BAP}=\frac{S_{BAP}}{S_{BAC}}\cdot S_{BAC}=\frac{BP}{BC}\cdot S_{BAC}=\frac{S_{BB_1C_1}\cdot S_{BAC}}{S_{BB_1CC_1}},$$

$$S_{APC}=\frac{S_{APC}}{S_{ACB}}\cdot S_{ACB}=\frac{PC}{CB}S_{ACB}=\frac{S_{CB_1C_1}\cdot S_{ACB}}{S_{BB_1CC_1}},$$

于是原式成为

$$\begin{aligned}\frac{\overline{AR}}{\overline{BR}}\cdot\frac{\overline{BX}}{\overline{AX}}&=\frac{S_{AA_1B_1}}{S_{BA_1B_1}}\cdot\frac{S_{A_1C_1C}}{S_{AA_1C_1}}\cdot\frac{S_{BB_1C_1}\cdot S_{BAC}}{S_{CB_1C_1}\cdot S_{ACB}}\\&=\frac{S_{AA_1B_1}}{S_{BA_1B_1}}\cdot\frac{S_{A_1C_1C}}{S_{AA_1C_1}}\cdot\frac{S_{BB_1C_1}}{S_{CBC_1}}\\&=\frac{AA_1\cdot SB_1}{BB_1\cdot SA_1}\cdot\frac{CC_1\cdot SA_1}{AA_1\cdot SC_1}\cdot\frac{BB_1\cdot SC_1}{CC_1\cdot SB_1}\end{aligned}$$

$$=1.$$

整个证明写成紧凑形式便是

$$\frac{\overline{AR}}{\overline{BR}}\cdot\frac{\overline{BX}}{\overline{AX}}=\frac{S_{AA_1B_1}}{S_{BA_1B_1}}\cdot\frac{S_{BPQ}}{S_{APQ}}=\frac{S_{AA_1B_1}}{S_{BA_1B_1}}\cdot\frac{S_{A_1C_1C}\cdot S_{BAP}}{S_{AA_1C_1}\cdot S_{APC}}$$

$$=\frac{S_{AA_1B_1}}{S_{BA_1B_1}}\cdot\frac{S_{A_1C_1C}}{S_{AA_1C_1}}\cdot\frac{S_{BB_1C_1}}{S_{CB_1C_1}}\cdot\frac{S_{BAC}}{S_{ACB}}$$

$$=\frac{AA_1\cdot SB_1}{BB_1\cdot SA_1}\cdot\frac{CC_1\cdot SA_1}{AA_1\cdot SC_1}\cdot\frac{BB_1\cdot SC_1}{CC_1\cdot SB_1}$$

$$=1.$$

在最后一步，我们应用了关于四边形的共角定理，把三角形看成退化的四边形，如

$$\frac{S_{AA_1B}}{S_{BA_1B_1}}=\frac{S_{SA_1B_1A}}{S_{SBA_1B_1}}=\frac{SB_1\cdot AA_1}{SA_1\cdot BB_1}.$$

另外三式可依此类推.

现在，根据这几个例子，把我们所引入的消点法作一初步小结.

使用消点法解题，先要把题目中的假设条件用作图过程表示出来. 以上几例中用到了这几种作图.

作图 1 在平面上任取一点（自由点）.

作图 2 在已知直线上任取一点（半自由点）.

作图 3 在直线 PQ 上取 R，使 $\overline{PR}=\lambda\,\overline{PQ}$，这里 λ 是给定的数值（例如，取 $\lambda=\frac{1}{2}$，则 R 就是 PQ 的中点）.

作图 4 已知 4 点 P、Q、U、V，作直线 PQ 与直线 UV 的交点.

而题目中的结论，则是关于某些几何量的等式. 以上几题中，我们用到的几何量是共线线段的比. 在解题过程中，还常常用到三角形或四边形的面积——这是十分重要的几何量.

解题过程，就是逐步从结论表达式中把由作图产生的约束点消去的过程. 消点的方法，则因点产生的原因不同和有关几何量的不同而不相同.

由于几何作图总可以归结为有限多种基本作图，几何量也只有那有限的几种，消点法也只要有限几种就够了. 例如，对于用以上四种作图和两种几何量表述的命题，我们至多需要掌握 $4\times2=8$ 种消点法便已足够. 实际上，由于某些情形不可能出现，某些不同情形可用类似的方法，我们要掌握的消点法并不要那么多.

下面把本章用到过的消点法作一小结. 后面，我们在引入新的作图法和几何量时，同时引入新的消点法.

消点法 1 从共线线段比值中消去交点，简称 RLL. 若 X 是 PQ 与 UV 的交点，则

$$\frac{\overline{PX}}{\overline{QX}}=\frac{S_{PUV}}{S_{QUV}}. \qquad \text{(RLL)}$$

这个方法的依据是一般形式的共边定理. 在例 5.1～例 5.4 中，解题过程一开始便用到了这个方法.

消点法 2 从三角形面积中消去交点，简称 SLL. 若 X 是 PQ 与 UV 的交点，则

$$S_{ABX}=\frac{1}{S_{PUQV}}\left(S_{PUV}\cdot S_{ABQ}+S_{QVU}\cdot S_{ABP}\right) \qquad \text{(SLL1)}$$

或

$$S_{ABX}=\frac{1}{S_{PUQV}}\left(S_{UQP}\cdot S_{ABV}+S_{VPQ}\cdot S_{ABU}\right). \qquad \text{(SLL2)}$$

特别地，当 U、V、P、Q 中有一点在直线 AB 上时，上述公式可简化. 例如，若 Q、A、B 共线，则 $S_{ABX}=\dfrac{S_{QVU}\cdot S_{ABP}}{S_{PUQV}}$.

上面例 5.3 中消去点 Q、P，例 5.4 中消 Q、P，都用到了消点法 SLL 的特殊情形.

由于两直线相交产生一个新点在几何题中最为常见，故消点法 RLL 和 SLL 最为有用.

消点法 3 从三角形面积中消去定比分点，简称 *SL*. 若点 X 在直线 PQ 上，

而且$\overline{PX}=\lambda\,\overline{PQ}$，则

$$S_{ABX}=\lambda S_{ABQ}+(1-\lambda)S_{ABP}. \tag{SL}$$

这个方法在例 5.2 中消去点 M_1、M_2 时用到了．例中 $\lambda=\dfrac{1}{2}$ 方法的依据是一般形式的定比分点公式.

现在，要证明的只有消点法 2.

消点法 2 的证明　因 X 在 PQ 上，故有实数 λ，使$\overline{PX}=\lambda\,\overline{PQ}$由定比分点公式得

$$S_{ABX}=\lambda S_{ABQ}+(1-\lambda)S_{ABP}, \tag{5-1}$$

又因 X 是 PQ 与 UV 交点，由共边定理得

$$\frac{\overline{PX}}{\overline{QX}}=\frac{S_{PUV}}{S_{QUV}}, \tag{5-2}$$

由

$$\overline{PX}=\lambda\,\overline{PQ},$$

则

$$\overline{QX}=\overline{QP}+\overline{PX}=-\overline{PQ}+\lambda\,\overline{PQ}=(\lambda-1)\overline{PQ},$$

所以

$$\frac{S_{PUV}}{S_{QUV}}=\frac{\overline{PX}}{\overline{QX}}=\frac{\lambda\,\overline{PQ}}{(\lambda-1)\overline{PQ}}=\frac{\lambda}{1-\lambda}, \tag{5-3}$$

$$\frac{S_{PRV}}{S_{QVU}}=\frac{\lambda}{1-\lambda}. \tag{5-4}$$

又因 $S_{PUV}+S_{QVU}=S_{PUQV}$，故

$$\lambda=\frac{S_{PUV}}{S_{PVQV}},\ 1-\lambda=\frac{S_{QVU}}{S_{PUQV}}. \tag{5-5}$$

将（5-5）式代入（5-1）式，即得公式 SLL.

关于半自由点，可以引入一个参数 λ 化为定比分点．而从线段比中消去定比分点，是非常简单的.

消点法 4　从共线线段比中消去定比分点，简称 RL. 若点 X 在直线 PQ 上，而且$\overline{PX}=\lambda\,\overline{PQ}$，则对于直线 PQ 上任两点 A、B 有

$$\frac{\overline{AX}}{\overline{AB}}=\frac{\overline{AP}+\lambda\,\overline{PQ}}{\overline{AB}}. \qquad \text{(RL)}$$

这个公式是显然的：因$\overline{AX}=\overline{AP}+\overline{PX}=\overline{AP}+\lambda\,\overline{PQ}$.

最后只剩自由点的消去法没有讨论了．一般说来，自由点和半自由点不可能像约束点那样消得不留痕迹．如消点法 3、4 所示，消半自由点，如同消带参数λ的定比分点一样，会留下一个独立参数λ. 而自由点消去之后，将留下一对独立参数．如何选择这一对独立参数，后面将结合具体例子来介绍.

习 题 5

5.1 用消点法解例 1.1（用三种构图方法).

5.2 用消点法解例 2.1 和例 2.2.

5.3 用消点法解习题 2.4.

5.4 用消点法解习题 2.5.

5.5 用消点法解例 3.1.

5.6 用消点法解例 3.4.

5.7 用消点法证明：任意三角形三中线交于一点.

5.8 用消点法解例 4.1 和例 4.2.

5.9 用消点法解例 4.3.

5.10 在四边形 $ABCD$ 中，在 BC 边上取 M、N 两点，AD 边上取 P、Q 两点，已知：$BM=CN=\frac{1}{3}BC$，$AP=DQ=\frac{1}{3}AD$.

求证：$S_{ABCD}=3S_{PMNQ}$.

第6章

单直尺作图名家点题 平行线消点新法立功

前面已经看到，共边定理确是解几何问题的一个重要工具．但是，共边定理的前提是两直线 AB 与 PQ 交于 M. 如果 AB 与 PQ 不相交，又将如何呢?

这时我们将有

平行线的面积性质　对于平面上任意四点 A、B、P、Q，$AB /\!/ PQ$ 的充分必要条件是

$$S_{PAB}=S_{QAB} \quad (\text{或 } S_{APQ}=S_{BPQ}).$$

如用四边形面积表示，这条件可写成

$$S_{APB}=0$$

（注意：$S_{APBQ}=S_{APB}+S_{ABQ}=-S_{PAB}+S_{QAB}$）.

上述命题中，若 P、Q 都在直线 AB 上，则 $S_{PAB}=S_{QAB}=0$，这时我们认为 $AB /\!/ PQ$ 成立．如果 P 与 Q 重合（或 A 与 B 重合），也有 $S_{PAB}=S_{QAB}$，也认为 $AB /\!/ PQ$. 总之，以下提及平行，指广义的平行——$AB /\!/ PQ$ 包括 A、B、C、D 共线及 P、Q 重合或 A、B 重合的特款.

这命题与共边定理有联系．这是因为，若 AB 与 PO 不平行而交于 M，由共边定理，

$$\frac{S_{PAB}}{S_{QAB}}=\frac{\overline{PM}}{\overline{QM}}.$$

这表明：或者 P、Q 重合，或者 $S_{PAB}\neq S_{QAB}$. 即由 $S_{PAB}=S_{QAB}$ 用共边定理可反证出 $PQ/\!/AB$. 反过来，由平行公理可知 $PQ/\!/AB$ 蕴含 $S_{PAB}=S_{QAB}$.

【例 6.1】 设▱$ABCD$ 的对角线 AC、BD 交于 O.

求证：$AO=CO$（图 6-1).

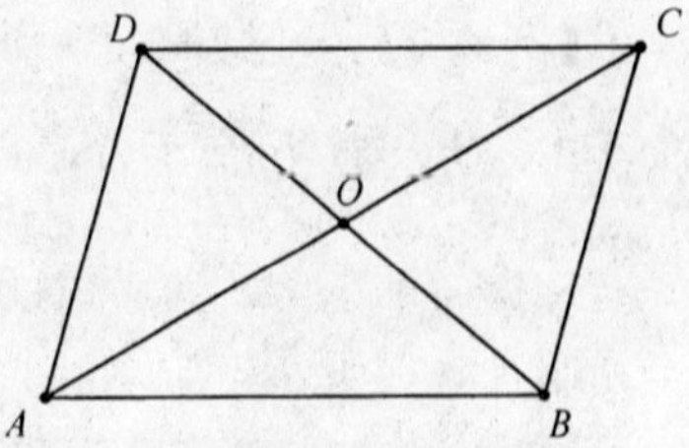

图 6-1

题中诸点的引入步骤为

第一步：任取平面上不共线三点 A、B、C；

第二步：过 C 作 AB 的平行线．过 A 作 BC 的平行线，两线交于 D；

第三步：连接 AC、BD 交于 O.

要证明的是 $\frac{\overline{AO}}{\overline{OC}}=1$.

首先消去 O：因为 O 是 AC、BD 的交点，故有

$$\frac{\overline{AO}}{\overline{OC}}=\frac{S_{ABD}}{S_{BCD}}.$$

再消去 D，由 $CD/\!/AB$，得 $S_{ABD}=S_{ABC}$，由 $AD/\!/BC$ 得 $S_{BCD}=S_{BCA}=S_{ABC}$，于是得到了证明.

例 6.1 的证明紧凑地写下来就是

$$\frac{\overline{AO}}{\overline{OC}}=\frac{S_{ABD}}{S_{BCD}} \quad \text{（用共边定理消去点 } O\text{）}$$

$$=\frac{S_{ABC}}{S_{ABC}} \quad \text{（用平行线性质消去点 } D\text{）}$$

$$=1.$$

这个例题见于多种教材．但这里我们强调用机械的方法找出如此简捷明了的

证明．顺便指出：对这个命题的传统证法是先证明△ABD≌△CDB，再证△ABO≌△CDO，从而得 AO＝CO. 证明过程中要用到∠ABD＝∠CDB，即内错角相等．但是，怎么知道这两个角是内错角呢？如何由条件 AB∥CD 及 AD∥RC 推出这两个角是内错角呢？很多书上均未严格证明．可见，欧几里得的传统方法不仅烦琐，而且往往用直观判断代替严谨的推理而面积方法则往往兼有直观、严谨、简捷的优点.

【例 6.2】　已知 BC∥EF. 直线 BF 与 CE 交于 I，BE 与 CF 交于 A，直线 AI 交 BC 于 M（图 6-2）.

求证：M 是 BC 中点.

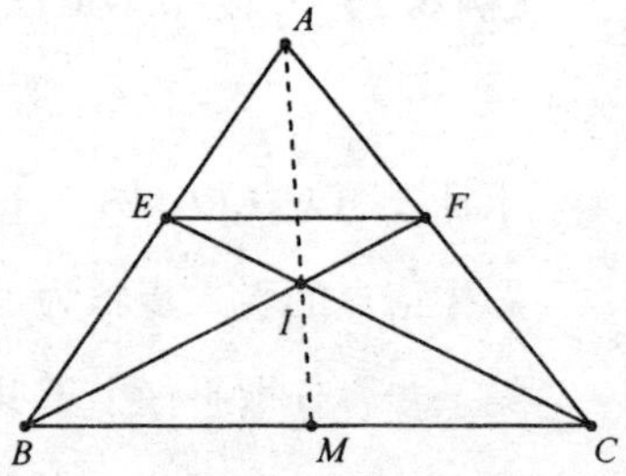

图 6-2

这个题目是 1978 年全国八省市数学竞赛第二试的第一题．命题主持人华罗庚指出，此题包含了仿射几何的基本原理．苏步青教授给命题组的来信中也建议出同样性质但另一形式的题目：已知一直线 l 平行于 AC，要求只用直尺不用圆规平分线段 AC. 可见，这个题目颇受大数学家的青睐．我们用机械的消点法给出它的证明.

题图可由下列步骤产生.

第一步：任取不共线三点 A、B、C；

第二步：在 AB 上任取点 E；

第三步：过 E 作 BC 的平行线交 AC 于 F；

第四步：连 BF、CE 交于 I；

第五步：连 AI 交 BC 于 M.

顺次消去 M、I、F、E，可得如下证明过程：

例 6.2 的证明

$$\frac{\overline{BM}}{\overline{MC}}=\frac{S_{ABI}}{S_{AIC}}\quad（消去 M，用共边定理）$$

$$=\frac{S_{BFE}\cdot S_{ABC}\cdot S_{BCFE}}{S_{CFE}\cdot S_{ABC}\cdot S_{BCFE}}$$

$=1.$

（消去 I，用共边定理和消点法 2：

$$S_{ABI}=\frac{S_{ABI}}{S_{ABC}}\cdot S_{ABC}=\frac{IE}{CE}S_{ABC}=\frac{S_{BFE}}{S_{BCFE}}\cdot S_{ABC}，S_{ACI}=\frac{S_{CFE}}{S_{BCFE}}\cdot S_{ABC}).$$

由 $BC/\!/EF$，一举完成 .

由平行线面积性质，可以得到更多的工具.

推论 6.1 设 $ABCD$ 是平行四边形，P 是平面上任一点，则有

$$S_{PAB}+S_{PCD}=S_{ABC} \tag{6-1}$$

及

$$S_{PAB}=S_{QAB}=S_{PDBC}. \tag{6-2}$$

证明 过 P 作 AB 的平行线与直线 BC 交于 Q，则由平行线的面积性质得

$$S_{PAB}=S_{QAB}，\quad S_{PCD}=S_{QCD}=S_{QCA}.$$

当点 P（和 Q）在直线 AB、CD 之间时，有

$$\triangle PAB+\triangle PCD=\triangle QAB+\triangle QCA=\triangle ABC,$$

当点 P 在直线 DC 外侧时（即 P 点与 AB 分居于 DC 两侧）有

$$\triangle PAB-\triangle PCD=\triangle QAB-\triangle QCA=\triangle ABC,$$

而当 P 在直线 AB 外侧时，则为

$$-\triangle PAB+\triangle PCD=\triangle QCA-\triangle QAB=\triangle ABC$$

这表明要证的（6-1）成立.

至于（6-2），则可由（6-1）及 S_{PDAC}（S_{PDBC}）的定义导出：

$$S_{PAB}=S_{ABC}-S_{PCD}=S_{ACD}+S_{LCP}=S_{PDAC},$$

$$S_{PAB}=S_{ABC}-S_{PCD}=S_{BCD}+S_{DCP}=S_{PCBC}.$$

推论 6.1 的直观意义是：无论点 P 在平面上如何运动，S_{PAB} 与 S_{PCD} 之和保持定值.

推论 6.2 设 $ABCD$ 是平行四边形，P 与 Q 是平面上任两点，则有

$$S_{APQ}+S_{CPQ}=S_{BPQ}+S_{DPQ}, \tag{6-3}$$

或者等价地

$$S_{PAQB}=S_{PDQC}. \tag{6-4}$$

证明 记$\square ABCD$对角线AC与BD的交点为O，由定比分点公式得

$$S_{APQ}+S_{CPQ}=2S_{OPQ},$$

$$S_{BPQ}+S_{DPQ}=2S_{OPQ},$$

所以

$$S_{APQ}+S_{CPQ}=S_{BPQ}+S_{DPQ}.$$

移项得

$$S_{APQ}-S_{BPQ}=S_{DPQ}-S_{CPQ},$$

此即

$$S_{PAQB}=S_{PDQC}.$$

式（6-4）有鲜明的几何意义：四边形的对角线在平面上作任意平行移动时，四边形的带号面积保持不变.

有了这两个推论，容易建立有关平行线交点的消点法.

消点法 5 从共线线段比值中消去平行线与连接两点的直线的交点，简称RPL. 已知相交直线PQ、UV和UV外一点W，过W作UV的平行线交PQ于X，则

$$\frac{\overline{PX}}{\overline{QX}}=\frac{S_{PUWV}}{S_{QUWV}}.$$

证明 在直线WX上取T，使$WTVU$为平行四边形，则

$$\frac{\overline{PQ}}{\overline{QX}}=\frac{S_{PWT}}{S_{QWT}} \quad \text{（共边定理）}$$

$$=\frac{S_{PUWV}}{S_{QUWV}} \quad \text{（式（6-4））}$$

消点法 6 从三角形面积中消去平行线与连接两点的直线的交点，简称SPL. 已知相交直线PQ、UV和UV外一点W，过W作UV的平行线交PQ于X，则对于任两点A、B有

$$S_{ABX}=\frac{1}{S_{QUPV}}\left(S_{QUWV}S_{PAB}+S_{PVWU}S_{QAB}\right).$$

证明 取 WX 上一点 T 使 $WTVU$ 为平行四边形，则由定比分点公式得

$$S_{ABX}=\frac{\overline{XQ}}{\overline{PQ}}S_{ABP}+\frac{\overline{PX}}{\overline{PQ}}S_{ABQ}.$$

再用共边定理及推论 6.1 与推论 6.2，得

$$\frac{\overline{XQ}}{\overline{PQ}}=\frac{S_{QWT}}{S_{QWPT}}=\frac{S_{QUWV}}{S_{QUPV}},$$

$$\frac{\overline{PX}}{\overline{PQ}}=\frac{S_{PTW}}{S_{QWPT}}=\frac{S_{PVWU}}{S_{QUPV}}.$$

代入前式即得所要的公式.

消点法 7 从平行线段比中消去分别与两条已知直线平行的直线的交点，简称 RPP. 已知两相交直线 PQ、UV 及点 R、W，过 W 作 UV 的平行线与过 R 而平行于 PQ 的直线交于 X，则有

$$\frac{\overline{RX}}{\overline{PQ}}=\frac{S_{RUWV}}{S_{PUQV}}.$$

证明 在直线 WX 上取 T 使 $WTVU$ 为平行四边形，在直线 RX 上取 S，使 $RSQP$ 为平行四边形，则由平行四边形性质及共边定理得

$$\frac{\overline{RX}}{\overline{PQ}}=\frac{\overline{RX}}{\overline{RS}}=\frac{S_{RWT}}{S_{RWST}}.$$

由推论 6.1，得

$$S_{RWT}=S_{RUWV}.$$

由推论 6.2，得

$$S_{RWST}=S_{RUSV}=S_{RUQV}.$$

代入前式，即得所要的等式.

消点法 8 从三角形面积中消去分别与两条已知直线平行的直线的交点，简称 SPP. 已知两相交直线 PQ、UV 及点 R、W、A、B. 过 W 作 UV 的平行线与过 R 而平行于 PQ 的直线交于 X，则有

$$S_{ABX}=\begin{cases}\dfrac{S_{PWQR}}{S_{PUQV}}\cdot S_{AUBV}+S_{ABW}, & \text{若 } A \text{ 或 } B \text{ 在直线 } UV \text{ 上},\\[2ex] \dfrac{S_{UWVR}}{S_{PUQV}}\cdot S_{APBQ}+S_{ABR}, & \text{其他情形}.\end{cases}$$

证明 取点 S 使 $RPOS$ 成平行四边形．应用消点法 6，可得

$$S_{ABX}=\frac{1}{S_{SURV}}\left(S_{SUWV}S_{RAB}+S_{RVWU}S_{SAB}\right).$$

再用推论 6.1 和推论 6.2，得

$$S_{SURV}=S_{QVPV}=-S_{PUQV},$$

$$S_{SAB}=S_{ABS}=S_{ABR}+S_{ABQ}-S_{ABP}=S_{ABR}+S_{APBQ},$$

$$S_{RVWU}=S_{UWVR},$$

$$S_{SUWV}=S_{WVU}+S_{SUV}=S_{WUV}+S_{RUV}+S_{QUV}-S_{PUV}=S_{UWVR}-S_{PUQV}.$$

把它们代人前式，可得

$$S_{ABX}=\frac{-1}{S_{PUQV}}\left[\left(S_{UWVR}-S_{PUQV}\right)S_{ABR}-S_{UWVR}\left(S_{ABR}+S_{APBQ}\right)\right]$$

$$=\frac{S_{UWVR}}{S_{PUQV}}\cdot S_{APBQ}+S_{ABR}.$$

如果 A 或 B 在直线 PQ 上，则 S_{APBQ} 可化简为三角形面积．当 A 或 B 在直线 UV 上时，互换记号 P、Q、R 与 U、V、W，得

$$S_{ABX}=\frac{S_{PRQW}}{S_{UPVQ}}\cdot S_{AUBV}+S_{ABW}$$

$$=\frac{S_{PWQR}}{S_{PUQV}}\cdot S_{AUBV}+S_{ABW}.$$

这式子中 S_{AUBV} 可化简为三角形面积．

这几个消点公式，特别是 6、8 两条，不必硬记．因为实际上遇到的多是特殊情形，往往只用平行线的面积性质即可解决问题．万一遇到一般情形，可查对这些公式，也可以用第 5 章引入的作图组合起来代替平行线作图．例如，“过 W 作 UV 的平行线”这个作图，可用下列步骤代替：

(1) 取 WV 的中点 M；

(2) 连 UM 延长至 N，使 $\overline{UM}=\overline{MN}$；

(3) 连 WN. 则 WN 是平行于 UV 的直线.

尽管如此，作为一般性方法，上述公式仍是不可缺少的.

以下再举几个涉及平行线的例子.

【例 6.3】 已知 $MNPQ$ 为平行四边形，在 QP 的延长线上任取一点 S，直线 MS 与 NQ 交于 T，与 NP 交于 R. 求证：$\frac{1}{MR}+\frac{1}{MS}=\frac{1}{MT}$（图 6-3）.

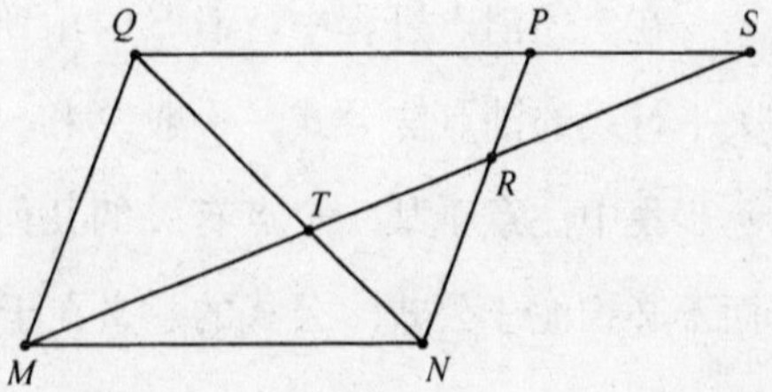

图 6-3

证明 要证的等式可变形为

$$\frac{MT}{MR}=1-\frac{MT}{MS}$$

$$=\frac{MS-MT}{MS}$$

$$=\frac{TS}{MS},$$

即要证明 $\frac{\overline{MT}}{\overline{MR}}\cdot\frac{\overline{MS}}{\overline{TS}}=1$.

图中各点可依 M、N、P、Q、S、R、T 顺次作出，故可依 T、R、S、Q……的顺序消去. 在 QP 上取 S 时可设 $\overline{PS}=\lambda\,\overline{QP}$，引入参数 λ，

$$\frac{\overline{MT}}{\overline{MR}}\cdot\frac{\overline{MS}}{\overline{TS}}=\frac{S_{MNQ}}{S_{MNRQ}}+\frac{S_{MNSQ}}{S_{QNS}}$$ （用共边定理消去 T）

$$=\frac{S_{MNQ}}{S_{QNS}}\cdot\frac{(S_{MNQ}+S_{QNS})}{(S_{MNQ}+S_{QNR})}$$ （把四边形分成三角形便于使用消点法）

$$=\frac{S_{MNQ}}{S_{QNS}}\cdot\frac{(S_{MNQ}+S_{QNS})}{\left(S_{MNQ}+\frac{S_{MNS}\cdot S_{QNP}}{S_{MNSP}}\right)}$$ （用消点法 2 消去 R）.

以下消去 S：记▱$MNPQ$ 面积为 $2a$，则

$$S_{MNQ}=S_{QNP}=S_{MNS}=a,$$

$$S_{QNS}=(1+\lambda)\,S_{QNP}=(1+\lambda)\,a,$$

$$S_{MNSP}=S_{MNP}+S_{PNS}=a+\lambda a=(1+\lambda)\,a.$$

代入前式得

$$\frac{\overline{MT}}{\overline{MR}}\cdot\frac{\overline{MS}}{\overline{TS}}=\frac{a\,[a+(1+\lambda)\,a]}{(1+\lambda)\,a\left[a+\frac{a\cdot a}{(1+\lambda)\,a}\right]}=\frac{a^2\,(2+\lambda)}{a^2\,(2+\lambda)}=1.$$

在上述消点过程中，消 S 时用到了平行线的面积性质，但并没有直接使用有关平行线的消点法公式. 一般说来，消点法的精神在于使证明过程有章可循. 每一步集中注意于某一个点有关的几何量. 至于如何消去这个点，则可灵活处理，而不必拘泥于公式. 公式的意义在于肯定了消点法在理论上总是行得通的.

简证：$\dfrac{MT}{TS}\cdot\dfrac{MS}{MR}=\dfrac{S_{MNQ}}{S_{SNQ}}\cdot\dfrac{S_{MNSP}}{S_{MNP}}=1$

【例 6.4】 设在六边形 $ABCDEF$ 中，有两边 BC、EF 平行于对角线 AD，两边 CD、FA 平行于对角线 BE，并且两边 DE、AB 平行（图 6-4）. 求证：$CF /\!/ AB$.

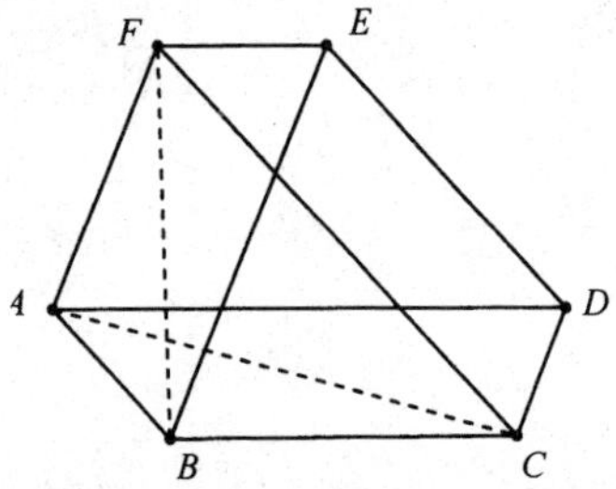

图 6-4

分析 如图 6-4 所示，按下述方法引入诸点：

（1）任取不共线三点 E、B、C；

（2）过 C 作 EB 的平行线，在此平行线上取点 D；

（3）过 B 作 DE 的平行线，过 D 作 BC 的平行线，两线交于 A；

（4）过 A 作 CD 的平行线，过 E 作 BC 的平行线，两线交于 F.

要证明 $CF /\!/ AB$，即 $S_{ABC}=S_{ABF}$. 下面顺次消去点 F、A、D 以证明之.

证明 要证的结论等价于 $\dfrac{S_{ABC}}{S_{ABF}}=1$，

$$\frac{S_{ABC}}{S_{ABF}}=\frac{S_{ABC}\cdot S_{BCD}}{S_{BECA}\cdot S_{BCAD}}\quad（用消点法 8 消 F）$$

$$=\frac{S_{BCD}\cdot S_{BECD}}{(S_{BCD}-S_{BCE})(S_{BECD}-S_{BED})}\quad（用消点法 8 消 A）.$$

至此，设 $\overline{CD}=\lambda\,\overline{BE}$，则可用下列关系消去 D：

$$S_{BCD}=\lambda S_{BCE},$$

$$S_{BED}=S_{BEC}=-S_{BCE},$$

$$S_{BECD}=S_{BEC}-S_{BDC}=-S_{BCE}+\lambda S_{BCE},$$

则原式化为

$$\frac{S_{ABC}}{S_{ABF}}=\frac{\lambda S_{BCE}\cdot S_{BCE}(-1+\lambda)}{S_{BCE}(\lambda-1)(-S_{BCE}+\lambda S_{BCE}+S_{BCE})}$$

$$=1.$$

这里，用消点法 8 消去 F 与 A 的过程有必要说明一下．按消点法 8，应当有公式

$$S_{ABX}=\frac{S_{UWVR}}{S_{PUQV}}\cdot S_{APBQ}+S_{ABR}.$$

对照公式中与题目中对应位置的点，有

$$\begin{array}{c}A\ B\ X\ P\ Q\ R\ U\ V\ W(\text{公式中})\\ \downarrow\ \downarrow\ \downarrow\ \downarrow\ \downarrow\ \downarrow\ \downarrow\ \downarrow\ \downarrow\\ A\ B\ F\ C\ D\ A\ B\ C\ E(\text{题目中})\end{array}$$

代入公式得

$$S_{ABF}=\frac{S_{BECA}}{S_{CBDC}}\cdot S_{ACBD}+S_{ABA}.$$

显然有

$$S_{ABA}=0,\quad S_{CBDC}=S_{BDC}=-S_{BCD},\quad S_{ACBD}=-S_{BCAD}.$$

这消去了 F. 在消去 A 时，用了如下等式：

$$S_{ABC}=S_{BCD}\quad(\text{因 } AD/\!/BC),$$

$$S_{BECA}=S_{ABC}-S_{BCE}=S_{BCD}-S_{BCE}\quad(\text{因 } AD/\!/BC),$$

$$S_{BCAD}=S_{BCD}-S_{CDA}.$$

再用消点法 8 从 S_{CDA} 中消去 A. 由对应关系

$$\begin{array}{c}A\ B\ X\ P\ Q\ R\ U\ V\ W(\text{公式中})\\ \downarrow\ \downarrow\ \downarrow\ \downarrow\ \downarrow\ \downarrow\ \downarrow\ \downarrow\ \downarrow\\ C\ D\ A\ B\ C\ D\ D\ E\ B(\text{题目中})\end{array}$$

可得 $$S_{CDA}=\frac{S_{DBED}}{S_{BDCE}}\cdot S_{CBDC}+S_{CDD}$$

$$=\frac{S_{BED}}{-S_{BECD}}\cdot S_{BDC}$$

$$=\frac{S_{BED}}{S_{BECD}}\cdot S_{BCD},$$

因而

$$S_{BCAD}=\frac{(S_{BECD}-S_{BED})\ S_{BCD}}{S_{BECD}}.$$

代人前式，问题得以解决.

【例 6.5】 设 $ABCDE$ 是五边形．又已知有

$A_1B_1 /\!/ AC$， $B_1C_1 /\!/ BD$，

$C_1D_1 /\!/ CE$， $D_1E_1 /\!/ AD$，

$E_1A_1 /\!/ EB$（图 6-5）.

求证：$A_1B\cdot B_1C\cdot C_1D\cdot D_1E\cdot E_1A$

$=BB_1\cdot CC_1\cdot DD_1\cdot EE_1\cdot AA_1$.

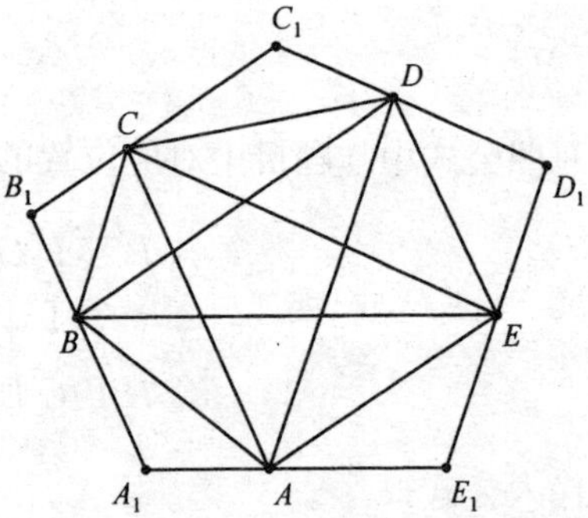

图 6-5

分析 构图过程为

(1) 任取五边形 $ABCDE$；

(2) 过 A 作 BE 的平行线，过 B 作 CA 的平行线，两线交于 A_1；

(3) 过 C 作 BD 的平行线，与直线 A_1B 交于 B_1；

(4) 过 D 作 CE 的平行线，与直线 B_1C 交于 C_1；

(5) 过 E 作 AD 的平行线，与直线 C_1D 交于 D_1；

(6) 直线 A_1A 与 D_1E 交于 E_1.

要证明的结论可表达为

$$\frac{\overline{A_1B}}{\overline{BB_1}}\cdot\frac{\overline{B_1C}}{\overline{CC_1}}\cdot\frac{\overline{C_1D}}{\overline{DD_1}}\cdot\frac{\overline{D_1E}}{\overline{EE_1}}\cdot\frac{\overline{E_1A}}{\overline{AA_1}}=1.$$

消去 E_1、D_1、C_1、B_1、A_1，可得如下证法：

证明 分别把 5 个比值化为容易消点的平行线段之比并消去约束点：

$$\frac{\overline{A_1B}}{\overline{BB_1}}=\frac{\overline{A_1B}}{\overline{AC}}\cdot\frac{\overline{AC}}{\overline{BB_1}}=\frac{S_{EA_1B}}{S_{ABCE}}\cdot\frac{S_{ABCD}}{S_{BB_1D}}=\frac{S_{EAB}}{S_{ABCE}}\cdot\frac{S_{ABCD}}{S_{BCD}},\tag{6-5}$$

$$\frac{\overline{B_1C}}{\overline{CC_1}}=\frac{\overline{B_1C}}{\overline{BD}}\cdot\frac{\overline{BD}}{\overline{CC_1}}=\frac{S_{B_1CA}}{S_{ABCD}}\cdot\frac{S_{BCDE}}{S_{C_1CE}}=\frac{S_{ABC}}{S_{ABCD}}\cdot\frac{S_{BCDE}}{S_{CDE}},\tag{6-6}$$

$$\frac{\overline{C_1D}}{\overline{DD_1}}=\frac{\overline{C_1D}}{\overline{CE}}\cdot\frac{\overline{CE}}{\overline{DD_1}}=\frac{S_{C_1DB}}{S_{BCDE}}\cdot\frac{S_{ACDE}}{S_{DD_1A}}=\frac{S_{CDB}}{S_{BCDE}}\cdot\frac{S_{ACDE}}{S_{DEA}},\tag{6-7}$$

$$\frac{\overline{D_1E}}{\overline{EE_1}}=\frac{\overline{D_1E}}{\overline{DA}}\cdot\frac{\overline{DA}}{\overline{EE_1}}=\frac{S_{D_1EC}}{S_{ACDE}}\cdot\frac{S_{ABDE}}{S_{EE_1B}}=\frac{S_{DEC}}{S_{ACDE}}\cdot\frac{S_{ABDE}}{S_{EAB}},\tag{6-8}$$

$$\frac{\overline{E_1A}}{\overline{AA_1}}=\frac{\overline{E_1A}}{\overline{EB}}\cdot\frac{\overline{EB}}{\overline{AA_1}}=\frac{S_{E_1AD}}{S_{ABDE}}\cdot\frac{S_{ABCE}}{S_{AA_1C}}=\frac{S_{EAD}}{S_{ABDE}}\cdot\frac{S_{ABCE}}{S_{ABC}}.\tag{6-9}$$

将（6-5）至（6-9）五式相乘得到

$$\frac{\overline{A_1B}}{\overline{BB_1}}\cdot\frac{\overline{B_1C}}{\overline{CC_1}}\cdot\frac{\overline{C_1D}}{\overline{DD_1}}\cdot\frac{\overline{D_1E}}{\overline{EE_1}}\cdot\frac{\overline{E_1A}}{\overline{AA_1}}=1.$$

命题得证.

在上面的例题中看到，从共线线段比中消点时，式中分子分母两线段的公共点不是交点或不易消去，可利用过渡法把一个比分成两个比之积再来处理．如果线段比中分子分母两线段没有公共点，也可利用过渡法把一个比分成两个比之积．例如，当$\overline{AB}$与$\overline{CD}$共线时有

$$\frac{\overline{AB}}{\overline{CD}}=\frac{AB}{BC}\cdot\frac{BC}{CD},$$

就可能使用消点公式了，下面的例子再次说明这种方法.

【例 6.6】 已知一直线平行于梯形 $ABCD$ 的底而与两腰 AD、BC 分别交于 H、E，又与对角线 AC、BD 分别交于 G、F. 求证：$HG=FE$（图 6-6）.

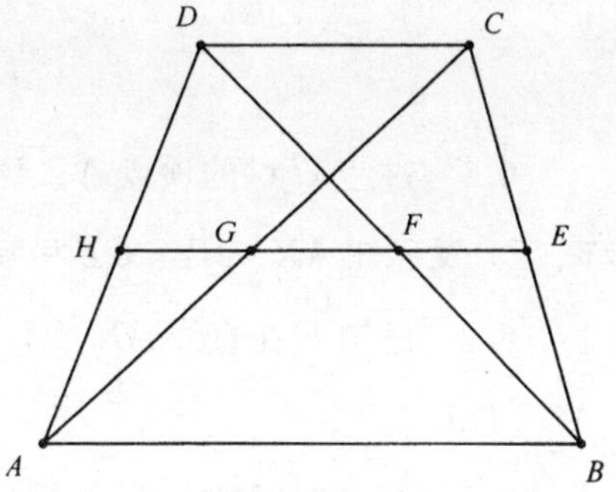

图 6-6

分析 此题构图过程为

（1）任取不共线三点 A、B、C；

（2）过 C 作 AB 的平行线 CD；

（3）在 AD 上取点 H（不妨令$\overline{AH}=\lambda\overline{AD}$）；

（4）过 H 作 AB 的平行线交 AC 于 G，交 BD 于 F，交 BC 于 E.

要证明的结论可表为$\frac{\overline{HG}}{\overline{FE}}=1$. 由于 G、F、E 三点之间的顺序本质上是无关

紧要的，消点过程中可灵活处理．用消点法可得下列证明：

证明

$$\frac{\overline{HG}}{\overline{FE}}=\frac{\overline{HG}}{\overline{GF}}\cdot\frac{\overline{GF}}{\overline{FE}}\quad（用\overline{GF}过渡）$$

$$=\frac{S_{ACB}}{S_{AFC}}\cdot\frac{S_{BDG}}{S_{BED}}\quad（使用共边定理，部分地消去 G、F、E）$$

$$=\frac{S_{ACH}}{S_{BED}}\quad（利用 BC/\!/GF/\!/AB，得 S_{BDG}=S_{AFC}）$$

$$=\frac{S_{ACH}\cdot S_{ABC}}{S_{ABH}\cdot S_{BCD}}\quad\left(S_{BED}=\frac{\overline{BE}}{\overline{BC}}\cdot S_{BCD}=\frac{S_{ABE}}{S_{ABC}}\cdot S_{BCD}=\frac{S_{ABH}}{S_{ABC}}\cdot S_{BCD}，消去 E\right)$$

$$=\frac{\lambda S_{ACD}}{\lambda S_{ABD}}\cdot\frac{S_{ABC}}{S_{BCD}}\quad（由\overline{AH}=\lambda\overline{AD}消去 H）$$

$$=1\quad（由 CD/\!/AB 消去 D）.$$

从这个题目的解答过程，可见消点法并非硬套公式，它有一定的灵活性．在顺序消点的原则指导下，具体消点法可以随机应变，以求简单明了．实在没有捷径了，就套公式.

习 题 6

6.1　过△ABC 的顶点 A、B、C 作直线分别与对边 BC、CA、AB 交于 x、Y、Z，又已知 AX、BY、CZ 相互平行．求证：$P_{ABC}=2\,\overline{AB}\cdot\overline{CB}$.

6.2　已知 F 在直线 AB 上，E 在直线 CD 上，$BC/\!/EF$，$AE/\!/BD$. 求证：$AC/\!/DF$.

6.3　在△ABC 内任取一点 L. 直线 AL、BL、CL 分别交 BC、CA、AB 于 A_1、B_1、C_1. 过 A_1 作 BB_1 的平行线交 AC 于 P，作 AC 的平行线交 BB_1 于 R，作 CC_1 的平行线交 AB 于 Q. 求证：P、Q、R 三点在一直线上.

6.4　已知平行四边形 $ABCD$ 内接于平行四边形 $EFHG$. 求证：AC、BD、EH、FG 交于一点.

第7章

垂直线难用面积相比 勾股差恰如向量点乘

前面引入的方法，还不能解决有关垂直的几何问题．本章引入的勾股差，在解决与垂直有关的几何问题时，将扮演重要角色.

一般地，可引入

定义 7.1 对任意三点 A、B、C，几何量

$$AB^2+BC^2-AC^2$$

叫做 ABC 的勾股差，记作 P_{ABC}，即

$$P_{ABC}=AB^2+BC^2-AC^2.$$

关于勾股差 P_{ABC}，有下列基本性质：

勾股差 PABC 的基本性质

（1）$P_{ABC}=P_{CBA}$.

（2）$P_{ABC}+P_{BCA}+P_{CAB}=AB^2+BC^2+CA^2$.

（3）$P_{ABC}+P_{ACB}=2BC^2$.

（4）若 B 在线段 AC 上，则

$$P_{ABC}=-2AB\cdot BC,$$

$$P_{ACB}=2AC\cdot BC.$$

(5) $P_{ABC}=0$ 的充分必要条件是：$\angle ABC$ 为直角或 A、C 两点至少有一点与点 B 重合.

这些基本性质中，(1) ～ (3) 直接由定义可得，(4) 可利用 $(\overrightarrow{AB}+\overrightarrow{BC})^2=\overrightarrow{AC}^2$ 推出，而 (5) 就是勾股定理的另一种说法.

应当提到，性质 (4) 如果用有向线段表示，则可统一为

*(4) 若 A、B、C 三点在一直线上，则

$$P_{ABC}=2\,\overline{AB}\cdot\overline{CB}.$$

这里，有向线段之积 $\overline{AB}\cdot\overline{CB}$ 的意义如下：其绝对值等于 $|AB|\cdot|CB|$，其符号视 $\overline{AB}$ 与 $\overline{CB}$ 同向或反向而定，同向取正，反向取负. 进一步的讨论会发现，$P_{ABC}=2\,\overline{AB}\cdot\overline{CB}$ 其实是 A、B、C 三点共线的充分必要条件.

为了进一步弄清勾股差的性质和它的几何意义，引入三角形的余面积的概念.

对任意三角形 $\triangle ABC$（可以是退化的三角形），作 $\triangle XYZ$，使 $AB=XY$，$YZ=BC$，并且

$$\angle XYZ=\begin{cases}90^\circ-\angle ABC, & \angle ABC\leqslant 90^\circ,\\ \angle ABC-90^\circ, & \angle ABC>90^\circ.\end{cases}$$

定义 7.2 $C_{ABC}=\begin{cases}\triangle XYZ, & \angle ABC\leqslant 90^\circ,\\ -\triangle XYZ, & \angle ABC>90^\circ\end{cases}$

叫做 $\triangle ABC$ 关于 $\angle B$ 的余面积.

用语言来说：当 $\angle B$ 为锐角时，$\triangle ABC$ 的关于 $\angle B$ 的余面积，即夹边等于 AB、BC，夹角为 $\angle B$ 的余角的三角形的面积. 当 $\angle B$ 为直角时，$\triangle ABC$ 关于 $\angle B$ 的余面积为 0. 当 $\angle B$ 为钝角时，$\triangle ABC$ 关于 $\angle B$ 的余面积，即夹边等于 AB、BC，夹角为 $\angle B-90^\circ$ 的三角形面积的相反数，记为 C_{ABC}.

一个三角形 $\triangle ABC$ 有三个余面积：C_{ABC}、C_{BAC}、C_{ACB}. 按定义可知：$C_{ABC}=C_{CBA}$，$C_{BAC}=C_{CAB}$，$C_{ACB}=C_{BCA}$，这三个余面积一般是不同的.

从几何上看，$\triangle ABC$ 的关于 $\angle B$ 的余面积可这样作出：过 B 引 BC 的垂线 BP，使 $BP=BC$，则 $CABC$ 的绝对值等于 $\triangle PBA$，而且符号则依 $\angle B$ 为锐角或钝角而定；锐角为正，钝角为负，如图 7-1 所示（阴影部分表示 C_{ABC}）.

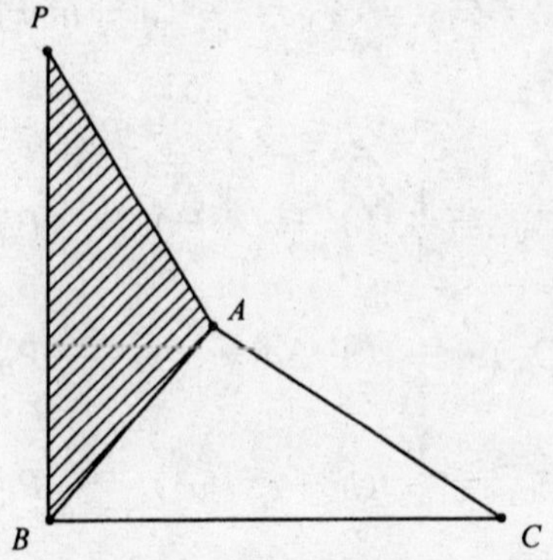

图 7-1

在图 7-2 中，以 BC 为一边画了一个正方形 $BCQP$，使 Q、P 与 A 在 BC 的同侧 . 这时显然有

$$C_{ABC}=S_{PBA},$$

$$C_{BCA}=S_{ACQ}.$$

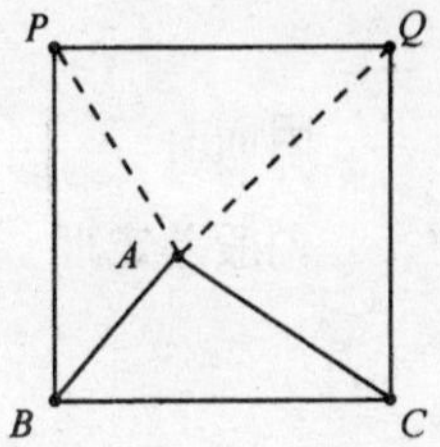

图 7-2

于是

$$\frac{1}{2}S_{BCQP}=C_{ABC}+C_{BCA},$$

即

$$C_{ABC}+C_{BCA}=\frac{1}{2}BC^2.$$

按习惯分别以 a、b、c 记 BC、CA、AB，交换字母 A、B、C 得

$$\begin{cases} C_{ABC}+C_{BCA}=\dfrac{a^2}{2}, \\ C_{BCA}+C_{CAB}=\dfrac{b^2}{2}, \\ C_{CAB}+C_{ABC}=\dfrac{c^2}{2}. \end{cases}$$

三式相加得

$$2(C_{ABC}+C_{BCA}+C_{CAB})=\frac{1}{2}(a^2+b^2+c^2),$$

$$C_{ABC}+C_{BCA}+C_{CAB}=\frac{1}{4}(a^2+b^2+c^2),$$

所以

$$\begin{cases}C_{ABC}=\frac{1}{4}(a^2+c^2-b^2)=\frac{1}{4}P_{ABC},\\ C_{BCA}=\frac{1}{4}(b^2+a^2-c^2)=\frac{1}{4}P_{BCA},\\ C_{CAB}=\frac{1}{4}(b^2+c^2-a^2)=\frac{1}{4}P_{CAB}.\end{cases}$$

由此可见：**在任意三角形△*ABC* 中，关于∠*B* 的勾股差等于它关于∠*B* 的余面积的 4 倍.**

如果$\angle ABC=\angle XYZ$，按余面积的定义有

$$\frac{C_{ABC}}{C_{XYZ}}=\frac{AB\cdot BC}{XY\cdot YZ}\quad(\angle ABC\neq 90^\circ).$$

因而有

勾股差定理 当$\angle ABC=\angle XYZ$时，有

$$\frac{P_{ABC}}{P_{XYZ}}=\frac{AB\cdot BC}{XY\cdot YZ}\quad(\angle ABC\neq 90^\circ).$$

或者更一般的有

勾股差定理（一般形式） $\angle ABC=\angle XYZ$的充分必要条件是

$$\frac{P_{ABC}}{AB\cdot BC}=\frac{P_{XYZ}}{XY\cdot YZ},$$

而$\angle ABC$与$\angle XYZ$互补的充要条件是

$$\frac{P_{ABC}}{AB\cdot BC}=-\frac{P_{XYZ}}{XY\cdot YZ}.$$

如从三角学观点看，恰有

$$\frac{P_{ABC}}{AB\cdot BC}=\frac{a^2+c^2-b^2}{ac}=2\cos\angle ABC.$$

这从另一个角度说明了勾股差定理.

在平面几何里有“投影”或“正投影”的概念．若 A、B 到直线 l 的垂足为 A'、B'．则线段 $A'B'$ 叫做 AB 在 l 上的投影．类似地，有向线段 $\overline{A'B'}$ 叫做有向线段 $\overline{AB}$ 的投影．用投影概念解释三角形的余面积，可以看到：$\triangle ABC$ 关于 $\angle B$ 的余面积 C_{ABC} 恰等于 $\overline{AB}$ 到直线 BC 上的投影与 BC 的乘积之半．如图 7-3 所示，当 $\angle ABC>90^{\circ}$ 时，AB 到 BC 上的投影与 $\overline{CB}$ 方向相反，因而其乘积为负，这与余面积符号的规定相合.

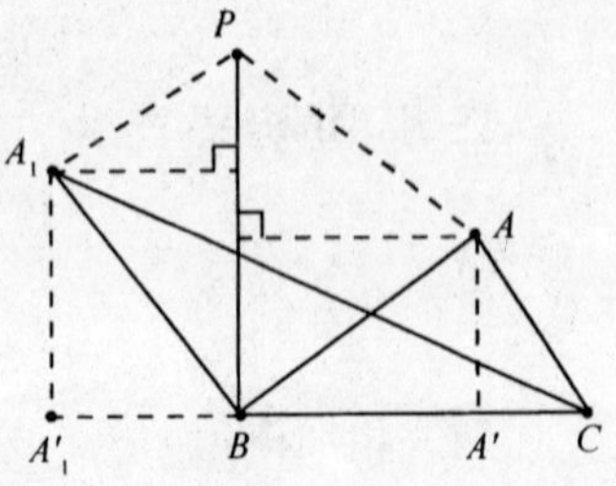

图 7-3

在图 7-3 中，$\triangle ABC$ 关于 $\angle ABC$ 的余面积等于 S_{PBA}，$\triangle A_1BC$ 关于 $\angle A_1BC$ 的余面积等于 S_{PRA_1}．这时

$$S_{PBA_1}=\frac{1}{2}\overline{A'B}\cdot\overline{CB},$$

$$S_{PBA}=\frac{1}{2}\overline{A_1'B}\cdot\overline{CB}.$$

应用勾股差定理，可以计算线段长度．这比仅用勾股定理方便得多.

前面引入了四边形的带号面积，它是三角形带号面积的推广．类似地，勾股差也可以推广到四边形．而且，四边形勾股差有时运用起来更为方便.

定义 7.3　四边形 $ABCD$ 的勾股差定义为

$$P_{ABCD}=AB^2+CD^2-AD^2-BC^2.$$

由此定义，立刻得到

四边形勾股差 *PABCD* 的基本性质

（1）$P_{ABCD}=P_{BADC}=P_{CDAB}=P_{DCBA}=-P_{ADCB}=-P_{BCDA}=-P_{CBAD}=-P_{DABC}$.

（2）$P_{ABCD}=P_{ABD}-P_{CBD}=P_{BAC}-P_{DAC}=P_{CDB}-P_{ADB}=P_{DCA}-P_{BCA}$.

（3）$P_{ABBC}=P_{ABC}$，$P_{AABC}=-P_{BAC}=P_{BAAC}$.

从性质（3）可见，三角形勾股差是四边形勾股差的特殊情形．从性质（2）可见，四边形勾股差可展开为三角形勾股差，正如四边形的带号面积可以分解为两个三角形的带号面积一样．从性质（1）可见，对于同一个四边形，不管顶点如何排列，只要不打乱顶点之间的邻接关系，其勾股差仅仅有正负号的变化．这使得四边形勾股差与四边形的带号面积有类似之处，它依赖于四边形本身而不依赖于某个顶点．而三角形的勾股差则有三个：P_{ABC}、P_{CAB}、P_{BCA} 彼此一般各不相同．因此，四边形勾股差用起来有时比三角形勾股差更为方便．

四边形勾股差进一步的性质有

命题 7.1（四边形勾股差的可分性）　对于任意 5 个点 P、Q、A、B、C，有

$$P_{PAQB}+P_{PBQC}=P_{PAQC}.$$

证明　由定义 7.3，

$$P_{PAQB}=PA^2+QB^2-AQ^2-PB^2,$$

$$P_{PBQC}=PB^2+QC^2-BQ^2-PC^2.$$

两式相加得

$$P_{PAQB}+P_{PBQC}=PA^2+QC^2-AQ^2-PC^2=P_{PAQC}.$$

命题 7.2（关于四边形的勾股定理）　如果 $PQ\perp AB$，则 $P_{PAQB}=0$.

证明　设直线 PQ 与 AB 交于 O，则如图 7-4 所示，由勾股定理得

$$AQ^2=AO^2+QO^2,$$

$$PB^2=PO^2+BO^2,$$

$$PA^2=PO^2+AO^2,$$

$$QB^2=BO^2+QO^2.$$

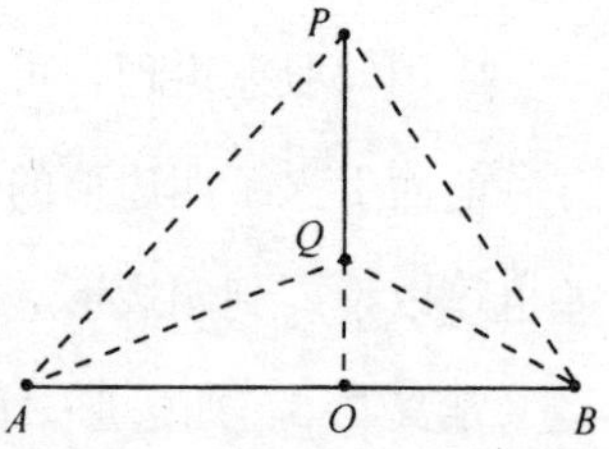

图 7-4

按定义代入即知

$$P_{PAQB}=PA^2+QB^2-AQ^2-PB^2=0.$$

这个推导只依赖于条件 $PQ\perp AB$ 以及直线 PQ 与 AB 交于 O，图 7-4 仅仅画出了几种情形之一.

命题 7.3　设 P、Q 到直线 AB 上的垂足分别为 U、V，则

$$P_{PAQB}=P_{UAVB}.$$

证明　应用命题 7.1 及基本性质可得

$$P_{PAQB}=P_{BQAP}=P_{BQAV}+P_{BVAU}+P_{BUAP}.$$

由 $AB \perp QV$ 得 $P_{BQAV}=0$，由 $AB \perp PU$ 得 $P_{UAVB}=0$，故

$$P_{PAQB}=P_{BVAU}=P_{UAVB}.$$

命题 7.4 若 P、Q、A、B 在一直线上，则

$$P_{PAQB}=2\,\overline{PQ}\cdot\overline{BA}.$$

证明 直接按定义计算

$$\begin{aligned}
P_{PAQB}&=\overline{PA}^2+\overline{QB}^2-\overline{AQ}^2-\overline{PB}^2\\
&=(\overline{PA}^2-\overline{AQ}^2)-(\overline{PB}^2-\overline{BQ}^2)\\
&=(\overline{PA}+\overline{AQ})(\overline{PA}-\overline{AQ})-(\overline{PB}+\overline{BQ})(\overline{PB}-\overline{BQ})\\
&=\overline{PQ}(\overline{PA}-\overline{AQ})-\overline{PQ}(\overline{PB}-\overline{BQ})\\
&=\overline{PQ}(\overline{PA}-\overline{AQ}-\overline{PB}+\overline{BQ})\\
&=\overline{PQ}(\overline{BP}+\overline{PA}+\overline{BQ}+\overline{QA})\\
&=2\,\overline{PQ}\cdot\overline{BA}.
\end{aligned}$$

结合命题 7.4 与命题 7.3，可以得出四边形勾股差的鲜明几何意义.

命题 7.5 四边形 $ABCD$ 的勾股差 P_{ABCD}，等于有向线段$\overline{AC}$在直线 DB 上的投影与$\overline{BD}$的乘积的两倍.

由于 $P_{ABCD}=P_{DCBA}$，故 P_{ABCD} 也等于$\overline{DB}$在 AC 上的投影与$\overline{AC}$的乘积的两倍.

（如果引入余弦函数 $\cos\theta$，易知命题 7.5 的含意可表示为

$$P_{ABCD}=2AC\cdot BD\cos\theta,$$

这里 θ 是有向直线 AC 与 DB 的夹角．具体地，过 A 作与 DB 平行的直线．AP，使 $APBD$ 为平行四边形，则 $\theta=\angle CAP$.）

作为命题 7.5 的显然推论，有以下命题.

命题 7.6（四边形的对角线平移时其勾股差不变） 若 $PQVU$ 为平行四边形，则

$$P_{PAQB}=P_{UAVB}.$$

命题 7.7 若 $PU\perp AB$，$QV\perp AB$，则有

$$P_{PAQB}=P_{UAVB}.$$

命题 7.8（四边形勾股定理的逆定理） 若 $P_{ABCD}=0$，则 $AC\perp BD$，或者

A、C 重合，或者 B、D 重合.

这是因为由命题 7.5，当 $P_{ABCD}=0$ 时，或者 $\overline{BD}=0$（即 B、D 重合），或者 $\overline{AC}$ 在直线 BD 上的投影为 0（即 $AC\perp BD$ 或 A、C 重合）.

由于有向线段和它的投影成正比例，由命题 7.5 又得

命题 7.9 若 $\overline{PQ}=\lambda\overline{UV}$，则

$$P_{PAQB}=\lambda P_{UAVB}.$$

作为推论，若 $\overline{AB}=\lambda\overline{CD}$，当然也有

$$P_{PAQB}=\lambda P_{PCQD}.$$

以上我们引入了有关四边形勾股差的一串性质，从这些性质可见，四边形勾股差与四边形带号面积有其相似之处. 例如，P_{ABCD} 的基本性质（1）、（2）、（3），命题 7.1、命题 7.6、命题 7.9，容易验证其对 S_{ABCD} 也成立或有相应等式. 另一方面，勾股差与面积之间也有明显的区别，例如，$P_{ABCD}=P_{DCBA}$，但 $S_{ABCD}=-S_{DCBA}$；$P_{ABCD}=0$ 的充要条件是 $AC\perp BD$，而 $S_{ABCD}=0$ 的充要条件是 $AC/\!/BD$；等等.

一下引入这么多性质，似令人眼花缭乱. 其实，在几何解题应用中，只要抓住下列几点，便游刃有余了. 这几点是

（1）四边形勾股差的定义（定义 7.3）

$$P_{ABCD}=AB^2+CD^2-BC^2-AD^2.$$

（2）四边形勾股差 $P_{ABCD}=0$ 的充要条件是

$$AC\perp BD.$$

（3）四边形勾股差的几何实质：P_{ABCD} 等于 $\overline{AC}$ 在 BD 上的投影与 $\overline{DB}$ 之积的两倍.

（4）四边形勾股差的可分性：

$$P_{PAQB}+P_{PBQC}=P_{PAQC}.$$

（5）四边形勾股差的可比性：当 $\overline{AB}=\lambda\overline{CD}$ 时，有

$$P_{PAQB}=\lambda P_{PCQD}.$$

在这5条中，(1)与(3)是基本的，(2)是最常用的. 牢记(3)，其他都易推出.

作为勾股差的应用，举几个例题：

【例 7.1】 求证：三角形的三高交于一点.

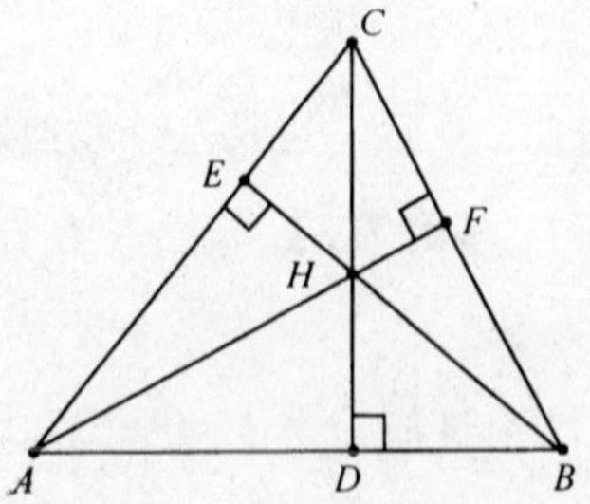

图 7-5

证明 如图 7-5 所示，AF、BE 是$\triangle ABC$的高，AF、BE 两直线交于 H 要证明 AB 边上的高经过点 H，只要证明 $CH\perp AB$ 就够了. 为此只要证明 $P_{CABB}=0$，

$$P_{CAHB}=P_{CAHC}+P_{CCHB}=P_{CABC}+P_{CCAB}$$
$$=-P_{CCAB}+P_{CCAB}=0.$$

证明过程中第一步用了四边形勾股差的可分性，第二步用到

$$\text{因 } BH\perp AC\text{，故 } P_{CAHC}=P_{CABC}\text{，}$$
$$\text{因 } AH\perp BC\text{，故 } P_{CCHB}=P_{CCAB}.$$

最后用一下四边形勾股差的基本性质.

这个证明，也可以仅仅用四边形勾股差的定义及四边形勾股定理，通过直接计算完成，如

$$P_{CAHB}=CA^2+HB^2-AB^2-BC^2$$
$$=CF^2+AF^2+FH^2+BF^2-(AE^2+HE^2)-(BE^2+CE^2)$$
$$=CF^2+(AB^2-BF^2)+(CH^2-CF^2)+BF^2-AF^2-(HC^2-CE^2)$$
$$-BE^2-CE^2$$
$$=AB^2-AE^2-BE^2=0.$$

【例 7.2】 已知$\triangle ABC$，向$\triangle ABC$外作正方形 $ACFG$ 和 $BAED$.

求证：$BG\perp CE$（图 7-6）.

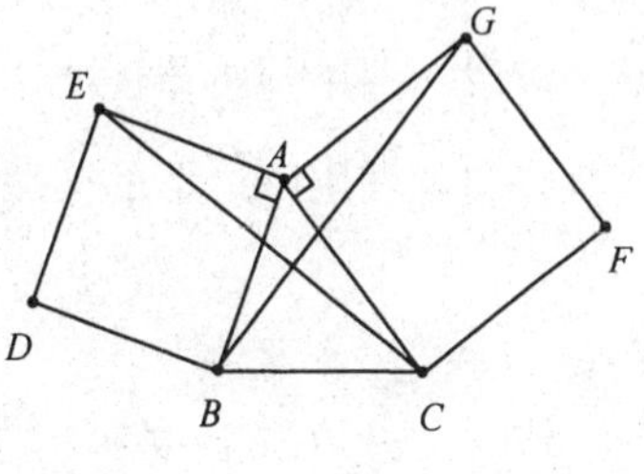

图 7-6

证明

$$P_{BCGE}=P_{BCGA}+P_{BAGE}$$
$$=P_{BCAA}+P_{ACGA}+P_{BAAE}+P_{AAGE}$$

$$=-P_{BAC}-P_{GAE}=0.$$

证明最后一步用到了$\angle BAC$与$\angle GAE$互补，但$AC=AG$、$AB=AE$，故勾股差P_{BAC}与P_{GAE}互为相反数（勾股差定理）. 而证明的起步，又用到了四边形勾股差的可分性.

今后，勾股差一般指四边形勾股差. 三角形勾股差是其特款.

【例 7.3】 若X在直线AB上，$\overline{AX}=\lambda\overline{AB}$，则对任一点$P$，有

$$PX^2=\lambda PB^2+(1-\lambda)PA^2-\lambda(1-\lambda)AB^2.$$

证明 考虑两个勾股差P_{PAAX}与P_{PAAB}之比，应用命题 7.9 可得

$$\begin{aligned}\lambda&=\frac{\overline{AX}}{\overline{AB}}=\frac{P_{PAAX}}{P_{PAAB}}\\&=\frac{PA^2+AX^2-PX^2}{PA^2+AB^2-PB^2}\\&=\frac{PA^2+\lambda^2AB^2-PX^2}{PA^2+AB^2-PB^2}.\end{aligned}$$

所以

$$\lambda PA^2+\lambda AB^2-\lambda PB^2=PA^2+\lambda^2AB^2-PX^2,$$

解得

$$PX^2=\lambda PB^2+(1-\lambda)PA^2-\lambda(1-\lambda)AB^2.$$

习 题 7

7.1 在正方形$ABCD$中，在AB、BC两边上分别取点F、E，已知$AF=BE$，利用勾股差证明$AE\perp DF$.

7.2 利用勾股差证明：菱形的对角线互相垂直.

7.3 利用四边形的勾股差和带号面积在其对角线平移时不变的特点证明：

$$4S_{ABCD}^2+\frac{1}{4}P_{ABCD}^2=AC^2\cdot BD^2.$$

7.4 设$ABCD$是平行四边形，延长AB至F，延长BA至E，使$AE=BF=BC$. 利用勾股差证明$DE\perp CF$.

第8章

勾股差消去垂线上点 新公式证明三高共心

由于勾股差与垂直线有密切联系，故利用勾股差有便于消去垂线上的点. 我们需要几个基本的命题：

命题 8.1 设 Q 到直线 AB 的垂足为 D，则

$$\frac{\overline{AD}}{\overline{DB}}=\frac{P_{QAB}}{P_{QBA}}\left(\frac{\overline{AD}}{\overline{AB}}=\frac{P_{QAB}}{P_{QAB}+P_{QBA}}=\frac{P_{QAB}}{2AB^2}\right).$$

证明 由命题 7.5，注意到 D 是 Q 在 AB 上的投影：

$$P_{QAB}=2\,\overline{DA}\cdot\overline{BA},$$

$$P_{QBA}=2\,\overline{DB}\cdot\overline{AB},$$

$$\frac{P_{QAB}}{P_{QBA}}=\frac{\overline{DA}\cdot\overline{BA}}{\overline{DB}\cdot\overline{AB}}=-\frac{\overline{DA}}{\overline{DB}}=\frac{\overline{AD}}{\overline{DB}}.$$

命题 8.1 提供了消去垂足的基本方法. 但垂线有可能与另一直线相交，即

命题 8.2 设直线 l 过点 P 垂直于 AB 而与 UV 交于 X，则

$$\frac{\overline{UX}}{\overline{XV}}=\frac{P_{UAPB}}{P_{PAVB}}\left(或\frac{\overline{UX}}{\overline{VX}}=\frac{P_{UAPB}}{P_{VAPB}}\right).$$

证明 设 U、X、V 在直线 AB 上的投影顺次为 S、Y、T，则由命题 7.5 可知

$$P_{UAPB}=2\,\overline{SY}\cdot\overline{BA},$$

$$P_{VAPB}=2\,\overline{TY}\cdot\overline{BA},$$

所以

$$\frac{P_{UAPB}}{P_{VAPB}}=\frac{2\,\overline{SY}\cdot\overline{BA}}{2\,\overline{TY}\cdot\overline{BA}}=\frac{\overline{SY}}{\overline{TY}}=\frac{\overline{UX}}{\overline{VX}}.$$

命题 8.3（关于勾股差的定比分点公式） 设 X 是直线 AB 上一点，使 $\overline{AX}=\lambda\overline{AB}$，则对平面上任意三点 U、V、W，有

(1) $$P_{XUWV}=\lambda P_{BUWV}+(1-\lambda)P_{AUWV};$$

(2) $$P_{UXXV}=\lambda P_{UBBV}+(1-\lambda)P_{UAAV}-2\lambda(1-\lambda)AB^2.$$

证明 应用已证的一个有关线段平方的公式（例 7.3），可以得到

$$XU^2=\lambda BU^2+(1-\lambda)AU^2-\lambda(1-\lambda)AB^2,$$

$$XV^2=\lambda BV^2+(1-\lambda)AV^2-\lambda(1-\lambda)AB^2.$$

因而

$$\begin{aligned}P_{XUWV}&=XU^2+WV^2-UW^2-XV^2\\&=\lambda BU^2+(1-\lambda)AU^2-\lambda(1-\lambda)AB^2+WV^2-UW^2\\&\quad-[\lambda BV^2+(1-\lambda)AV^2-\lambda(1-\lambda)AB^2]\\&=\lambda(BU^2+WV^2-UW^2-BV^2)+\\&\quad(1-\lambda)(AU^2+WV^2-UW^2-AV^2)\\&=\lambda P_{BUWV}+(1-\lambda)P_{AUWV}.\end{aligned}$$

这证明了 (1). 关于 (2)，证法类似：

$$\begin{aligned}P_{UXXV}&=UX^2+XV^2-UV^2\\&=\lambda BU^2+(1-\lambda)AV^2-\lambda(1-\lambda)AB^2+\lambda BV^2\\&\quad+(1-\lambda)AV^2-\lambda(1-\lambda)AB^2-UB^2\\&=\lambda(BU^2+BV^2-UV^2)+(1-\lambda)(AU^2+AV^2-UV^2)\\&\quad-2\lambda(1-\lambda)AV^2\end{aligned}$$

$$=\lambda P_{UBBV}+(1-\lambda)P_{UAAV}-2\mu(1-\lambda)AB^2.$$

下面用例题说明上述几个命题在消去垂线上的点时的应用.

【例 8.1】 设$\triangle ABC$的三高为AF、BE、CD. 求证：这三高交于一点.（在第 7 章中我们已举了这个例子，这里我们强调用消点法机械地给出其证明.）

分析 如图 8-1 所示，设BE与CD交于H，AF与DC于G，要证明的是H与G重合，即

$$\frac{\overline{GC}}{\overline{GD}}=\frac{\overline{HC}}{\overline{HD}}.$$

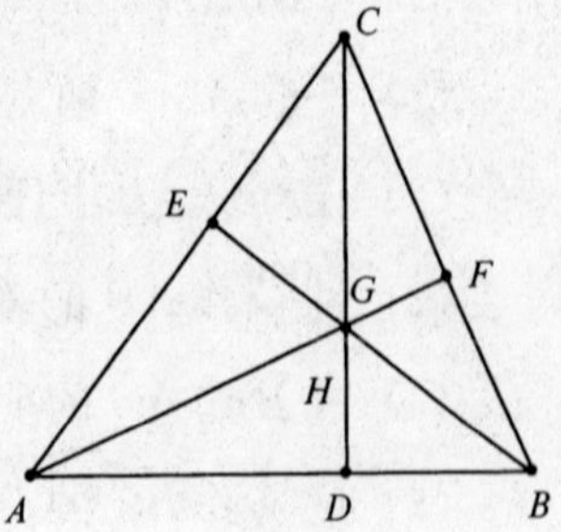

图 8-1

命题的条件可用下列构图过程表示：

(1) 任取不共线三点A、B、C；

(2) 过C引AB的垂线，交AB于D；

(3) 过B引AC的垂线，交CD于H；

(4) 过A引BC的垂线，交CD于G.

要证明的结论是

$$\frac{\overline{GC}}{\overline{GD}}\cdot\frac{\overline{HD}}{\overline{HC}}=1.$$

用消点法可给出下列证法.

证明

$$\frac{\overline{GC}}{\overline{GD}}\cdot\frac{\overline{HD}}{\overline{HC}}=\frac{P_{ACCB}}{P_{ACDB}}\cdot\frac{\overline{HD}}{\overline{HC}}\quad(\text{用命题 8.2 消去 }G)$$

$$=\frac{P_{ACCB}}{P_{ACDB}}\cdot\frac{P_{BADC}}{P_{BACC}}\quad(\text{用命题 8.2 消去 }H)$$

$$=\frac{-P_{BADC}}{P_{ACDB}}\quad(\text{用 }P_{ACCB}=-P_{BACC}\text{ 化简})$$

$$=\frac{-P_{CBA}}{2AB^2}\cdot P_{BAAC}\cdot\frac{2AB^2}{P_{CAB}\cdot P_{ACBB}}=1.$$

最后一步是由于

$$P_{BADC}=\frac{P_{BADC}}{P_{BAAC}}\cdot P_{BAAC}=\frac{\overline{BD}}{\overline{BA}}\cdot P_{BAAC}=\frac{P_{CBA}}{2AB^2}\cdot P_{BAAC},$$

$$P_{ACDB}=\frac{P_{ACDB}}{P_{ACBB}}\cdot PACBB=\frac{\overline{AD}}{\overline{AB}}\cdot P_{ACBB}=\frac{P_{CAB}}{2AB^2}\cdot P_{ACBB}.$$

这里是先用命题 7.9，再用命题 8.1 而推导的.

应当注意到，消点顺序对证明过程有很大影响．这个题目如果把 C、D 两点引入的顺序倒过来，证明过程就简捷得多．事实上，构图过程为

(1) 任取 A、B 两点；

(2) 在直线 AB 上任取点 D；

(3) 过 D 作 AB 的垂线 CD；

(4) 过 B 作 AC 的垂线交 CD 于 H；

(5) 过 A 作 BC 的垂线交 CD 于 G，

则消点过程为

$$\frac{\overline{GC}}{\overline{GD}}\cdot\frac{\overline{HD}}{\overline{HC}}=\frac{P_{ACCB}}{P_{ACDB}}\cdot\frac{P_{BADC}}{P_{BACC}}\quad（用命题 8.2 消 G、H）$$

$$=\frac{P_{ACCB}}{P_{ADDB}}\cdot\frac{P_{BADD}}{P_{BACC}}=1.$$

这最后一步用了命题 7.3，由 $CD\perp AB$ 可在 P_{BADC} 与 P_{ACDB} 中用 D 代替 C，然后由勾股差的基本性质 $P_{BACC}=-P_{ACCB}$，$P_{BADD}=-P_{ADDB}$ 即得．整个推导过程变得简捷多了.

【例 8.2】 设 $ABCD$ 是任意四边形，过 O 引 OA 的垂线交 BC 于 D，过 D 引 OB 的垂线交 CA 于 E，过 O 引 DC 的垂线交 AB 于 F 求证：E、F、D 三点在一直线上（图 8-2).

分析 设 DE 与 AB 交于点 Z，要证明的是 Z 与 F 重合，即

$$\frac{\overline{AF}}{\overline{BF}}=\frac{\overline{AZ}}{\overline{BZ}}.$$

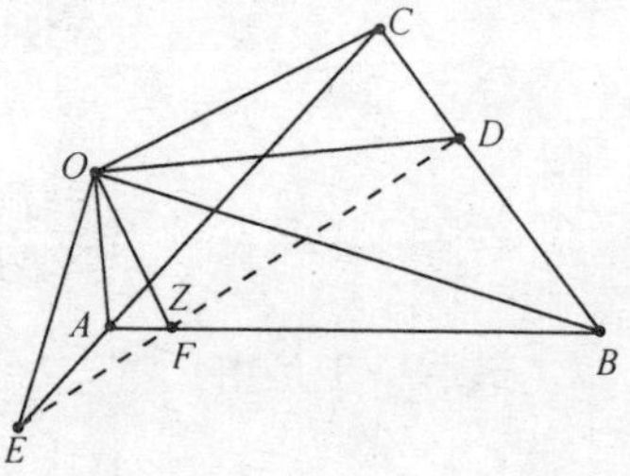

图 8-2

而构图过程为

(1) 任取三、三不共线的四点 A、B、C、O；

(2) 过 O 引 OA 的垂线交 BC 于 D；

(3) 过 O 引 OB 的垂线交 CA 于 E；

(4) 过 O 引 OC 的垂线交 AB 于 F；

(5) 直线 AB 与 DE 交于 Z.

要证明 $\dfrac{\overline{AF}}{\overline{BF}}\cdot\dfrac{\overline{BZ}}{\overline{AZ}}=1.$

用消点法给出下列证明.

证明

$$\frac{\overline{AF}}{\overline{BF}}\cdot\frac{\overline{BZ}}{\overline{AZ}}=\frac{\overline{AF}}{\overline{BF}}\cdot\frac{S_{BDE}}{S_{ADE}}\quad(\text{用共边定理消 } Z)$$

$$=\frac{P_{AOOC}}{P_{BOOC}}\cdot\frac{S_{BDE}}{S_{ADE}}\quad(\text{用命题 8.2 消去 } F)$$

$$=\frac{P_{AOOC}}{P_{BOOC}}\left(S_{BDA}\cdot\frac{P_{COOB}}{P_{COAB}}\right)\left(\frac{1}{S_{ACD}}\cdot\frac{P_{COAB}}{P_{AOOB}}\right)$$

(用命题 8.2 及面积性质消去 E)

$$=\frac{P_{AOOC}}{P_{AOOB}}\cdot\frac{S_{BDA}}{S_{ACD}}\quad(\text{化简})$$

$$=\frac{P_{AOOC}}{P_{AOOB}}\cdot\frac{P_{AOOB}}{P_{AOOC}}\left(\text{由}\frac{S_{BDA}}{S_{ACD}}=\frac{\overline{BD}}{\overline{CD}},\text{再用命题 8.2}\right)$$

$$=1.$$

前面所举例题，多偏重于共点或共线以及线段比例问题．下面举一个证明角相等的例子.

我们知道，$\angle ABC=\angle XYZ$ 的充要条件是

$$\frac{P_{ABC}}{AB\cdot BC}=\frac{P_{XYZ}}{XY\cdot YZ}\quad(\text{勾股差定理}),$$

但这里涉及不共线线段的乘积，不便于消点的操作，因此，我们用等式

$$\frac{P_{ABC}}{\triangle ABC}=\frac{P_{XYZ}}{\triangle XYZ}$$

作为 $\angle ABC=\angle XYZ$ 的条件.

【例 8.3】 设在 $\triangle ABC$ 中，高 AD 的垂足 D 在边 BC 上．在 AD 上任取一点 J．直线 BJ、CJ 分别与 AC、AB 交于 N、M（图 8-3).

求证：$\angle MDA=\angle ADN$.

分析 要证明$\angle MDA$与$\angle ADN$相等，即证明

$$\frac{P_{ADM}}{S_{ADM}}=\frac{P_{NDA}}{S_{NDA}}.$$

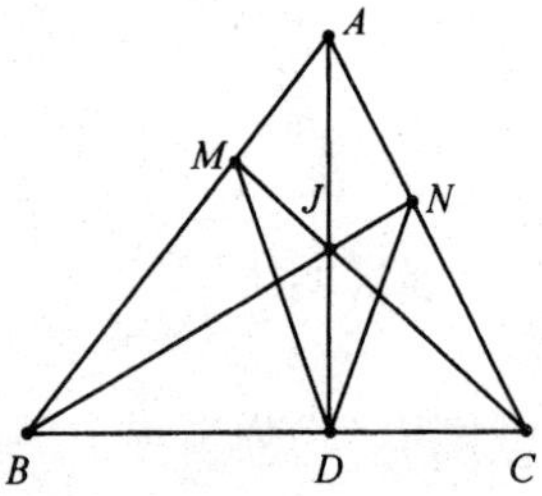

图 8-3

而构图过程为

（1）任取B、C；

（2）在线段BC上取D；

（3）过D作BC的垂线，在垂线上取A；

（4）在AD上取一点J；

（5）直线BJ与AC交于N；

（6）直线CJ与AB交于M.

要证明的结论是

$$\frac{P_{NDA}}{P_{ADM}}\cdot\frac{S_{ADM}}{S_{NDA}}=1.$$

证明 $\dfrac{P_{NDA}}{P_{ADM}}\cdot\dfrac{S_{ADM}}{S_{NDA}}$

$=\dfrac{P_{NDA}}{S_{NDA}}\cdot\dfrac{S_{ADB}\cdot S_{ACJ}}{S_{ACBJ}}\cdot\dfrac{S_{ACDJ}}{P_{ADA}\cdot S_{CBJ}}$ （利用面积关系及命题 8.3 消去M）

$=\dfrac{S_{ABCJ}}{S_{ACD}\cdot S_{ABJ}}\cdot\dfrac{S_{BCJ}\cdot P_{ADA}}{S_{ABCJ}}\cdot\dfrac{S_{ADB}\cdot S_{ACJ}}{P_{ADA}\cdot S_{CBJ}}$ （用上法消去N）

$=-\dfrac{S_{ADB}}{S_{ACD}}\cdot\dfrac{S_{ACJ}}{S_{ABJ}}$ （化简）

$=\dfrac{S_{ADB}}{S_{ACD}}\cdot\dfrac{CD}{DB}$ （用共边定理消去J）

$=1.$

以上消点过程中，从S_{NDA}、S_{ADM}中消去N、M用的是前面引入的方法，即消点法 2，

$$S_{NDA}=\frac{S_{NDA}}{S_{ACD}}\cdot S_{ACD}=\frac{\overline{AN}}{\overline{AC}}\cdot S_{ACD}=\frac{S_{ABJ}\cdot S_{ACD}}{S_{ABCJ}},$$

$$S_{ADM}=\frac{S_{ADM}}{S_{ADB}}\cdot S_{ADB}=\frac{\overline{AM}}{\overline{AB}}\cdot S_{ADB}=\frac{S_{ACJ}\cdot S_{ADB}}{S_{ACBJ}}.$$

从 P_{NDA}、P_{ADM} 中消去 N、M 则用了命题 8.3. 这时记 $\lambda=\frac{\overline{AM}}{\overline{AB}}$，即 $\overline{AM}=\lambda\overline{AB}$，由命题 8.3 得

$$P_{ADM}=P_{ADDM}=\lambda P_{ADDB}+(1-\lambda)P_{ADDA}$$

$$=\frac{\overline{MB}}{\overline{AB}}P_{ADDA}\quad（注意\ P_{ADDB}=0）$$

$$=\frac{S_{CBJ}\cdot S_{ADA}}{S_{ACBJ}}.$$

消去 P_{NDA} 中的 N 时，取 $\lambda=\overline{AN}/\overline{AC}$，即 $\overline{AN}=\lambda\overline{AC}$. 由命题 8.3 得

$$P_{NDA}=P_{NDDA}=\lambda P_{CDDA}+(1-\lambda)P_{ADDA}\quad（注意\ P_{CDDA}=0）$$

$$=\frac{\overline{NC}}{\overline{AC}}\cdot P_{ADDA}=\frac{S_{BCJ}\cdot P_{ADA}}{S_{ABCJ}}.$$

如不用命题 8.3，也可利用四边形勾股差的基本性质，如

$$P_{ADDM}=P_{ADDB}+P_{ABDM}\ （可分性）$$

$$=P_{ABDM}=\frac{\overline{BM}}{\overline{BA}}\cdot P_{ABDA}\quad（命题\ 7.9）$$

$$=\frac{S_{BCJ}}{S_{BACJ}}\cdot P_{ADDA}.\quad（命题\ 7.3）$$

总之，只要认准了要消去两直线的交点 M、N，具体手段颇多. 下面，我们把有关勾股差的消点公式逐步总结出来.

消点法 9 从共线线段比中消去垂线与另一直线的交点，简称 RTL. 设直线 l 过点 P 垂直于 AB 而与 UV 交于 X，则

(1) $\frac{\overline{UX}}{\overline{XV}}=\frac{P_{UAPB}}{P_{PAVB}}$;

(2) $\frac{\overline{UX}}{\overline{UV}}=\frac{P_{UAPB}}{P_{UAVB}}$.

这里 (1) 即命题 8.2，(2) 由 (1) 及合比律并用勾股差的可分性可得. 注意，当 UV 与 AB 重合时，

$$P_{UAPB}=P_{AAPB}=-P_{PAB}.$$

而 $P_{PAVB}=P_{PABB}=-P_{PBA}$，故消点法 9 事实上包含了消去垂足的命题 8.1. 只是因为消去垂足是常见的，故我们前面列出了命题 8.1.

消点法 10 从勾股差中消去定比分点，简称 PL. 设 X 是直线 AB 上一点，使 $\overline{AX}=\lambda\overline{AB}$，则对任意三点 U、V、W，有

(1) $P_{XUWV}=\lambda P_{BUWV}+(1-\lambda)P_{AUWV}$;

(2) $P_{UXXV}=\lambda P_{UBBV}+(1-\lambda)P_{UAAV}-2\lambda(1-\lambda)\overline{AB}^2$.

这也就是命题 8.3，这里把它统一收入作为消点法之一. 把以上两个方法结合起来，有

消点法 11 从勾股差中消去垂线与另一直线的交点，简称 PTL. 设直线 l 过点 P 垂直于 MN 而与 AB 交于 X，则对任意三点 U、V、W，有

(1) $P_{XUWV}=\dfrac{1}{P_{AMBN}}(P_{AMPN}\cdot P_{BUWV}+P_{PMBN}\cdot P_{AUWV})$;

(2) $$P_{UXXV}=\frac{1}{P_{AMBN}}(P_{AMPN}\cdot P_{UBBV}+P_{PMBN}\cdot P_{UAAV})-\frac{2P_{AMPN}\cdot P_{PMBN}\cdot\overline{AB}^2}{(P_{AMBN})^2}.$$

证明 由消点法 9，可得 $\dfrac{\overline{AX}}{\overline{AB}}=\dfrac{P_{AMPN}}{P_{AMBN}}$. 取 $\lambda=\dfrac{P_{AMPN}}{P_{AMBN}}$，则 $\overline{AX}=\lambda\overline{AB}$，$\overline{XB}=(1-\lambda)\overline{AB}$，而且有 $1-\lambda=\dfrac{P_{PMBN}}{P_{AMBN}}$，再应用消点法 10，即得所要证的公式.

消点法 12 从四边形或三角形带号面积中消去垂线与另一直线的交点. 简称 STL. 设直线 l 过点 P 垂直于 MN 而与 AB 交于 X，则对任意三点 U、V、W，有

(1) $S_{XUWV}=\dfrac{1}{P_{AMBN}}(P_{AMPN}\cdot S_{BUWV}+P_{PMBN}\cdot S_{AUWV})$;

(2) $S_{XUV}=\dfrac{1}{P_{AMBN}}(P_{AMPN}\cdot S_{BUV}+P_{PMBN}\cdot S_{AUV})$.

证明 先证明 (2). 设 $\overline{AX}=\lambda\overline{AB}$，由定比分点公式可得

$$S_{XUV}=\lambda S_{BUV}+(1-\lambda)S_{AUV}.$$

再用消点法 9，有

$$\lambda=\frac{\overline{AX}}{\overline{AB}}=\frac{P_{AMPN}}{P_{AMBN}}.$$

代入前式，即得所要证的（2）. 利用（2）可证明（1），这是因为

$$\begin{aligned}S_{XUWV}&=S_{XUV}+S_{VUS}\\&=\frac{1}{P_{AMBN}}(P_{AMPN}\cdot S_{BUV}+P_{PMBN}\cdot S_{AUV})+\frac{1}{P_{AMBN}}(P_{AMPN}+P_{PMBN})S_{VUW}\\&=\frac{1}{P_{AMBN}}[P_{AMPN}(S_{BUV}+S_{VUW})+P_{AMBN}(S_{AUV}+S_{VUW})]\\&=\frac{1}{P_{AMBN}}(P_{AMPN}S_{BUWV}+P_{PMBN}S_{AUWV}).\end{aligned}$$

消点法 13 从勾股差中消去两直线的交点，简称 PLL. 设直线 PQ 与 AB 交于 X，则对任意三点 U、V、W，有

（1）$P_{XUWY}=\frac{1}{S_{PAQB}}(S_{PAQ}P_{BUWV}+S_{QBP}P_{AUWV})$；

（2）$P_{UXXV}=\frac{1}{S_{PAQB}}(S_{PAQ}P_{UBBV}+S_{QBPB}P_{UAAV})-\frac{2S_{PAQ}\cdot S_{QBP}}{(S_{PAQB})^2}\cdot\overline{AB}^2$.

证明 设$\overline{PX}=\lambda\,\overline{PQ}$，则由共边定理（消点法 1）可得

$$\lambda=\frac{S_{PAQ}}{S_{PAQB}},\quad 1-\lambda=\frac{S_{QBP}}{S_{PAQB}}.$$

再将此两式代入消点法 10 中公式（1）、（2）即得所要证的等式.

消点法 14 从勾股差中消去垂线上的任意点，简称 PT. 过点 A 作 AB 的垂线，在垂线上任取一点 X，记 $h=S_{XAB}$，h 为参数，则对任意三点 U、V、W，有

（1）$P_{XUWV}=\frac{16h\cdot S_{AUBV}}{P_{ABBA}}+P_{AUWV}$；

（2）$P_{UXXV}=\frac{16h\cdot(S_{AVB}+S_{AUB})}{P_{ABBA}}+\frac{16h^2}{P_{ABBA}}P_{UAAV}$.

证明 由勾股差的可分性，得

$$P_{XUWV}=P_{XUAV}+P_{AUWV}.$$

记 U、V 在直线 AX 上的正投影为 U'、V'，则有

$$P_{XUAV}=2\,\overline{XA}\cdot\overline{V'U'}=2\,\overline{XA}^2\cdot\frac{\overline{V'U'}}{\overline{XA}}=2\,\overline{XA}^2\cdot\frac{S_{AUBV}}{S_{XAB}}$$

$$=\frac{8h^2}{\overline{AB}^2}\cdot\frac{S_{AUBV}}{h}\quad\left(\text{因 } h^2=\frac{1}{4}\overline{AX}^2\cdot\overline{AB}^2\right)$$

$$=\frac{16h\cdot S_{AUBV}}{P_{ABBA}}\quad(\text{因 } P_{ABBA}=2\,\overline{AB}\cdot\overline{AB}).$$

这证明了（1）．为证明（2），先用勾股差的可分性得

$$P_{UXXV}=P_{VXAV}+P_{AXXV},$$

$$P_{AXXV}=P_{AXXA}+P_{AAXV}=2\,\overline{AX}^2-P_{VAX},$$

$$P_{UXAV}=P_{UXAA}+P_{UAAV}=-P_{UAX}+P_{UAAV}.$$

由$\overline{AX}^2=\dfrac{8h^2}{P_{ABBA}}$及

$$PVAX=2\,\overline{AX}\cdot\overline{AV'}=2\,\overline{AX}^2\cdot\frac{\overline{AV'}}{\overline{AX}}$$

$$=2\,\overline{AX}^2\cdot\frac{S_{ABV}}{S_{XAB}}=-\frac{16h\cdot S_{AVB}}{P_{ABBA}}.$$

同理，$P_{UAX}=-\dfrac{16h\cdot S_{AVB}}{P_{ABBA}}$.

代入前式，即得（2）．

消点法 15　从三角形或四边形的带号面积中消去垂线上的任意点，简称 ST. 过点 A 作 AB 的垂线，在垂线上任取一点 X，并记 $h=S_{XAB}$，h 为参数．则对任意三点 U、V、W，有

$$S_{XUWV}=\frac{h\cdot P_{AVBU}}{P_{ABBA}}+S_{AUWV}.$$

证明　由带号面积的性质可得

$$S_{XUWV}=S_{XUAV}+S_{AUWV}.$$

但若记U、V在直线AB上的正投影为U'、V'，则

$$S_{XUAV}=S_{XU'AV'}=\frac{S_{XU'AV'}}{S_{XAB}}\cdot S_{XAB}$$

$$=\frac{\overline{U'V'}}{\overline{AB}}\cdot h=\frac{P_{AVBU}}{P_{ABBA}}\cdot h.$$

代入前式，即得要证的等式.

在上述消点法 14、15 中，所取参数为带号面积，使公式复杂了. 如引入带号距离的概念，则可使之简化.

设 X 是直线 AB 上或 AB 外一点，比值

$$\frac{2S_{XAB}}{|\overline{AB}|}$$

叫做点 X 到射线 AB 的带号距离，用记号

$$d(X,\ AB)=\frac{2S_{XAB}}{|\overline{AB}|}$$

表示. 显然，$d(X,\ AB)$ 的绝对值等于点 X 到直线 AB 的距离. 其符号直观上是这样确定的：假想一人沿射线 AB 前进，当 X 在他左方时，$d(X,\ AB)$ 为正；当 X 在他右方时，$d(X,\ AB)$ 为负.

对于消点法 14、15 中的点 X，可以取比值

$$t=\frac{d(X,\ AB)}{|\overline{AB}|}$$

为参数. t 与 $h=S_{XAB}$ 之间关系显然为

$$t=\frac{2h}{|\overline{AB}|^2}=\frac{4h}{P_{ABBA}},$$

于是消点法 14 中的公式化简为

消点法 14*

(1) $P_{XUWV}=4tS_{AUBV}+P_{AUWV}$；

(2) $P_{UXXV}=4t(S_{AVB}+S_{AUB})+t^2P_{ABBA}\cdot P_{UAAV}$.

而消点法 15 则简化为

消点法 15*

$$S_{XUWV}=\frac{t}{4}P_{AVBU}+S_{AUWV}.$$

以下再举两例，说明这些消点法的应用.

【例 8.4】 在△ABC 的两边上分别向外作正方形 $ACDE$ 和 $BCFG$. 又设 M 是 AB 的中点（图 8-4).

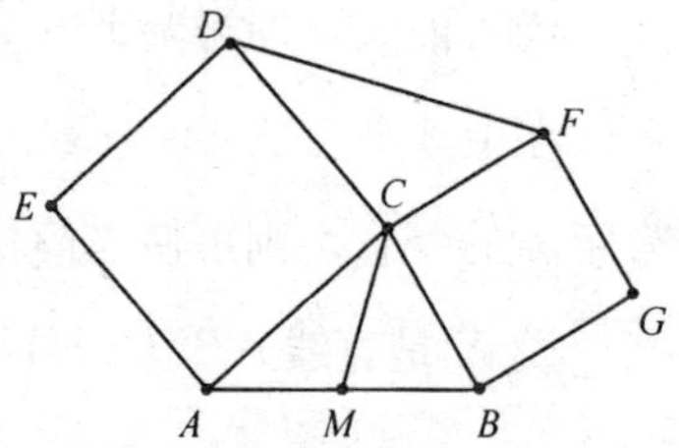

图 8-4

求证：$MC\perp DF$.

分析　此题构图过程为（注意：G、E 两点可不作）

（1）任取不共线三点 A、B、C；

（2）取 AB 中点 M；

（3）过 C 作 BC 的垂线，在垂线上取一点 F，使

$$t=\frac{d(F\cdot CB)}{|\overline{CB}|}=1;$$

（4）过 C 作 AC 的垂线，在垂线上取一点 D，使

$$t=\frac{d(D,\ CA)}{|\overline{CA}|}=-1.$$

要证的结论是 $MC\perp DF$，即 $P_{DMFC}=0$.

用消点法可给出下列的证明：

证明

$$P_{DMFC}=-4S_{CMAC}+P_{CMFC}\ \text{（用消点法 14 * 消去 }D\text{）}$$
$$=-4S_{MAC}+4S_{CCBM}+P_{CCCM}\ \text{（用消点法 14 * 消去 }F\text{）}$$
$$=-2S_{BAC}+2S_{BAC}=0\ \text{（消去中点 }M\text{）}.$$

【例 8.5】　在直角三角形 ABC 的斜边 AB 上作一正方形 $ABFE$. 此正方形对角线交点为 P. 求证：$\angle ACP=\angle PCB$（图 8-5）.

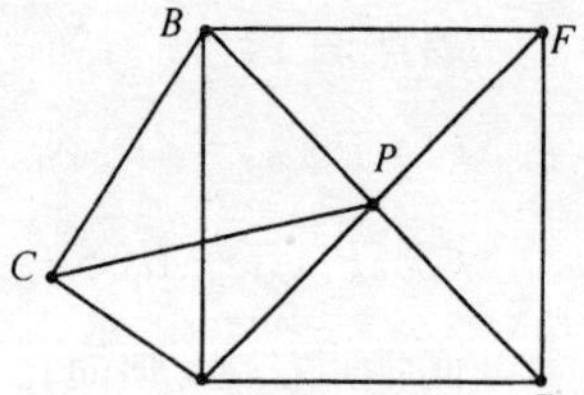

图 8-5

分析　构图过程为

（1）任取两点 A、C；

（2）过 C 作 AC 的垂线，在垂线上任取一点 B，取参数

$$t=\frac{d(B,\ AC)}{|\overline{CA}|}=-\frac{|\overline{BC}|}{|\overline{CA}|};$$

（3）过 A 作 AB 的垂线，在垂线上取点 E，使参数

$$t=\frac{d(E,\ AC)}{|\overline{AB}|}=\frac{|\overline{AE}|}{|\overline{AB}|}=1;$$

(4) 取 BE 中点 P.

要证明的等式可表为$\frac{P_{ACP}}{S_{ACP}}=\frac{P_{PCB}}{S_{PCB}}$，即

$$\frac{P_{ACP}}{P_{BCP}}\cdot\frac{S_{PCB}}{S_{ACP}}=1.$$

用消点法可给出下列证明.

证明 分别从有关几何量中消去约束点，

$$P_{ACP}=\frac{1}{2}(P_{ACB}+P_{ACE})\quad（用消点法 10，消去 P）$$

$$=\frac{1}{2}P_{ECCA}\quad（因 AC\perp CB，P_{ACB}=0）$$

$$=2S_{ACBA}+\frac{1}{2}P_{ACCA}\quad（用消点法 14^{*}，消去 E）$$

$$=|\overline{AC}|\cdot|\overline{CB}|+|\overline{AC}|^{2}=(1-t)|\overline{AC}|^{2};$$

类似地，有

$$P_{BCP}=-t(1-t)|\overline{AC}|^{2};S_{PCB}=\frac{1}{4}t(t-1)|\overline{AC}|^{2};$$

$$S_{ACP}=\frac{1}{4}(1-t)|\overline{AC}|^{2}.$$

代入要证结论左端，命题即获证.

上述证明写成紧凑形式为

$$\frac{P_{ACP}\cdot S_{PCB}}{P_{BCP}\cdot S_{ACP}}=\frac{P_{ACE}\cdot S_{ECB}}{(P_{BCE}+P_{BCB})(S_{ACE}+S_{ACB})}\quad（消去点 P）$$

$$=\frac{(4S_{ACBA}+P_{ACCA})\left(\frac{1}{4}P_{ABBC}+S_{ACB}\right)}{(4S_{ACBB}+P_{ACCB}+P_{BCB})\left(\frac{1}{4}P_{ACBA}+S_{ACA}+S_{ACB}\right)}\quad（消 E）$$

$$=\frac{(4S_{ACB}+2\,\overline{AC^{2}})(2\,\overline{BC}^{2}+4S_{ACB})}{(4S_{ACB}+2\,\overline{BC^{2}})(2\,AC^{2}+4S_{ACB})}=1\quad（化简）.$$

在化简过程中，由 $AC\perp BC$，应用命题 7.3 可得 $P_{ACCB}=0$，

$$P_{ACBA}=P_{ACCA}=2\,\overline{AC^2}\text{以及}P_{ABBC}=P_{CBBC}=2\,\overline{BC^2}.$$

由于勾股差这个记号是新引入的，读者可能在推导中觉得陌生．但只要注意到

$$P_{ABCD}=2\mid\overline{AC}\mid\cdot\mid\overline{DB}\mid\cdot\cos\theta$$

（这里θ记射线AC与射线DB之夹角），或者用向量的点乘记法

$$P_{ABCD}=2\,\overline{AC}\cdot\overline{DB},$$

则使用勾股差的证明即可化为使用三角函数或使用向量运算的熟悉的证明了.

习　题　8

8.1　设G是$\triangle ABC$的重心，U、V、W是平面上任意三点．试证明消点公式：

(1) $P_{GUWV}=\dfrac{1}{3}(P_{AVWV}+P_{BUWV}+P_{CUWV})$；

(2) $S_{GUWV}=\dfrac{1}{3}(S_{AUWV}+S_{BUWV}+S_{CUWV})$.

8.2　设I是$\triangle ABC$的内心，$\triangle ABC$三边BC、CA、AB之长分别为a、b、c. 求证消点公式：

(1) $P_{IUWV}=\dfrac{aP_{AUWV}+bP_{BUWV}+cP_{CUWV}}{a+b+c}$；

(2) $S_{IUWV}=\dfrac{aP_{AUWV}+bP_{BUWV}+cP_{CUWV}}{a+b+c}$.

8.3　设O是$\triangle ABC$的外心．求证消点公式：

(1) $$P_{OUWV}=\frac{\sin 2A\cdot P_{AUWV}+\sin 2B\cdot P_{BUWV}+\sin 2C\cdot P_{CUWV}}{\sin 2A+\sin 2B+\sin 2C}$$

$$=\frac{a^2P_{BAC}\cdot P_{AUWV}+b^2\cdot P_{ABC}\cdot P_{BUWV}+c^2P_{ACB}\cdot P_{CUWV}}{a^2P_{BAC}+b^2P_{ABC}+c^2P_{ACB}};$$

(2) $$S_{OUWV}=\frac{\sin 2A\cdot S_{AUWV}+\sin 2B\cdot S_{BUWV}+\sin 2C\cdot S_{CUWV}}{\sin 2A+\sin 2B+\sin 2C}$$

$$=\frac{a^2P_{BAC}\cdot S_{AUWV}+b^2P_{ABC}\cdot S_{BUWV}+c^2P_{ACB}\cdot S_{CUWV}}{a^2P_{BAC}+b^2P_{ABC}+c^2P_{ACB}}.$$

8.4　设 H 是 $\triangle ABC$ 的垂心．求证消点公式：

(1) $P_{HUWV}=\frac{\tan A\cdot P_{AUWV}+\tan B\cdot P_{BUWB}+\tan C\cdot P_{CUWV}}{\tan A+\tan B+\tan C}$

$$=\frac{P_{ABC}\cdot P_{BCA}\cdot P_{AUWV}+P_{BCA}\cdot P_{CAB}\cdot P_{BUWV}}{P_{ABC}\cdot P_{BCA}+P_{BCA}\cdot P_{CAB}+P_{CAB}\cdot P_{ABC}}$$

$$+\frac{P_{CAB}\cdot P_{ABC}\cdot P_{CUWV}}{P_{ABC}\cdot P_{BCA}+P_{BCA}\cdot P_{CAB}+P_{CAB}\cdot P_{ABC}};$$

(2) $S_{HUWV}=\frac{\tan A\cdot S_{AUWV}+\tan B\cdot S_{BUWV}+\tan C\cdot S_{CUWV}}{\tan A+\tan B+\tan C}$

$$=\frac{P_{ABC}\cdot P_{BCA}\cdot S_{AUWV}+P_{BCA}\cdot P_{CAB}\cdot S_{BUWV}}{P_{ABC}\cdot P_{BCA}+P_{BCA}\cdot P_{CAB}+P_{CAB}\cdot P_{ABC}}$$

$$+\frac{P_{CAB}\cdot P_{ABC}\cdot S_{CUWV}}{P_{ABC}\cdot P_{BCA}+P_{BCA}\cdot P_{BCA}\cdot P_{CAB}+P_{CAB}\cdot P_{ABC}}.$$

8.5　试用消点法（可用上列几题的结果）证明下述欧拉定理：

(1) $\triangle ABC$ 的外心 O、重心 M、垂心 H，三点共线，并且有

(2) $\overline{HM}=2\,\overline{MO}$.

8.6　用消点法给出例 7.2 的解．

第9章

有圆有线丰富多彩 看弧看角简捷明快

圆的引入使平面几何的题目变得更加生动活泼，丰富多彩，但也增加了解题的难度．本章提供的工具和方法，使相当大一类涉及多点共圆的问题有了确定的机械化解法.

关于圆的性质，最重要的命题是圆周角定理：

“在同圆或等圆中，同弧或等弧所对的圆周角相等；且等于该弧所对圆心角之半．”圆周角定理有众多的推论．这里我们要用的是下列关于直径的命题.

命题 9.1 三角形外接圆直径等于它的任两边的积与第三边上的高的比.

已知：$\triangle ABC$ 的两边 $BC=a$、$AC=b$ 及 AB 上的高 $CD=h$；记$\triangle ABC$ 外接圆直径为 d.

求证：$d=\dfrac{ab}{h}$.

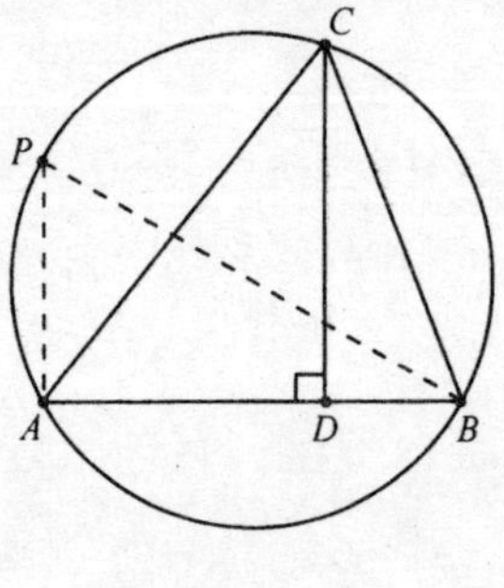

图 9-1

证明 如图 9-1 所示，过 B 作$\triangle ABC$ 外接圆的直

径 BP. 若 P 与 A 重合，要证明的结论显然成立. 若不然. 由 BP 是直径知，$\angle PAB$ 是直角. 又由圆周角定理得知$\angle APB$ 与$\angle ACB$ 相等或互补，由共角定理得

$$\frac{AP\cdot PB}{AC\cdot CB}=\frac{\triangle APB}{\triangle ACB}=\frac{AB\cdot AP}{CD\cdot AB},$$

所以

$$BC=\frac{BC\cdot AC}{CD},$$

即

$$d=\frac{ab}{h}$$

由此立得以下命题:

命题 9.2（三角形外接圆直径公式） 设已知$\triangle ABC$ 三边 a、b、c 及面积，则其外接圆直径为

$$d=\frac{abc}{2\triangle ABC}.$$

这是因为，按命题 9.1 中记号有$\triangle ABC=\frac{1}{2}ch$，故 $h=\frac{2\triangle ABC}{c}$，代入 $d=\frac{ab}{h}$即得所要结论.

于是立刻有

命题 9.3（共圆定理） 若$\triangle ABC$、$\triangle A'B'C'$的外接圆相同或相等，则

$$\frac{\triangle ABC}{\triangle A'B'C'}=\frac{AB\cdot BC\cdot CA}{A'B'\cdot B'C'\cdot C'A'}.$$

这里共圆定理只涉及普通面积，还不涉及带号面积. 为了导出关于三角形带号面积的共圆定理，需要引入有向弦的概念.

在圆上任意取参考点 J，相对于 J 可以规定此圆上有向弦的（带号）长度如下:

(1) 圆上任两点 P、Q 确定有向弦 PQ 和有向弦 QP，分别记作$\widehat{PQ}$和$\widehat{QP}$.

$\overset{\wedge}{PQ}$和$\overset{\wedge}{QP}$的值是实数，满足$\overset{\wedge}{PQ}=-\overset{\wedge}{QP}$，其绝对值等于线段 PQ 的长．当 P、Q 重合时，$\overset{\wedge}{PQ}=0$.

(2) 对圆上任一点 P，约定$\overset{\wedge}{JP}\geqslant o$；具体地，$\overset{\wedge}{JP}$等于线段 JP 之长.

(3) 对圆上任两点 P、Q，$\overset{\wedge}{PQ}$与 S_{JPQ} 符号相同，具体地，当 J-P-Q 逆时针绕行时，$\overset{\wedge}{PQ}$非负；反之，$\overset{\wedge}{PQ}$非正．根据如上约定，可把命题 9.2 和命题 9.3 推广到带号面积和定向弦的情形.

命题 9.2*（一般的直径公式）　设 d 为$\triangle ABC$ 外接圆的直径，则

$$d=\frac{\overset{\wedge}{AB}\cdot\overset{\wedge}{BC}\cdot\overset{\wedge}{AC}}{2S_{ABC}}.$$

要证明这个等式，只需检验一下其右端分子分母是否有相同的符号.

首先，当 A、B、C 中相邻两字母对换时，分子分母同时变号，故对 A、B、C 的某一特殊顺序证明就够了．不失一般性，设 A-B-C 沿圆周按逆时针方向绕行，并设参考点 J 在$\angle ABC$ 所对的弧上，则 S_{JAB}、S_{JBC}、S_{JAC} 均非负，故$\overset{\wedge}{AB}$、$\overset{\wedge}{BC}$、$\overset{\wedge}{AC}$均非负，S_{ABC}也非负．这完成了证明．从而命题 9.2＊也得到了推广.

命题 9.3*（一般的共圆定理）　设$\triangle ABC$ 与$\triangle XYZ$ 内接于同圆或等圆，则

$$\frac{S_{ABC}}{S_{XYZ}}=\frac{\overset{\wedge}{AB}\cdot\overset{\wedge}{BC}\cdot\overset{\wedge}{AC}}{\overset{\wedge}{XY}\cdot\overset{\wedge}{YZ}\cdot\overset{\wedge}{XZ}}=\frac{\overset{\wedge}{AB}\cdot\overset{\wedge}{BC}\cdot\overset{\wedge}{CA}}{\overset{\wedge}{XY}\cdot\overset{\wedge}{YZ}\cdot\overset{\wedge}{ZX}}.$$

今后，提到直径公式和共圆定理时，若涉及带号面积，则指命题 9.2＊与命题 9.3＊．下面几个例题，说明如何把消点法和这里的几个命题结合起来解决涉及多点共圆的问题.

【例 9.1】　已知：A、B、C、D 四点共圆，直线 AB 与 CD 交于 P. 求证：

$$\overline{PA}\cdot\overline{PB}=\overline{PC}\cdot\overline{PD}.$$

分析　构图步骤很简单：

(1) 在一个圆上任取 A、B、C、D 四点；

(2) 取直线 AB、CD 的交点 P.

要证明的结论可表为 $P_{APB}=P_{CPD}$. 先消去点 P，再应用共圆定理即可.

证明

$$\frac{S_{APB}}{P_{CPD}}=\frac{S_{CAD}\cdot S_{DBC}\cdot\overline{AB}^2}{S_{ACB}\cdot S_{BDA}\cdot\overline{CD}^2}$$

$$\left(\text{用消点法 13，消去 }P\text{，或者}\frac{\overline{AP}}{\overline{AB}}=\frac{S_{ADC}}{S_{ADBC}}\text{等消去 }P\right)$$

$$=\frac{\hat{CA}\cdot\hat{CD}\cdot\hat{AD}\cdot\hat{DB}\cdot\hat{DC}\cdot\hat{BC}\cdot\overline{AB}^2}{\hat{AC}\cdot\hat{AB}\cdot\hat{BC}\cdot\hat{BA}\cdot\hat{BD}\cdot\hat{DA}\cdot\overline{CD}^2}\quad\text{(用共圆定理)}$$

$$=1.$$

【例 9.2】 设 A、B、C、D 四点在一圆上．对圆上任一点 E，直线 DE、CE 分别交 AB 于 F、G.

求证：交比 $\frac{\overline{AF}}{\overline{BF}}\cdot\frac{\overline{BG}}{\overline{AG}}$ 是与 E 无关的常数.

分析 如图 9-2 所示，构图过程为：

(1) 在一圆上取 A、B、C、D、E、E_1 六个点；

(2) 直线 AB 与 CE 交于 G；

(3) 直线 AB 与 DE 交于 F；

(4) 直线 AB 与 CE_1 交于 G_1；

(5) 直线 AB 与 DE_1 交于 F_1.

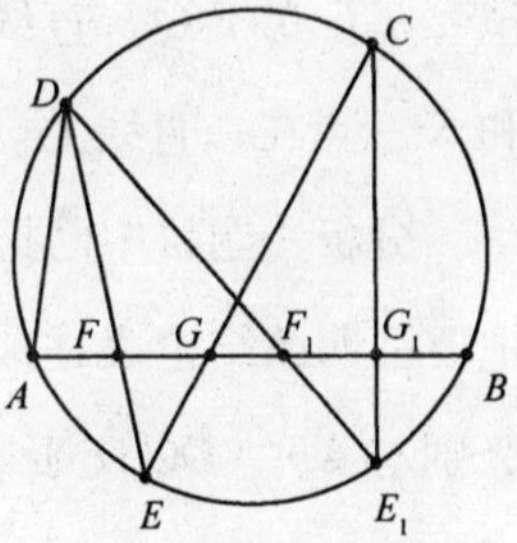

图 9-2

要证的结论是 $\frac{\overline{AF}}{\overline{BF}}\cdot\frac{\overline{BG}}{\overline{AG}}=\frac{\overline{AF_1}}{\overline{BF_1}}\cdot\frac{\overline{BG_1}}{\overline{AG_1}}$，也就是

$$\frac{\overline{AF}}{\overline{BF}}\cdot\frac{\overline{BG}}{\overline{AG}}\cdot\frac{\overline{AG_1}}{\overline{BG_1}}\cdot\frac{BF_1}{AF_1}=1.$$

证明

$$\frac{\overline{AF}}{\overline{BF}}\cdot\frac{\overline{BG}}{\overline{AG}}\cdot\frac{AG_1}{BG_1}\cdot\frac{\overline{BF_1}}{\overline{AF_1}}$$

$$=\frac{\overline{AF}}{\overline{BF}}\cdot\frac{\overline{BG}}{\overline{AG}}\cdot\frac{S_{ACE_1}}{S_{BCE_1}}\cdot\frac{S_{BDE_1}}{S_{ACE_1}}\quad\text{(共边定理消去 }F_1\text{、}G_1\text{)}$$

$$=\frac{S_{ADE}}{S_{BDE}}\cdot\frac{S_{BCE}}{S_{ACE}}\cdot\frac{S_{ACE_1}}{S_{BCE_1}}\cdot\frac{S_{BDE_1}}{S_{ACE_1}}\quad\text{（共边定理，消去 }F\text{、}G\text{）}$$

$$=\frac{\hat{AD}\cdot\hat{AE}\cdot\hat{DE}\cdot\hat{BC}\cdot\hat{BE}\cdot\hat{CE}}{\hat{BD}\cdot\hat{BE}\cdot\hat{DE}\cdot\hat{AC}\cdot\hat{AE}\cdot\hat{CE}}\cdot\frac{\hat{AC}\cdot\hat{CE_1}\cdot\hat{AE_1}\cdot\hat{BD}\cdot\hat{BE_1}\cdot\hat{DE_1}}{\hat{BC}\cdot\hat{BE_1}\cdot\hat{CE_1}\cdot\hat{AD}\cdot\hat{AE_1}\cdot\hat{DE_1}}$$

（共圆定理）

$$=1.$$

此题也可以不引入点 E_1，由上述证明中的消点过程得

$$\frac{\overline{AF}}{\overline{BF}}\cdot\frac{\overline{BG}}{\overline{AG}}=\frac{\hat{AD}\cdot\hat{BC}}{\hat{BD}\cdot\hat{AC}},$$

即与 E 无关，更为简捷.

【例 9.3】（帕斯卡定理）　设 A、B、C、D、E、F 是圆上任意六个点，直线 AB、DE 交于 P，直线 BC、EF 交于 Q，直线 CD、FA 交于 S. 求证：P、Q 和 S 三点在一直线上（图 9-3）.

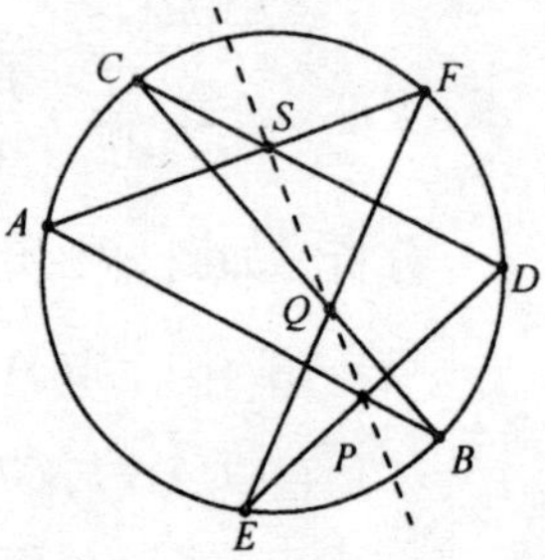

图 9-3

分析　题目中已把构图过程基本交代清楚了，为了把要证明的结论表述成更方便的形式，可假设直线 PQ 分别与 AF、DC 交于 X、Y，要证明的结论即点 X、Y 重合，也就是

$$\frac{\overline{PX}}{\overline{QX}}=\frac{\overline{PY}}{\overline{QY}},\quad\text{即}\frac{\overline{PX}}{\overline{QX}}\cdot\frac{\overline{QY}}{\overline{PY}}=1.$$

以下是用消点法配合共圆定理给出的证明.

证明

$$\frac{\overline{PX}}{\overline{QX}}\cdot\frac{\overline{QY}}{\overline{PY}}=\frac{S_{AFP}}{S_{AFQ}}\cdot\frac{S_{DCQ}}{S_{DCP}}\quad\text{（用共边定理，消去 }X\text{、}Y\text{）}$$

$$=\frac{S_{AFB}\cdot S_{AED}}{S_{AEBD}}\cdot\frac{S_{BFCE}}{S_{AFE}\cdot S_{BFC}}\cdot\frac{S_{DCB}\cdot S_{CEF}}{S_{BFCE}}\cdot\frac{S_{AEBD}}{S_{DCE}\cdot S_{ABD}}$$

（用消点法 2，消去 P、Q）

$$=\frac{S_{AFB}\cdot S_{AED}\cdot S_{DCB}\cdot S_{CEF}}{S_{AFE}\cdot S_{BFC}\cdot S_{DCE}\cdot S_{ABD}}\quad\text{（化简）}$$

$$=\frac{\widehat{AF}\cdot\widehat{AB}\cdot\widehat{FB}\cdot\widehat{AE}\cdot\widehat{AD}\cdot\widehat{ED}}{\widehat{AF}\cdot\widehat{AE}\cdot\widehat{FE}\cdot\widehat{BF}\cdot\widehat{FC}\cdot\widehat{BC}}\cdot\frac{\widehat{DC}\cdot\widehat{CB}\cdot\widehat{DB}\cdot\widehat{CE}\cdot\widehat{CF}\cdot\widehat{EF}}{\widehat{DC}\cdot\widehat{CE}\cdot\widehat{DE}\cdot\widehat{AB}\cdot\widehat{AD}\cdot BD}$$

（共圆定理）

$=1.$

【例 9.4】（一般蝴蝶定理）　设 A、B、C、D、E、F 是圆上任意六点．直线 AB、DC 交于 M，直线 AB、EF 交于 N，直线 AB、CF 交于 G，直线 AB、DE 交于 H（图 9-4）．求证：$\frac{\overline{MG}}{\overline{AG}}\cdot\frac{\overline{BH}}{\overline{NH}}=\frac{\overline{BM}}{\overline{AN}}$.

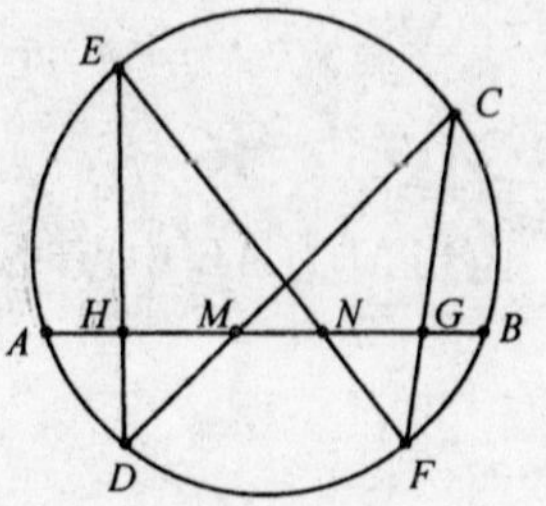

图 9-4

分析　题中已把构图过程说清楚了．要证的结论是

$$\frac{\overline{MG}}{\overline{AG}}\cdot\frac{\overline{BH}}{\overline{NH}}\cdot\frac{\overline{AN}}{\overline{BM}}=1.$$

在共线线段比 $\frac{\overline{AN}}{\overline{BM}}$ 之中，分子分母无公共点，不便于直接应用消点法 1，故可用一下过渡方法．这一方法在例 6.6 中已有说明，即把 $\frac{\overline{AN}}{\overline{BM}}$ 写成 $\frac{\overline{AN}}{\overline{AB}}\cdot\frac{\overline{AB}}{\overline{BM}}$，就可以应用消点法了．

证明

$$\frac{\overline{MG}}{\overline{AG}}\cdot\frac{\overline{BH}}{\overline{NH}}\cdot\frac{\overline{AN}}{\overline{BM}}=\frac{\overline{MG}}{\overline{AG}}\cdot\frac{\overline{BH}}{\overline{NH}}\cdot\frac{\overline{AN}}{\overline{AB}}\cdot\frac{\overline{AB}}{\overline{BM}}$$

$$=\frac{S_{MCF}}{S_{ACF}}\cdot\frac{S_{BDE}}{S_{NDE}}\cdot\frac{\overline{AN}}{\overline{AB}}\cdot\frac{\overline{AB}}{\overline{BM}}\quad\text{（用消点法 1，即共边定理消去 }G\text{、}H\text{）}$$

$$=\frac{S_{DCF}\cdot S_{ABC}}{S_{ADBC}}\cdot\frac{S_{BDE}}{S_{ACF}}\cdot\frac{S_{AFBE}}{S_{ABE}\cdot S_{FDE}}\cdot\frac{S_{AFE}}{S_{AFBE}}\cdot\frac{S_{ADBC}}{S_{BCD}}$$

（用消点法 1，消点法 2 消去点 M、N）

$$=\frac{S_{DCF}\cdot S_{ABC}\cdot S_{BDE}\cdot S_{AFE}}{S_{ACF}\cdot S_{ABE}\cdot S_{FDE}\cdot S_{BCD}}\quad\text{（化简）}$$

$$=\frac{\overset{\frown}{DC}\cdot\overset{\frown}{DF}\cdot\overset{\frown}{CF}\cdot\overset{\frown}{AB}\cdot\overset{\frown}{AC}\cdot\overset{\frown}{BC}}{\overset{\frown}{AC}\cdot\overset{\frown}{AF}\cdot\overset{\frown}{CF}\cdot\overset{\frown}{AB}\cdot\overset{\frown}{AE}\cdot\overset{\frown}{BE}}\cdot\frac{\overset{\frown}{BD}\cdot\overset{\frown}{BE}\cdot\overset{\frown}{DE}\cdot\overset{\frown}{AF}\cdot\overset{\frown}{AE}\cdot\overset{\frown}{FE}}{\overset{\frown}{FD}\cdot\overset{\frown}{FE}\cdot\overset{\frown}{DE}\cdot\overset{\frown}{BD}\cdot\overset{\frown}{BC}\cdot\overset{\frown}{CD}}$$

（共圆定理）

$=1.$

此题当 M、N 两点重合时，即 AB、CD、EF 三线共点时，所证的等式简化为

$$\frac{\overline{MG}}{\overline{MH}}\cdot\frac{\overline{AM}}{\overline{BM}}=\frac{\overline{AG}}{\overline{BH}}.$$

而当 M 为 AB 中点时，它成为

$$\frac{\overline{MG}}{\overline{MH}}=\frac{\overline{AG}}{\overline{BH}}.$$

若记 $AB=2a$、$MG=x$、$MH=y$，则 $A\ =a+x$、$BH=a+y$，则上式为

$$\frac{x}{y}=\frac{a+x}{a+y},$$

即 $x(a+y)\ =y(a+x)$，从而 $x=y$，这就是通常所说的蝴蝶定理.

以上几个题目，在消去约束点前后，式子中出现的只是一些共圆三角形的带号面积．在这种情形下，使用共圆定理往往可以解决问题．但有些题目中，式中出现的还有勾股差．如

【例 9.5】 设 A、B、C、D 是⊙O 上任意四点.直线 CD 与 AB 交于 E，过 E 作 AD 的平行线与直线 BC 交于 F. 求证：$\overline{EF}^2=\overline{BF}\cdot\overline{CF}$（图 9-5).

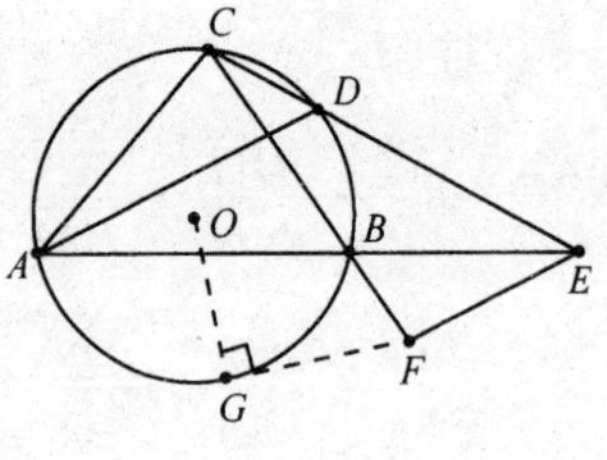

图 9-5

分析 此题已交代清楚了构图过程．其结论可用勾股差形式表示成

$$P_{EFE}=P_{BFC}.$$

（注意，此题有明显的几何意义：过 F 作⊙D 的切线 FG，则 $\overline{FG}^2=\overline{BF}\cdot\overline{CF}$. 从而要证的结论等价于 $FG=FE$，这比 $\overline{EF}^2=\overline{BF}\cdot\overline{CF}$ 在几何上更清楚一些）

证明

$$\frac{P_{BFC}}{P_{EFE}}=\frac{\overline{BF}}{\overline{BC}}\cdot\frac{\overline{CF}}{\overline{BC}}\cdot\overline{BC^2}\cdot\frac{\overline{AD^2}}{\overline{EF^2}}\cdot\frac{1}{\overline{AD^2}}$$

$$=\frac{S_{BDE}}{S_{ABDC}}\cdot\frac{S_{ACE}}{S_{ABDC}}\cdot\overline{BC^2}\cdot\left(\frac{S_{AED}}{S_{AEC}}\cdot\frac{S_{ABDC}}{S_{BED}}\right)^2\cdot\frac{1}{\overline{AD^2}}\text{（用消点法 5、6 消去点 }F\text{）}$$

$$=\frac{\overline{BC^2}}{\overline{AD^2}}\cdot\frac{S_{AED}\cdot S_{AED}}{S_{ACE}\cdot S_{BDE}}\quad\text{（化简）}$$

$$=\frac{\overline{BC^2}}{\overline{AD^2}}\cdot\left(\frac{S_{ABD}}{S_{BAC}}\cdot\frac{S_{ACD}}{S_{BDC}}\right)\text{（用共边定理消去点 }E\text{）}$$

$$=\frac{\overline{BC^2}}{\overline{AD^2}}\cdot\frac{\widehat{AB}\cdot\widehat{AD}\cdot\widehat{BD}\cdot\widehat{AD}\cdot\widehat{AC}\cdot\widehat{CD}}{\widehat{BA}\cdot\widehat{BC}\cdot\widehat{AC}\cdot\widehat{BD}\cdot\widehat{BC}\cdot\widehat{DC}}\quad\text{（共圆定理）}$$

$$=1.$$

【例 9.6】 设 A、B、C、D 是圆上四点．O 是圆心．Q 为 BC 中点，S 为 AD 中点，J 为 SQ 中点，连 OJ 延长至 M 使 $\overline{JM}=\overline{OJ}$．求证：$SM\perp BC$（图 9-6）．

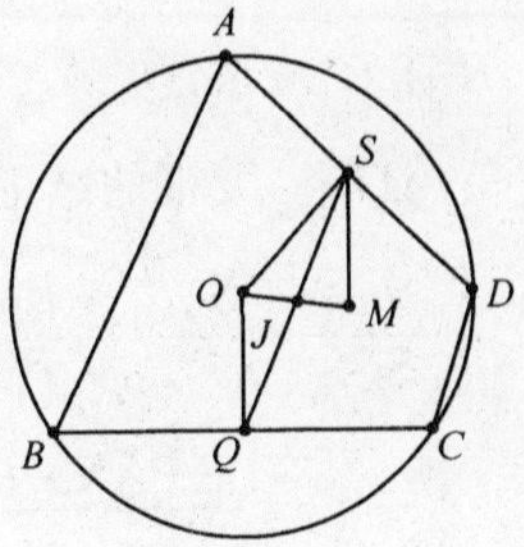

图 9-6

分析 构图过程题中已交代清楚．圆心 O 的构作方法可以有多种，但消去 O 时可利用它的具体情形和外心性质，必要时用习题 8.3 的结论．要证明的断言可表为 $P_{SBMC}=0$.

证明

$$P_{SBMC}=P_{CBS}-P_{CBM}$$

$$=P_{CBS}-(2P_{CBJ}-P_{CBO})\quad\text{（按定义，用消点法 10，消去 }M\text{）}$$

$$=P_{CBS}-2\left(\frac{1}{2}P_{CBS}+\frac{1}{2}P_{CBQ}\right)+P_{CBO}\quad\text{（用消点法 10，消去 }J\text{）}$$

$$=P_{CBO}-P_{CBQ}\quad\text{（化简）}$$

$$=P_{CBD}-\frac{1}{2}(P_{CBB}+P_{CBC})\quad\text{（用消点法 10，消去 }Q\text{）}$$

$$=\overline{CB^2}+\overline{BO^2}-\overline{CO^2}-\frac{1}{2}(\overline{CB^2}+\overline{BC^2})\quad\text{（定义）}$$

$$=0\quad\text{（因 }\overline{BO^2}=\overline{CO^2}\text{）}.$$

实际上，在消去 J 之后便可看出 $P_{CBO}-P_{CBQ}=0$，因为

$$P_{CBO}=\overline{CB}^2+\overline{BO}^2-\overline{CO}^2=\overline{CB}^2,$$

$$P_{CBQ}=\overline{CB}^2+\overline{BQ}^2-\overline{CQ}^2=\overline{CB}^2.$$

这里直接用勾股差的定义以及 Q 是 BC 中点这一事实.

使用勾股差的定义，总可以把圆内接三角形的有关勾股差化为几条弦的平方的和差．但这样有时会涉及比较繁的计算，如果利用勾股差定理，则有可能化繁为简．先看一个简单的例子：

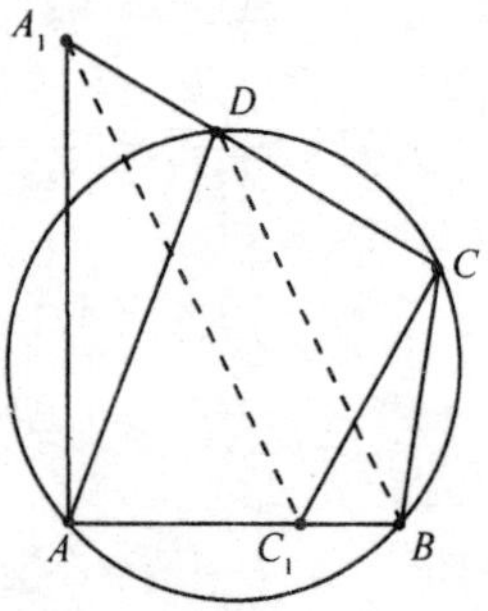

图 9-7

【例 9.7】 设 A、B、C、D 是圆上四点．过 A 作 AB 的垂线交直线 CD 于 A_1，过 C 作 CD 的垂线交直线 AB 于 C_1．求证：$A_1C_1 /\!/ BD$（图 9-7）.

证明 要证的结论可以表为 $S_{BDA_1}=S_{BDC_1}$，

$$\frac{S_{BDA_1}}{S_{BDC_1}}=\frac{S_{BDA_1}\cdot P_{BCAD}}{P_{BCD}\cdot P_{ABD}} \quad \text{（用消点法 12，消去 } C_1\text{）}$$

$$=\frac{-P_{BAD}\cdot P_{BCD}\cdot P_{BCAD}}{P_{BCD}\cdot P_{ABD}\cdot P_{BCAD}} \quad \text{（用消点法 12，消去 } A_1\text{）}$$

$$=-\left(-\frac{AB\cdot AD}{BC\cdot DC}\right)\cdot\frac{\overset{\wedge}{BC}\cdot\overset{\wedge}{CD}\cdot\overset{\wedge}{BD}}{\overset{\wedge}{AB}\cdot\overset{\wedge}{BD}\cdot\overset{\wedge}{AD}} \quad \text{（勾股差定理，共圆定理）}$$

$$=1.$$

这个题目证明过程的中间，在消去 A_1 之后，如果不用勾股差定理而直接用定义，便得到

$$\frac{P_{BAD}\cdot S_{BCD}}{P_{BCD}\cdot S_{ABD}}=\frac{\overline{BA}^2+\overline{AD}^2-\overline{BD}^2}{\overline{BC}^2+\overline{CD}^2-\overline{BD}^2}\cdot\frac{\overset{\wedge}{BC}\cdot\overset{\wedge}{CD}\cdot\overset{\wedge}{BD}}{\overset{\wedge}{AB}\cdot\overset{\wedge}{BD}\cdot\overset{\wedge}{AD}}.$$

这就看不出来如何进一步消解了．可见，勾股差定理的运用是十分重要的.

但在此题中，我们用到等式

$$\frac{P_{BAD}}{P_{BCD}}=-\frac{BA\cdot AD}{BC\cdot DC},$$

这个负号的确定是根据$\angle BAD$与$\angle BCD$互补．为什么是互补而不是相等呢？这

是从图上看出来的．但是，从题设条件上，并不能断定这两个角互补．另一方面，为了使结果为 1，还应当要求 S_{BCD} 与 S_{ABD} 同号，这从图上看也是对的．因而上述证法实际上依赖于图 9-7.

当然，如果图改了，使 A、C 在直线 BD 的同侧，则 P_{BAD} 与 P_{BCD} 同号，而 S_{BCD} 与 S_{ABD} 反号，结论仍成立．但是，这仍依赖于图上的直观．对比之下，例 9.1～例 9.6 则可以不依赖图上的直观而完全由机械推导得出.

为了使推理能不依赖图上直观，有必要对勾股差定理作进一步的发展.

前面，我们引入圆上的有向弦，解决了带号面积在圆上的表示问题（见命题 9.2* 与命题 9.3*）．为了解决勾股差在圆上的表示，下面引入对偶弦的概念.

仍设圆上已取定了一个参考点 J，则圆上任一弦 AB 的对偶弦 $\overset{\vee}{AB}$ 定义如下.

（1）$\overset{\vee}{AB}$ 是一个实数，其绝对值等于 $\sqrt{d^2-AB^2}$．从几何上看：$|\overset{\vee}{AB}|$ 等于 A 到 B 的对径点的距离（或 B 到 A 的对径点的距离）．这里所谓对径点，即直径两端点互为对径点.

（2）若参考点 J 的对径点为 I，则约定；$\overset{\vee}{JA}$ 与 $\overset{\vee}{AI}$ 同号，（亦即与 S_{JAI}（同号））$\overset{\vee}{AJ}=\overset{\vee}{IA}$.

（3）当 A、B 均不与参考点重合时，约定：当 $\angle AJB \geqslant 90°$ 时，$\overset{\vee}{AB}$ 非正；当 $\angle AJB < 90°$ 时，$\overset{\vee}{AB}$ 为正.

关于 $\overset{\vee}{AB}$ 的符号，也可统一地定义如下：沿圆周自 J 处开始（含 J 点作为始点）逆时针方向旋转，若 A、B 之间的弧大于半圆，则 $\overset{\vee}{AB}$ 为负；反之，则 $\overset{\vee}{AB}$ 非负．类似地，$\overset{\wedge}{AB}$ 的符号定义可综合为：沿圆周自 J 处开始（含 J 点为始点）逆时针方向旋转，若 B 先于 A，则 $\overset{\wedge}{AB}$ 为负；反之．$\overset{\wedge}{AB}$ 为正.

在引入了对偶弦概念之后，便可建立类似于命题 9.2* 的另一个直径公式.

命题 9.4（直径对偶公式）　设 d 为 $\triangle ABC$ 的外接圆直径，则当 $\angle ABC \neq 90°$ 时有（图 9-8）

$$d=\frac{2\overset{\wedge}{AB}\cdot\overset{\wedge}{CB}\cdot\overset{\vee}{AC}}{P_{ABC}}.$$

证明 先证明等式两端绝对值相等. 如图 9-8 所示，过 A 作直径 AQ，则 $\angle ABC$ 与 $\angle AQC$ 相等或互补. 由勾股差定理得

$$\left|\frac{P_{ABC}}{P_{AQC}}\right|=\frac{AB\cdot BC}{AQ\cdot CQ}.$$

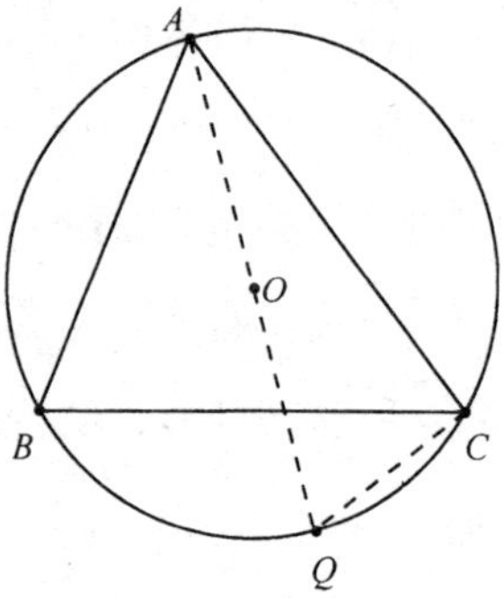

图 9-8

由 $AQ=d$，

$$CQ=\sqrt{d^2-AC^2}=|\overset{\vee}{AC}|,$$

$$P_{AQC}=\overline{AQ}^2+\overline{CQ}^2-\overline{AC}^2=2\overline{CQ}^2=2|\overset{\vee}{AC}|^2,$$

代入后得

$$\frac{|P_{ABC}|}{2|\overset{\vee}{AC}|^2}=\frac{|\overset{\wedge}{AB}|\cdot|\overset{\wedge}{BC}|}{d\cdot|\overset{\vee}{AC}|},$$

整理即得

$$d=\frac{2|\overset{\wedge}{AB}\cdot\overset{\wedge}{CB}\cdot\overset{\vee}{AC}|}{|P_{ABC}|}.$$

可见两端绝对值相等.

下面证明所要的等式右端总为正号. 首先，当字母 A、C 互换时. $\overset{\wedge}{AB}\cdot\overset{\wedge}{CB}\cdot\overset{\vee}{AC}$和 P_{ABC} 均不变，其次，当$\angle ABC<90°$时. $P_{ABC}>0$；而当参考点 J 在$\overset{\frown}{ABC}$弧上时，$\overset{\wedge}{AB}$、$\overset{\wedge}{CB}$同号且$\overset{\vee}{AC}>0$；当 J 在$\overset{\frown}{AC}$弧上时，$\overset{\wedge}{AB}\overset{\wedge}{CB}$反号且$\overset{\vee}{AC}<0$. 当$\angle ABC>90°$时，$P_{ABC}<0$；而参考点在$\overset{\frown}{ABC}$弧上时，$\overset{\wedge}{AB}$、$\overset{\wedge}{CB}$同号，且$\overset{\vee}{AC}<0$；当 J 在$\overset{\frown}{AC}$上时，$\overset{\wedge}{AB}$、$\overset{\wedge}{CB}$反号且$\overset{\vee}{AC}>0$. 于是立刻得到

命题 9.5（一般勾股差定理） 若$\triangle ABC$ 和$\triangle XYZ$ 内接于同圆或等圆，则当 $P_{XYZ}\neq0$ 时有

$$\frac{P_{ABC}}{P_{XYZ}}=\frac{\overset{\wedge}{AB}\cdot\overset{\wedge}{BC}\cdot\overset{\vee}{AC}}{\overset{\wedge}{XY}\cdot\overset{\wedge}{YZ}\cdot\overset{\vee}{XZ}}.$$

注意这里把命题 9.4 中的$\hat{CB}$改成了$\hat{BC}$. 由于分母中相应地把$\hat{ZY}$改为$\hat{YZ}$，所以不会引起分式的改变.

以下例题说明一般勾股差定理的应用.

【例 9.8】（西姆松定理） 在$\triangle ABC$外接圆上任取一点D，自D分别向BC、CA、AB三直线引垂足E、F、G（图 9-9）. 求证：E、F、G在一直线上.

分析 构图过程为

（1）任取圆上四点A、B、C、D；

（2）过D作BC的垂线交BC于E；

（3）过D作CA的垂线交CA于F；

（4）过D作AB的垂线交AB于G；

（5）为把要证的结论表成等式，又假设直线EF与直线AB交于H.

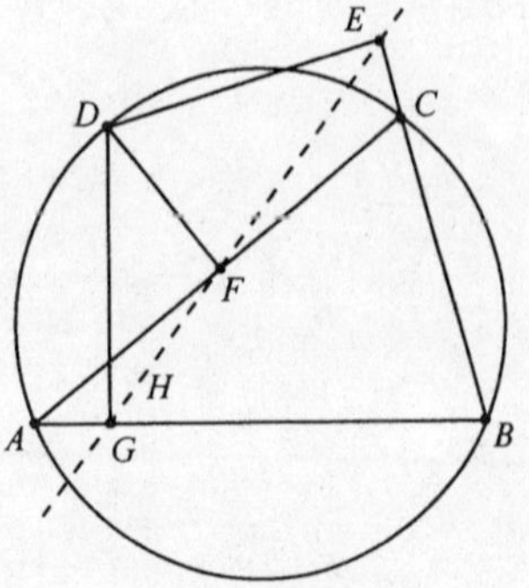

图 9-9

要证的是G、H两点重合，即

$$\frac{\overline{AG}}{\overline{BG}}=\frac{\overline{AH}}{\overline{BH}}$$

或

$$\frac{\overline{AG}}{\overline{BG}}\cdot\frac{\overline{BH}}{\overline{AH}}=1.$$

证明

$$\frac{\overline{AG}}{\overline{BG}}\cdot\frac{\overline{BH}}{\overline{AH}}=\frac{S_{BEF}}{S_{AEF}}\cdot\frac{\overline{AG}}{\overline{BG}} \quad \text{（用共边定理，消去 }H\text{）}$$

$$=\frac{S_{BEF}}{S_{AEF}}\cdot\frac{P_{BAD}}{(-P_{ABD})} \quad \text{（用消点法 9，消去 }G\text{）}$$

$$=\left(\frac{-P_{BAD}}{P_{ABD}}\right)\cdot\frac{S_{BEA}\cdot P_{ACD}}{P_{ACA}}\cdot\frac{P_{ACA}}{S_{AEC}\cdot P_{DAC}} \quad \text{（用消点法 12，消去 }F\text{）}$$

$$=\frac{-P_{BAD}\cdot P_{ACD}}{P_{ABD}\cdot P_{DAC}}\cdot\frac{P_{BCA}\cdot P_{DBC}}{P_{CBC}}\cdot\frac{P_{CBC}}{S_{ABC}\cdot P_{DCB}}$$

（用消点法 12，消去E）

$$=\frac{-\hat{B}A\cdot\hat{A}D\cdot\overset{\vee}{B}D\cdot\hat{A}C\cdot\hat{C}D}{\hat{A}B\cdot\hat{B}D\cdot\overset{\vee}{A}D\cdot\hat{D}A\cdot\hat{A}C}\cdot\frac{\overset{\vee}{A}D\cdot\hat{D}B\cdot\hat{B}C\cdot\overset{\vee}{D}C}{\overset{\vee}{D}C\cdot\hat{D}C\cdot\hat{C}B\cdot\overset{\vee}{D}B}$$

（勾股差定理）

$=1.$

【例 9.9】 设 A、B、C、D、P 五点共圆．自 P 分别向 AB、BC、CD、DA 引垂足 X、Y、Z、W（图 9-10）．求证：

$$\frac{\overline{AX}}{\overline{XB}}\cdot\frac{\overline{BY}}{\overline{YC}}\cdot\frac{\overline{CZ}}{\overline{ZD}}\cdot\frac{\overline{DW}}{\overline{WA}}=1.$$

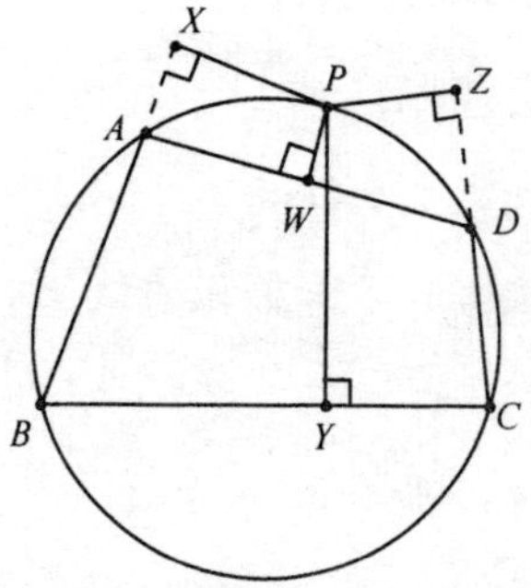

图 9-10

证明

$$\frac{\overline{AX}}{\overline{XB}}\cdot\frac{\overline{BY}}{\overline{YC}}\cdot\frac{\overline{CZ}}{\overline{ZD}}\cdot\frac{\overline{DW}}{\overline{WA}}$$

$$=\frac{P_{PAB}}{P_{PBA}}\cdot\frac{P_{PBC}}{P_{PCB}}\cdot\frac{P_{PCD}}{P_{PDC}}\cdot\frac{P_{PDA}}{P_{PAD}}$$ （消去点法 9，消去 X、Y、Z、W）

$$=\frac{\hat{P}A\cdot\hat{A}B\cdot\overset{\vee}{P}B\cdot\hat{P}B\cdot\hat{B}C\cdot\overset{\vee}{P}C}{\hat{P}B\cdot\hat{B}A\cdot\overset{\vee}{P}A\cdot\hat{P}C\cdot\hat{C}B\cdot\overset{\vee}{P}B}\cdot\frac{\hat{P}C\cdot\hat{C}D\cdot\overset{\vee}{P}D\cdot\hat{P}D\cdot\hat{D}A\cdot\overset{\vee}{P}A}{\hat{P}D\cdot\hat{D}C\cdot\overset{\vee}{P}C\cdot\hat{P}A\cdot\hat{A}D\cdot\overset{\vee}{P}A}$$

（勾股差定理）

$=1.$

习 题 9

9.1　应用一般勾股差定理（命题9.5）解例9.7.

9.2　设A、B、C、D为四点共圆，圆心为O. 取AD中点G、AB中点F、CD中点E，过E作OF的平行线EN使$\overline{EN}=\overline{OF}$. 用消点法证明：$GN\perp BC$.

9.3　设A、B、C、D为共圆四点. 自D分别向AB、AC引垂足G、F求证：$DB\cdot DF=DC\cdot DG$.

9.4　设A、B、C、D、E五点共圆. 自E分别向AB、BC、CD、DA引垂足P、Q、R、S. 求证：$ES\cdot EQ=EP\cdot ER$.

第 10 章

有向弦破解共圆点问题 消点法证明托勒密等式

在第 9 章里，讨论了这种类型的问题：构图的基础是几个点共圆，从这几个点出发再作出一系列约束点，然后求证某个与这些点有关的等式.

解决这类问题的方法，是逐步消去新产生的那些约束点，使所考虑的表达式中只剩下作为构图基础的几个共圆点. 然后使用共圆定理和一般勾股差定理，把面积和勾股差都化为圆上的有向弦和对偶弦的代数式，以求约简.

但是，这种做法，最后能否保证成功呢？更准确地说：如果这样做了，仍然不能证明要证的结论，是不是说就可断言要证的命题不成立呢？

我们看一个简单的例子：

【例 10.1】 设 $ABCD$ 是圆内接四边形. 求证：$AC \cdot BD = AB \cdot CD + AD \cdot BC$

这是著名的托勒密定理. 题中所说圆内接四边形，意指凸四边形. 一般说来，如果我们不知道 A、B、C、D 四点在圆上的相对位置，结论的叙述应写成

$$\overset{\wedge}{AC} \cdot \overset{\wedge}{BD} = \overset{\wedge}{AB} \cdot \overset{\wedge}{CD} + \overset{\wedge}{AD} \cdot \overset{\wedge}{BC}.$$

这样用有向弦来表达托勒密定理，就更具有一般性了. 不难用有向弦定义来验证这个一般形式的托勒密定理，如10-1 的情形，$ABCD$ 不是凸四边形. 如果参点 J 取在$\overset{\frown}{AD}$弧上，则

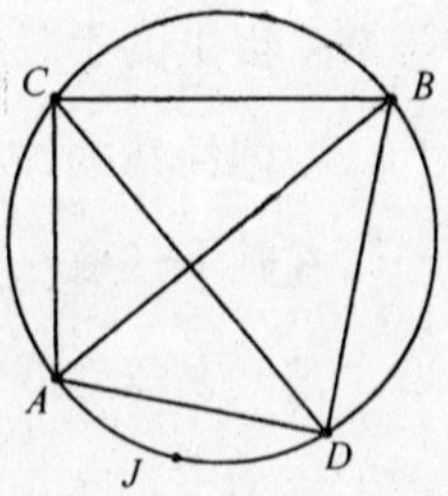

图 10-1

$$\hat{AC}=-AC,\quad \hat{BD}=-BD,$$
$$\hat{AB}=-AB,\quad \hat{CD}=-CD,$$
$$\hat{AD}=-AD,\quad \hat{BC}=BC,$$

是一般形式$\hat{AC}\cdot\hat{BD}=\hat{AB}\cdot\hat{CD}+\hat{AD}\cdot\hat{BC}$便成为

$$AC\cdot BD=AB\cdot CD-AD\cdot BC,$$

即 $AB\cdot CD=AC\cdot BD+AD\cdot BC$，当然成立.

如果换个顺序，同是图 10-1，考虑四边形 $ADCB$，是否有

$$\hat{AC}\cdot\hat{DB}=\hat{AD}\cdot\hat{CB}+\hat{DC}\cdot\hat{AB}$$

呢？这时

$$\hat{AC}=-AC,\quad \hat{DB}=BD,$$
$$\hat{AD}=-AD,\quad \hat{CB}=-BC,$$
$$\hat{DC}=DC,\quad \hat{AB}=-AB,$$

是所考虑的等式成为

$$-AC\cdot BD=AD\cdot BC-AB\cdot CD,$$

即 $AB\cdot CD=AC\cdot BD+AD\cdot BC$. 仍是对的.

但是，如果用第 9 章的办法证明这一般形式的托勒密定理，却无为力. 原因是，该消的项都已消去了. 从表面上，既看不出

$$\hat{AC}\cdot\hat{BD}-\hat{AB}\cdot\hat{CD}-\hat{AD}\cdot\hat{BC}=0,$$

看不出

$$\frac{\hat{AB}\cdot\hat{CD}+\hat{AD}\cdot\hat{BC}}{\hat{AC}\cdot\hat{BD}}=1.$$

第 9 章提供的手段，至此已告无效.

原因何在呢?

在圆上任取一个点，这个点的位置可用一个独立参数确定. 四个点，至多有四个独立参数. 如果取其中一个点为参考点，就只有三个独立参数了. 但在所考虑的式子中，总共却有 6 条线段. 这 6 条线段之间有相互制约关系，需要进一步消解. 现在我们来给出进一步消解的办法.

首先，把圆内接三角形面积与直径的关系推广到四边形.

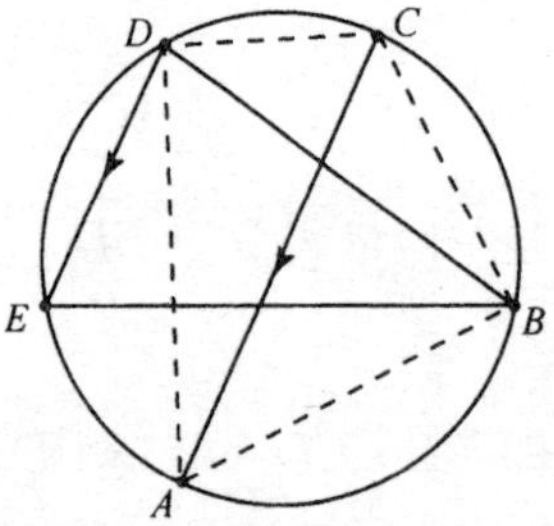

图 10-2

命题 10.1 设 A、B、C、D 是圆上四点，圆的直径为 d. 过 D 作 AC 的平行线与圆周交于 E（图 10-2），则

$$2d\cdot S_{ABCD}=\overset{\wedge}{AC}\cdot\overset{\wedge}{BD}\cdot\overset{\wedge}{EB}.$$

证明 若 $AC/\!/BD$，则过 D 所作的 AC 的平行线与圆周交于 B，即 E 与 B 重合，$\overset{\wedge}{EB}=0$. 而此时 $S_{ABCD}=0$，故要证的等式成立.

若 AC 与 BD 不平行，由. $DE/\!/AC$ 可得

$$\frac{S_{ABCD}}{S_{EBD}}=\frac{\overset{\wedge}{AC}}{\overset{\wedge}{ED}},$$

所以

$$S_{ABCD}=\frac{\overset{\wedge}{AC}}{\overset{\wedge}{ED}}\cdot S_{EBD}.$$

由命题 9.2*,

$$S_{EBD}=\frac{1}{2d}\overset{\wedge}{EB}\cdot\overset{\wedge}{BD}\cdot\overset{\wedge}{ED},$$

所以

$$S_{ABCD}=\frac{1}{2d}\overset{\wedge}{AC}\cdot\overset{\wedge}{BD}\cdot\overset{\wedge}{EB}.$$

命题 10.2 设 A、B、C、D 四点共圆，则

$$\overset{\wedge}{AC}\cdot\overset{\wedge}{BD}=\overset{\wedge}{AB}\cdot\overset{\wedge}{CD}+\overset{\wedge}{AD}\cdot\overset{\wedge}{BC}.$$

证明 过 D 作 AC 的平行线与圆周交于 E，则（图 10-3）

$$S_{ABCD}=S_{ABCE}=S_{ABE}+S_{BCE}.$$

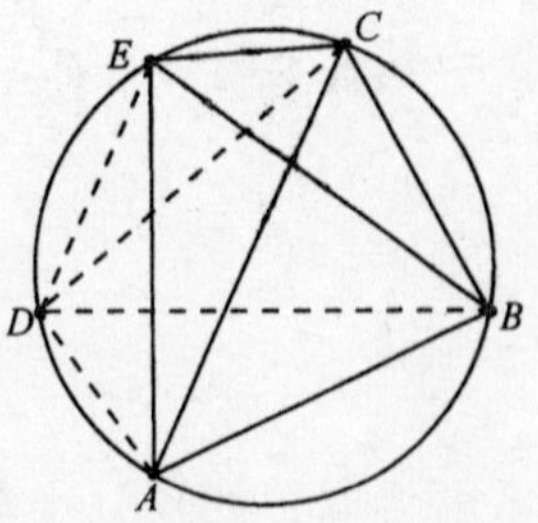

图 10-3

由命题 10.1 和命题 9.2＊得

$$\overset{\wedge}{AC}\cdot\overset{\wedge}{BD}\cdot\overset{\wedge}{EB}=\overset{\wedge}{AB}\cdot\overset{\wedge}{BE}\cdot\overset{\wedge}{AE}+\overset{\wedge}{BC}\cdot\overset{\wedge}{BE}\cdot\overset{\wedge}{CE}.$$

由

$$\overset{\wedge}{EB}=-\overset{\wedge}{BE},\ \overset{\wedge}{AE}=-\overset{\wedge}{CD},\ \overset{\wedge}{CE}=-\overset{\wedge}{AD},$$

即得所要证的等式.

命题 10.2 实际上给出了例 10.1 的证明. 但仍没有从根本上解决最一般的问题. 应用命题 10.2，只能把由四点形成的六条线段消去两条，剩下的四条仍不是互相独立的. 但是，由命题 10.2 可引出一个更为有用的工具.

命题 10.3 设 $AB=d$ 是圆的直径，P、Q 是圆上任两点，则

$$d\cdot\overset{\wedge}{PQ}=\overset{\wedge}{AQ}\cdot\overset{\vee}{AP}-\overset{\wedge}{AP}\cdot\overset{\vee}{AQ}.$$

证明 对圆上四点 A、P、B、Q 应用命题 10.2，得

$$\overset{\wedge}{AB}\cdot\overset{\wedge}{PQ}=\overset{\wedge}{AP}\cdot\overset{\wedge}{BQ}+\overset{\wedge}{AQ}\cdot\overset{\wedge}{PB}.$$

易验证，当参考点 J 使 $S_{JAB}>0$ 或 J 与 A 重合时，$AB=d$，

$$\overset{\vee}{AQ}=\overset{\wedge}{QB},\ \overset{\vee}{AP}=\overset{\wedge}{PB}.$$

反之，当 $S_{JAB}<0$ 时，$\overset{\wedge}{AB}=-d$，

$$\overset{\vee}{AQ}=\overset{\wedge}{BQ},\ \overset{\vee}{AP}=\overset{\wedge}{BP}.$$

这证明了所要的结论.

命题 10.4 设 $AB=d$ 是圆的直径，P、Q 是圆上任两点，则

$$d\cdot\overset{\vee}{PQ}=\overset{\vee}{AP}\cdot\overset{\vee}{AQ}+\overset{\wedge}{AP}\cdot\overset{\wedge}{AQ}.$$

证明 设 Q 的对径点为 S，由命题 10.2 得

$$\hat{AB}\cdot\hat{PS}=\hat{AP}\cdot\hat{BS}+\hat{AS}\cdot\hat{PB}.$$

当取参考点 J 使$\hat{AB}$、$\hat{QS}$同号时，有

$$\hat{AB}\cdot\hat{PS}=d\cdot\check{PQ},\ \hat{BS}=\hat{AQ},$$

$$\hat{AS}\cdot\hat{PB}=\check{AQ}\cdot\check{AP}.$$

当取 J 使且$\hat{AB}$、$\hat{QS}$反号时，有

$$\hat{AB}\cdot\hat{PS}=-d\cdot\check{PQ},\ \hat{BS}=-\hat{AQ},$$

$$\hat{AS}\cdot\hat{PB}=-\check{AQ}\cdot\check{AP}.$$

两种情形下都得到所要的等式.

在上述证明过程中，用到这一事实：如果 AB 是直径，则对任一点 P，当$\hat{AB}>0$ 时有$\hat{PB}=\check{PA}$，当$\hat{AB}<0$ 时$\hat{PB}=-\check{PA}$这是因为：当$\hat{AB}>0$ 时，当 P 在$\overset{\frown}{JAB}$上时$\hat{PB}\geqslant 0$，且恰有$\angle AJP\leqslant 90^\circ$，$\check{AP}=\check{PA}\geqslant 0$；当 P 在$\overset{\frown}{BJ}$上时$\hat{PB}\leqslant 0$，且$\angle AJP\geqslant 90^\circ$，$\check{AP}=\check{PA}\leqslant 0$ 故恒有$\hat{PB}=\check{AP}=\check{PA}$. 当$\hat{AB}<0$ 时，若 P 在$\overset{\frown}{JB}$上，$\hat{PB}\geqslant 0$ 且$\angle AJP\geqslant 90^\circ$；若 P 在$\overset{\frown}{BAJ}$上，$\hat{PB}\leqslant 0$ 且$\angle AJP\leqslant 90^\circ$，故$\hat{PB}=-\check{AP}=-\check{PA}$.

我们把命题 10.3 和命题 10.4 合称为弦分解公式. 应用弦分解公式，可以把圆上任一个有向弦或者对偶弦分解为以某个指定基点（在命题 10.3 和命题 10.4 中是点 A）为一端点的有向弦和对偶弦的乘积的和. 然后再应用有向弦与对偶弦之间的勾股关系

$$(\hat{AB})^2+(\check{AB})^2=d^2$$

就可以最终地消解代数式中的相关量，达到检验一个代数式是否恒为 1 或恒为 0 的目的. 严格的证明此处从略.

例如，用这种方法可以检验例 10.1 中的托勒密等式（实际上命题 10.2 已给出证明了）：

$$\hat{A}C\cdot\hat{B}D=\hat{A}B\cdot CD+\hat{A}D\cdot\hat{B}C.$$

取 A 为指定基点，则

$$d\cdot\hat{B}D=\hat{A}D\cdot\overset{\vee}{A}B-\hat{A}B\cdot\overset{\vee}{A}D,$$

$$d\cdot\hat{C}D=\hat{A}D\cdot\overset{\vee}{A}C-\hat{A}C\cdot\overset{\vee}{A}D.$$

$$d\cdot\hat{B}C=\hat{A}C\cdot\overset{\vee}{A}B-\hat{A}B\cdot\overset{\vee}{A}C.$$

代入前式，约去 d 可得

$$\begin{aligned}\hat{A}C\cdot\hat{B}D-(\hat{A}B\cdot\hat{C}D+\hat{A}D\cdot\hat{B}C)&=\hat{A}C\cdot\hat{A}D\cdot\overset{\vee}{A}B-\hat{A}B\cdot\hat{A}C\cdot\overset{\vee}{A}D\\&\quad-\hat{A}B\cdot\hat{A}D\cdot\overset{\vee}{A}C+\hat{A}B\cdot\hat{A}C\cdot\overset{\vee}{A}D\\&\quad-\hat{A}D\cdot\hat{A}C\cdot\overset{\vee}{A}B+\hat{A}D\cdot\hat{A}B\cdot\overset{\vee}{A}C\\&=0.\end{aligned}$$

下面再举一个简单的例子.

【例 10.2】 在△ABC 的外接圆上任取一点 P，并设 $a=BC$，$b=CA$. $c=AB$. 求证：$a^2S_{PCA}\cdot S_{PAB}+b^2S_{PBC}\cdot S_{PAB}+c^2S_{PBC}\cdot S_{PCA}=0$.

证明 使用直径公式可得

$$a^2\cdot S_{PCA}\cdot S_{PAB}=\left(\frac{1}{4d^2}\cdot\hat{P}A\cdot\hat{P}B\cdot\hat{P}C\cdot\hat{B}C\cdot\hat{C}A\cdot\hat{A}B\right)\cdot\hat{P}A\cdot\hat{B}C,$$

$$b^2\cdot S_{PBC}\cdot S_{PAB}=\left(\frac{1}{4d^2}\cdot\hat{P}A\cdot\hat{P}B\cdot\hat{P}C\cdot\hat{B}C\cdot\hat{C}A\cdot\hat{A}B\right)\cdot\hat{P}B\cdot\hat{C}A,$$

$$c^2\cdot S_{PBC}\cdot S_{PCA}=\left(\frac{1}{4d^2}\cdot\hat{P}A\cdot\hat{P}B\cdot\hat{P}C\cdot\hat{B}C\cdot\hat{C}A\cdot\hat{A}B\right)\cdot\hat{P}C\cdot\hat{A}B.$$

于是

$$\begin{aligned}&a^2\cdot S_{PCA}\cdot S_{PAB}+b^2\cdot S_{PBC}\cdot S_{PAB}+c^2S_{PBC}\cdot S_{PCA}\\=&\frac{1}{4d^2}\hat{P}A\cdot\hat{P}B\cdot\hat{P}C\cdot\hat{B}C\cdot\hat{C}A\cdot\hat{A}B\cdot(\hat{P}A\cdot\hat{B}C+\hat{P}B\cdot\hat{C}A+\hat{P}C\cdot\hat{A}B).\end{aligned}$$

只要证明最后一个括号里的式子为 0 即可. 它其实相当于托勒密等式. 事实上，

$$d\cdot\hat{P}A\cdot\hat{B}C=\hat{P}A\cdot(\hat{P}C\cdot\overset{\vee}{P}B-\hat{P}B\cdot\overset{\vee}{P}C)$$

$$=\hat{PA}\cdot\hat{PC}\cdot\check{PB}-\hat{PA}\cdot\hat{PB}\cdot\check{PC},$$

$$d\cdot\hat{PB}\cdot\hat{CA}=\hat{PB}\cdot(\hat{PA}\cdot\check{PC}-\hat{PC}\cdot\check{PA})$$

$$=\hat{PB}\cdot\hat{PA}\cdot\check{PC}-\hat{PB}\cdot\hat{PC}\cdot\check{PA},$$

$$d\cdot\hat{PC}\cdot\hat{AB}=\hat{PC}\cdot(\hat{PB}\cdot\check{PA}-\hat{PA}\cdot\check{PB})$$

$$=\hat{PC}\cdot\hat{PB}\cdot\check{PA}-\hat{PC}\cdot\hat{PA}\cdot\check{PB}.$$

三式相加为 0.

也许用另一方法解这个题目更简单些：不妨设 P 不与 A、B、C 中任一点重合，否则等式显然．于是 $S_{PBC}\cdot S_{PCA}\cdot S_{PAB}\neq 0$．将要证的等式左端用 $S_{PBC}\cdot S_{PCA}\cdot S_{PAB}$ 除，得

$$\frac{a^2}{S_{PBC}}+\frac{b^2}{S_{PCA}}+\frac{c^2}{S_{PAB}}=2d\left(\frac{\hat{BC}^2}{\hat{PB}\cdot\hat{PC}\cdot\hat{BC}}+\frac{\hat{CA}^2}{\hat{PC}\cdot\hat{PA}\cdot\hat{CA}}\right)$$

$$+2d\left(\frac{\hat{AB}^2}{\hat{PA}\cdot\hat{PB}\cdot\hat{AB}}\right)$$

$$=2d\left(\frac{\hat{BC}}{\hat{PB}\cdot\hat{PC}}+\frac{\hat{CA}}{\hat{PC}\cdot\hat{PA}}+\frac{\hat{AB}}{\hat{PA}\cdot\hat{PB}}\right)$$

$$=2\left(\frac{\hat{PC}\cdot\check{PB}-\hat{PB}\cdot\check{PC}}{\hat{PB}\cdot\hat{PC}}+\frac{\hat{PA}\cdot\check{PC}-\hat{PC}\cdot\check{PA}}{\hat{PC}\cdot\hat{PA}}\right.$$

$$\left.+\frac{\hat{PB}\cdot\check{PA}-\hat{PA}\cdot\check{PB}}{\hat{PA}\cdot\hat{PB}}\right)$$

$$=2\left(\frac{\check{PB}}{\hat{PB}}-\frac{\check{PC}}{\hat{PC}}+\frac{\check{PC}}{\hat{PC}}-\frac{\check{PA}}{\hat{PA}}+\frac{\check{PA}}{\hat{PA}}-\frac{\check{PB}}{\hat{PB}}\right)=0.$$

下面是一个难度较大的例子.

【例 10.3】（凯尔可曼定理）　已知 A、B、C、D、E、F 六点共圆．直线．AB、CD 交于 P；DF、EA 交于 Q；AC、FB 交于 S；BD、AE 交于 T；AB、EF 交于 X；AC、DF 交于 Y（图 10-4）．求证：PQ、ST、XY 三直线交于

一点.

分析 题中构图过程是清楚的. 为了把结论表为等式，假设直线 ST 与 XY 交于 I，PQ 与 XY 交于 J 要证明的结论相当于 I、J 重合，这等价于

$$\frac{\overline{XI}}{\overline{YI}}=\frac{\overline{XJ}}{\overline{YJ}},$$

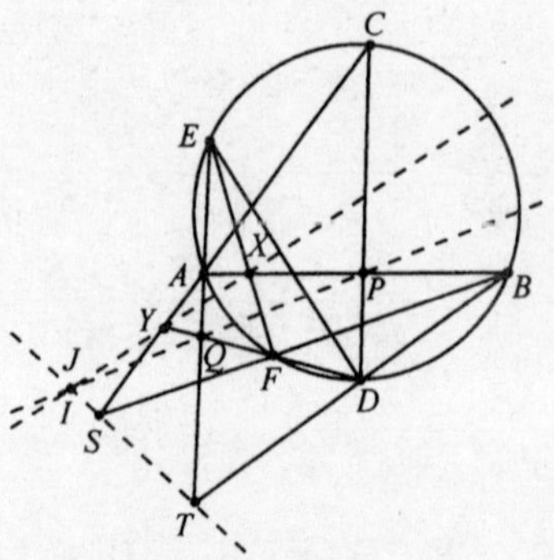

图 10-4

即

$$\frac{\overline{XI}}{\overline{YI}}\cdot\frac{\overline{YJ}}{\overline{XJ}}=1.$$

证明

$$\frac{\overline{XI}}{\overline{YI}}\cdot\frac{\overline{YJ}}{\overline{XJ}}=\frac{S_{STX}}{S_{STY}}\cdot\frac{S_{PQY}}{S_{PQX}}\quad（用共边定理，消去 I、J）$$

$$=\frac{S_{STX}}{S_{PQX}}\cdot\frac{S_{PDF}\cdot S_{ACQ}}{S_{AFCD}}\cdot\frac{S_{AFCD}}{S_{ATC}\cdot S_{SDF}}\quad（用消点法 2，消去 Y）$$

$$=\frac{S_{STB}\cdot S_{AFE}+S_{STA}\cdot S_{BEF}}{-S_{AFBE}}\cdot\frac{S_{AFBE}}{S_{BQA}\cdot S_{PEF}}\cdot\frac{S_{PDF}\cdot S_{ACQ}}{S_{ATC}\cdot S_{SDF}}$$

（用消点法 2，消去 X）

$$=\left(\frac{S_{SDB}\cdot S_{ABE}\cdot S_{AFE}}{S_{ABED}}+\frac{S_{SAE}\cdot S_{ADB}\cdot S_{BEF}}{S_{ABED}}\right)$$

$$\cdot\frac{S_{ABED}\cdot S_{PDF}\cdot S_{ACQ}}{S_{AEC}\cdot S_{ADB}\cdot S_{SDF}\cdot S_{BQA}\cdot S_{PEF}}\quad（用消点法 2，消去 T）$$

$$=\frac{S_{FDB}\cdot S_{ABC}\cdot S_{ABE}\cdot S_{AFE}+S_{ACE}\cdot S_{AFB}\cdot S_{ADB}\cdot S_{BEF}}{S_{ABCF}\cdot S_{AEC}\cdot S_{ADB}\cdot S_{BQA}\cdot S_{PEF}}$$

$$\cdot \frac{S_{PDF} \cdot S_{ACQ} \cdot S_{ABCF}}{S_{FDB} \cdot S_{AFC}} \quad (\text{用消点法 2，消去 } S)$$

$$= \frac{S_{FDB} \cdot S_{ABC} \cdot S_{ABE} \cdot S_{AFE} + S_{ACE} \cdot S_{AFB} \cdot S_{ADB} \cdot S_{BEF}}{S_{AEC} \cdot S_{ADB} \cdot S_{PEF} \cdot S_{BAE} \cdot S_{AFD} \cdot S_{ADEF} \cdot S_{FDB} \cdot S_{AFC}} \cdot S_{PDF} \cdot S_{AEC}$$

$$\cdot S_{AFD} \cdot S_{ADEF} \quad (\text{用消点法 2，消去 } Q)$$

$$= \frac{S_{FDB} \cdot S_{ABC} \cdot S_{ABE} \cdot S_{AFE} + S_{ACE} \cdot S_{AFB} \cdot S_{ADB} \cdot S_{BEF}}{S_{AFC} \cdot S_{ADB} \cdot S_{BAE} \cdot S_{FDB}}$$

$$\cdot \frac{S_{CDF} \cdot S_{ADB} \cdot S_{ADBC}}{(S_{AEF} \cdot S_{BCD} + S_{BEF} \cdot S_{ADC}) \cdot S_{ADBC}} \quad (\text{用消点法 2，消去 } P)$$

$$= \frac{S_{FDB} \cdot S_{ABC} \cdot S_{ABE} \cdot S_{AFE} + S_{ACE} \cdot S_{AFB} \cdot S_{ADB} \cdot S_{BEF}}{S_{AFC} \cdot S_{BAE} \cdot S_{FDB}}$$

$$\cdot \frac{S_{CDF}}{S_{AEF} S_{BCD} + S_{BEF} S_{ADC}} \quad (\text{约简})$$

$$= \frac{\overset{\wedge}{CD} \cdot \overset{\wedge}{DF} \cdot \overset{\wedge}{CF} \cdot \overset{\wedge}{FB} \cdot \overset{\wedge}{DB} \cdot \overset{\wedge}{AB}^2}{\overset{\wedge}{AF} \cdot \overset{\wedge}{AC} \cdot \overset{\wedge}{FC} \cdot \overset{\wedge}{BA} \cdot \overset{\wedge}{AE} \cdot \overset{\wedge}{BE}}$$

$$\cdot \frac{\overset{\wedge}{AC} \cdot \overset{\wedge}{AE} \cdot \overset{\wedge}{BE} \cdot \overset{\wedge}{AF} \cdot \overset{\wedge}{FE}}{\overset{\wedge}{FD} \cdot \overset{\wedge}{FB} \cdot \overset{\wedge}{DB} \cdot \overset{\wedge}{EF} \cdot \overset{\wedge}{CD}}$$

$$\cdot \frac{\overset{\wedge}{FD} \cdot \overset{\wedge}{BC} \cdot \overset{\wedge}{AE} + \overset{\wedge}{CE} \cdot \overset{\wedge}{AD} \cdot \overset{\wedge}{FB}}{\overset{\wedge}{AE} \cdot \overset{\wedge}{AF} \cdot \overset{\wedge}{BC} \cdot \overset{\wedge}{BD} - \overset{\wedge}{BE} \cdot \overset{\wedge}{BF} \cdot \overset{\wedge}{AD} \cdot \overset{\wedge}{AC}} \quad (\text{共圆定理})$$

$$= \frac{\overset{\wedge}{AB} (\overset{\wedge}{FD} \cdot \overset{\wedge}{BC} \cdot \overset{\wedge}{AE} + \overset{\wedge}{CE}) \cdot \overset{\wedge}{AD} \cdot \overset{\wedge}{FB}}{\overset{\wedge}{AE} \cdot \overset{\wedge}{AF} \cdot \overset{\wedge}{BC} \cdot BD - \overset{\wedge}{BE} \cdot \overset{\wedge}{BF} \cdot \overset{\wedge}{AD} \cdot \overset{\wedge}{AC}} \quad (\text{约简}).$$

最后，应用弦分解公式（命题 10.3），

$$d \cdot \overset{\wedge}{FD} = \overset{\wedge}{AD} \cdot \overset{\vee}{AF} - \overset{\wedge}{AF} \cdot \overset{\vee}{AD},$$

$$d \cdot \overset{\wedge}{BC} = \overset{\wedge}{AC} \cdot \overset{\vee}{AB} - \overset{\wedge}{AB} \cdot \overset{\vee}{AC},$$

$$d \cdot \overset{\wedge}{CE} = \overset{\wedge}{AE} \cdot \overset{\vee}{AC} - \overset{\wedge}{AC} \cdot \overset{\vee}{AE},$$

$$d \cdot \overset{\wedge}{FB} = \overset{\wedge}{AB} \cdot \overset{\vee}{AF} - \overset{\wedge}{AF} \cdot \overset{\vee}{AB} = -d \cdot \overset{\wedge}{BF},$$

$$d \cdot \overset{\wedge}{BD} = \overset{\wedge}{AD} \cdot \overset{\vee}{AB} - \overset{\wedge}{AB} \cdot \overset{\vee}{AD},$$

$$d \cdot \overset{\wedge}{BE} = \overset{\wedge}{AE} \cdot \overset{\vee}{AB} - \overset{\wedge}{AB} \cdot \overset{\vee}{AE},$$

$$d^2\cdot\overset{\wedge}{FD}\cdot\overset{\wedge}{BC}=\overset{\wedge}{AC}\cdot\overset{\wedge}{AD}\cdot\overset{\vee}{AB}\cdot\overset{\vee}{AF}-\overset{\wedge}{AB}\cdot\overset{\wedge}{AD}\cdot\overset{\vee}{AC}\cdot\overset{\vee}{AF}$$

$$-\overset{\wedge}{AC}\cdot\overset{\wedge}{AF}\cdot\overset{\vee}{AB}\cdot\overset{\vee}{AD}+\overset{\wedge}{AB}\cdot\overset{\wedge}{AF}\cdot\overset{\vee}{AC}\cdot\overset{\vee}{AD}$$

$$d^2\cdot\overset{\wedge}{CE}\cdot\overset{\wedge}{FB}=\overset{\wedge}{AB}\cdot\overset{\wedge}{AE}\cdot\overset{\vee}{AC}\cdot\overset{\vee}{AF}-\overset{\wedge}{AB}\cdot\overset{\wedge}{AC}\cdot\overset{\vee}{AE}\cdot\overset{\vee}{AF}$$

$$-\overset{\wedge}{AE}\cdot\overset{\wedge}{AF}\cdot\overset{\vee}{AB}\cdot\overset{\vee}{AC}+\overset{\wedge}{AC}\cdot\overset{\wedge}{AF}\cdot\overset{\vee}{AB}\cdot\overset{\vee}{AE},$$

$$d^2\cdot\overset{\wedge}{BC}\cdot BD=\overset{\wedge}{AD}\cdot\overset{\wedge}{AC}\cdot\overset{\vee}{AB}\cdot\overset{\vee}{AB}-\overset{\wedge}{AB}\cdot\overset{\wedge}{AC}\cdot\overset{\vee}{AB}\cdot\overset{\vee}{AD}$$

$$-\overset{\wedge}{AB}\cdot\overset{\wedge}{AD}\cdot\overset{\vee}{AB}\cdot\overset{\vee}{AC}+\overset{\wedge}{AB}\cdot\overset{\wedge}{AB}\cdot\overset{\vee}{AD}\cdot\overset{\vee}{AC},$$

$$d^2\cdot\overset{\wedge}{BE}\cdot\overset{\wedge}{FB}=\overset{\wedge}{AB}\cdot\overset{\wedge}{AE}\cdot\overset{\vee}{AB}\cdot\overset{\vee}{AF}-\overset{\wedge}{AB}{}^2\cdot\overset{\vee}{AE}\cdot\overset{\vee}{AF}$$

$$-\overset{\wedge}{AE}\cdot\overset{\wedge}{AF}\cdot\overset{\vee}{AB}{}^2+\overset{\wedge}{AB}\cdot\overset{\wedge}{AF}\cdot\overset{\vee}{AB}\cdot\overset{\vee}{AE}.$$

代入前式，整理后可得

$$\text{分子}=\frac{1}{d^2}(\overset{\wedge}{AB}\cdot\overset{\wedge}{AE}\cdot\overset{\wedge}{AC}\cdot\overset{\wedge}{AD}\cdot\overset{\vee}{AB}\cdot\overset{\vee}{AF}$$

$$-\overset{\wedge}{AB}\cdot\overset{\wedge}{AE}\cdot\overset{\wedge}{AC}\cdot\overset{\wedge}{AF}\cdot\overset{\vee}{AB}\cdot\overset{\vee}{AD}+\overset{\wedge}{AB}{}^2\cdot\overset{\wedge}{AE}$$

$$\cdot\overset{\wedge}{AF}\cdot\overset{\wedge}{AC}\cdot\overset{\vee}{AD}-\overset{\wedge}{AB}{}^2\cdot\overset{\wedge}{AC}\cdot\overset{\wedge}{AD}\cdot\overset{\vee}{AE}\cdot\overset{\vee}{AF}$$

$$-\overset{\wedge}{AB}\cdot\overset{\wedge}{AD}\cdot\overset{\wedge}{AE}\cdot\overset{\wedge}{AF}\cdot\overset{\vee}{AB}\cdot\overset{\vee}{AC}+\overset{\wedge}{AB}\cdot\overset{\wedge}{AD}$$

$$\cdot\overset{\wedge}{AC}\cdot\overset{\wedge}{AF}\cdot\overset{\wedge}{AB}\cdot\overset{\vee}{AE}).$$

$$\text{分母}=\frac{1}{d^2}(-\overset{\wedge}{AB}\cdot\overset{\wedge}{AC}\cdot\overset{\wedge}{AE}\cdot\overset{\wedge}{AF}\cdot\overset{\vee}{AB}\cdot\overset{\vee}{AD}$$

$$-\overset{\wedge}{AB}\cdot\overset{\wedge}{AD}\cdot\overset{\wedge}{AE}\cdot\overset{\wedge}{AF}\cdot\overset{\vee}{AB}\cdot\overset{\vee}{AC}$$

$$+\overset{\wedge}{AB}{}^2\cdot\overset{\wedge}{AE}\cdot\overset{\wedge}{AF}\cdot\overset{\vee}{AD}\cdot\overset{\vee}{AC}+\overset{\wedge}{AB}\cdot\overset{\wedge}{AE}\cdot\overset{\wedge}{AC}$$

$$\cdot\overset{\wedge}{AD}\cdot\overset{\vee}{AB}\cdot\overset{\vee}{AF}-\overset{\wedge}{AB}{}^2\cdot\overset{\wedge}{AC}\cdot\overset{\wedge}{AD}\cdot\overset{\vee}{AE}\cdot\overset{\vee}{AF}$$

$$+\overset{\wedge}{AB}\cdot\overset{\wedge}{AC}\cdot\overset{\wedge}{AD}\cdot\overset{\wedge}{AF}\cdot\overset{\vee}{AB}\cdot\overset{\vee}{AE}).$$

从而证明了所要的结论.

采用弦分解公式，有时计算较繁，显得笨拙. 但它能导向一定成功之路. 如果采用稍灵活一点的策略，则可以见机化归命题 10.2，即一般的托勒密公式. 以本题而论，最后约简的结果是一分式，为证明分子分母相等，即

$$\overset{\wedge}{AB}\cdot(\overset{\wedge}{FD}\cdot\overset{\wedge}{BC}\cdot\overset{\wedge}{AE}+\overset{\wedge}{CE}\cdot\overset{\wedge}{AD}\cdot\overset{\wedge}{FB})$$

$$=\overset{\wedge}{AE}\cdot\overset{\wedge}{AF}\cdot\overset{\wedge}{BC}\cdot\overset{\wedge}{BD}-\overset{\wedge}{BE}\cdot\overset{\wedge}{BF}\cdot\overset{\wedge}{AD}\cdot\overset{\wedge}{AC},$$

可考虑

$$\overset{\wedge}{AB}(\overset{\wedge}{FD}\cdot\overset{\wedge}{BC}\cdot\overset{\wedge}{AE}+\overset{\wedge}{CE}\cdot\overset{\wedge}{AD}\cdot\overset{\wedge}{FB})$$

$$-(\overset{\wedge}{AE}\cdot\overset{\wedge}{AF}\cdot\overset{\wedge}{BC}\cdot\overset{\wedge}{BD}-\overset{\wedge}{BE}\cdot\overset{\wedge}{BF}\cdot\overset{\wedge}{AD}\cdot\overset{\wedge}{AC})$$

$$=\overset{\wedge}{AE}\cdot\overset{\wedge}{BC}(\overset{\wedge}{AB}\cdot\overset{\wedge}{FD}-\overset{\wedge}{AF}\cdot\overset{\wedge}{BD})+\overset{\wedge}{AD}\cdot\overset{\wedge}{FB}\cdot(\overset{\wedge}{AB}\cdot\overset{\wedge}{CE}-\overset{\wedge}{AC}\cdot\overset{\wedge}{BE})$$

$$=\overset{\wedge}{AE}\cdot\overset{\wedge}{BC}\cdot\overset{\wedge}{AD}\cdot\overset{\wedge}{FB}+\overset{\wedge}{AD}\cdot\overset{\wedge}{FB}\cdot(-\overset{\wedge}{AE}\cdot\overset{\wedge}{BC})$$

$$=0. \qquad \text{(命题 10.2)}$$

这就简捷多了. 但有时这条路可能走不通.

习 题 10

10.1 已知 A、B、C、D、E、F 六点共圆，直线 AB、CD 交于 P；AE、DF 交于 Q；AC、BF 交于 S；AE、DB 交于 T；AB、EF 交于 X；AC、DF 交于 Y 求证：PQ、ST、XY 三直线交于一点（斯坦纳定理）.

10.2 已知 A、B、C、D、E 五点共圆. 在直线 BC 上任取一点 Q. 直线 AB、DE 交于 P；PQ、DC 交于 S；AS、EQ 交于 F. 求证：A、B、C、F 共圆.

第11章

消两圆交点勾股差再立功 解多支问题消点法需发展

在平面几何中，不少问题涉及圆与直线的交点或两圆的交点. 前面我们主要研究了如何消去两条直线的交点. 本章着手讨论如何消去圆和直线的交点以及两圆的交点.

下列简单命题是我们的基本出发点

命题 11.1 设 P 是⊙O 上一点，直线 AP 与⊙O 交于另一点 Q（图 11-1），则

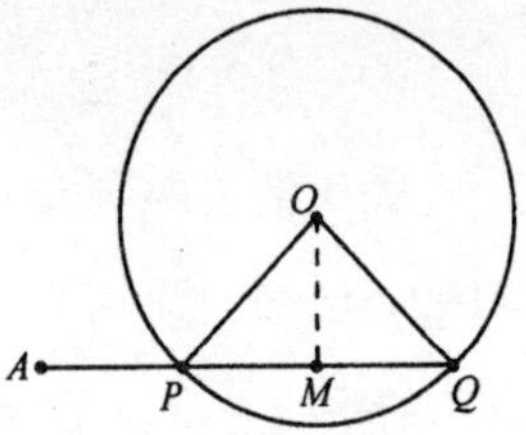

图 11-1

$$\frac{\overline{PQ}}{\overline{PA}}=\frac{2P_{OPA}}{P_{APA}},$$

$$\frac{\overline{QA}}{\overline{PA}}=1-\frac{2P_{OPA}}{P_{APA}}=\frac{2(\overline{OA^2}-\overline{OP^2})}{P_{APA}},$$

$$\frac{\overline{PQ}}{\overline{AQ}}=\frac{2P_{OPA}}{2P_{OPA}-P_{APA}}.$$

证明 如图，记 M 为 PQ 的中点，则 $OM\perp AP$，故

$$\frac{\overline{PQ}}{\overline{PA}}=\frac{2\overline{PM}}{\overline{PA}}=\frac{2\overline{PM}\cdot\overline{PA}}{\overline{PA}\cdot\overline{PA}}=\frac{2P_{OPA}}{P_{APA}}.$$

另两个等式显然可由此推出．

于是，可得出如下消点法：

消点法 16　从共线线段比中消去圆与直线的一个交点，简称 RCL. 设直线 AP 与过 P 点的圆⊙O 交于不同于 P 的另一点 X，则

$$\frac{\overline{PX}}{\overline{PA}}=\frac{2P_{OPA}}{P_{APA}}.$$

这就是命题 11.1. 于是进一步有

消点法 17　从带号面积中消去圆与直线的一个交点，简称 SCL. 设直线 AP 与过 P 点的圆⊙O 交于不同于 P 的另一点 X，则对任三点 U、V、W，有

$$S_{XUWV}=\frac{2P_{OPA}}{P_{APA}}\cdot S_{AUWV}+\frac{2(\overline{OA}^2-\overline{OP}^2)}{P_{APA}}\cdot S_{PUWV}.$$

这只要把消点法 16 与消点法 3 结合起来就行了．类似地，把消点法 16 与消点法 10 结合起来，得到

消点法 18　从勾股差中消去圆与直线的一个交点，简称 PCL. 设直线 AP 与过 P 点的圆⊙O 交于不同于 P 的另一点 X，则对任三点 U、V、W，有

(1) $P_{XUWV}=\dfrac{2P_{OPA}}{P_{APA}}\cdot P_{AUWV}+\dfrac{2(\overline{OA}^2-\overline{OP}^2)}{P_{APA}}P_{PUWV}.$

(2) $P_{UXXV}=\dfrac{2P_{OPA}}{P_{APA}}P_{UAAV}+\dfrac{2(\overline{OA}^2-\overline{OP}^2)}{P_{APA}}P_{UPPV}-\dfrac{4P_{OPA}\cdot(\overline{OA}^2-\overline{OP}^2)}{P_{APA}}.$

关于消去两圆交点的方法，可分两步走．如图 11-2，已知两圆圆心 A、B 和一个交点 P，过 P 作 AB 的垂线，得垂足 M；再延长 PM 至 X，使得 $\overline{XM}=\overline{MP}$，则 X 是⊙O 和⊙O 的另一个交点.

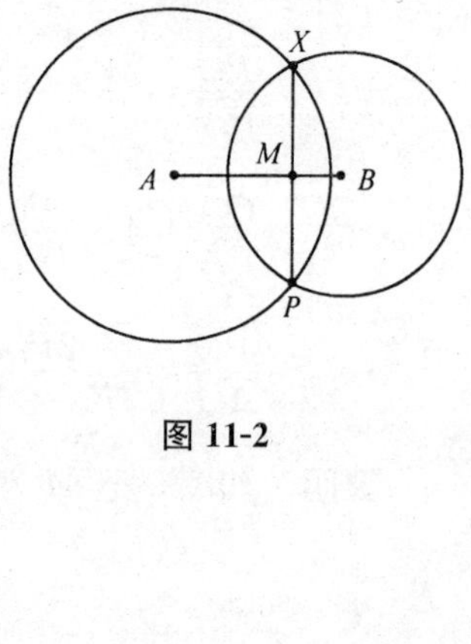

图 11-2

这样，因已知 $\dfrac{\overline{MX}}{\overline{MP}}=-1$，故可应用消点法 3 或消点法 10 消去 X 又由 $PM\perp AB$，可应用消点法 9、11、12 消去 M. 这两步合起来就是.

消点法 19 从带号面积中消去两圆的交点之一，简称 SCC. 已知两圆圆心 A、B 和它们的一个交点 P. 设另一交点为 X，则对任意三点 U、V、W，有

$$S_{XUWV}=\frac{P_{PAB}\cdot S_{BUWV}+P_{PBA}\cdot S_{AUWV}}{\overline{AB}^2}-S_{PUWV}.$$

证明 设直线 AB 与 PX 交于点 M，则 M 是 PX 中点，故由消点法 3，得

$$S_{MUWV}=\frac{1}{2}\left(S_{XUWV}+S_{PUWV}\right).$$

又由于有 $PM\perp AB$，由消点法 12，得

$$S_{MUWV}=\frac{P_{PAB}\cdot S_{BUWV}+P_{PBA}\cdot S_{AUWV}}{2\,\overline{AB}^2}.$$

比较两式得

$$\frac{P_{PAB}\cdot S_{BUWV}+P_{PBA}\cdot S_{AUWV}}{\overline{AB}^2}=S_{XUWV}+S_{PUWV}.$$

从而可解出 S_{XUWV} 而证明所要之结论 .

消点法 20 从勾股差中消去两圆的交点之一，简称 PCC. 已知两圆圆心 A、B 和它们的一个交点 P. 设另一交点为 X，则对任意三点 U、V、W，有

(1) $P_{XUWV}=\dfrac{P_{PAB}\cdot P_{BUWV}+P_{PBA}\cdot P_{AUWV}}{\overline{AB}^2}-P_{PUWV}$；

(2) $P_{UXXV}=\dfrac{P_{PAB}\cdot P_{UBBV}+P_{PBA}\cdot P_{UAAV}}{\overline{AB}^2}-P_{UPPV}-3\,\overline{AB}^2+2\left(\overline{PA}^2+\overline{PB}^2\right)$

$+\dfrac{\left(\overline{PA}^2-\overline{PB}^2\right)^2}{\overline{AB}^2}$.

证明 等式（1）的证明同消点法 19.

为证明等式（2），仍记 M 为 AB 与 PX 的交点. 由 M 是 P、X 中点，由消点法 10 得

$$P_{UXXV}=2P_{UMMV}-P_{UPPV}+4\,\overline{MP}^2,$$

再由消点法 11，得

$$\overline{MP}^2=\frac{P_{PAB}\cdot\overline{BP}^2+P_{PBA}\cdot\overline{AP}^2}{2\,\overline{AB}^2}-\frac{P_{PAB}\cdot P_{PBA}}{2\,\overline{AB}^2},$$

$$P_{UMMV}=\frac{P_{PAB}\cdot P_{UBBV}+P_{PBA}\cdot P_{UAAV}}{2\,\overline{AB}^2}-\frac{P_{PAB}\cdot P_{PBA}}{2\,\overline{AB}^2}$$

代入前式，得

$$P_{UXXV}=\frac{P_{PAB}\cdot P_{UBBV}+P_{PBA}P_{UAAV}}{\overline{AB}^2}-P_{UPPV}$$

$$-\frac{P_{PAB}\cdot P_{PBA}}{\overline{AB}^2}+\frac{2\ (P_{PAB}\cdot\overline{BP}^2+P_{PBA}\cdot\overline{AP}^2)}{\overline{AB}^2}-\frac{2P_{PAB}\cdot P_{PBA}}{\overline{AB}^2}$$

$$=\frac{P_{PAB}\cdot P_{UBBV}+P_{PBA}\cdot P_{UAAV}}{AB^2}-P_{UPPV}-3\,\overline{AB}^2$$

$$+2\ (\overline{PA}^2+PB^2)\ +\frac{(PA^2-\overline{PB}^2)^2}{\overline{AB}^2}.$$

下面是这些消点公式应用的例子.

【例 11.1】 已知 BC 是直角三角形 ABC 的斜边，AD 是斜边上的高 . 过点 C、D 的⊙O 与直线 AC 交于 E，与直线 BE 交于 F. 求证：$AF\perp BE$.

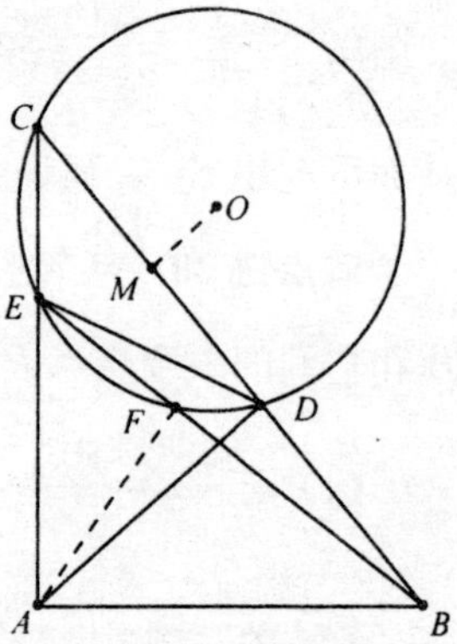

图 11-3

分析 此题构图方法有多种变化，从题目本身看不出清楚的构图过程 . 我们设计下列构图，见图 11-3(读者可试用其他方法解此题)：

(1) 任取不重合两点 A、B；

(2) 过 A 作 AB 之垂线，在垂线上取一点 C，设参数 $d\ (C,\ AB)\ /\ |\ \overline{AB}\ |=t$；

(3) 自 A 向 BC 引垂足 D；

(4) 取 CD 中点 M；

(5) 过 M 作 BC 之垂线，在垂线上取一点 O，设参数 $d\ (O,\ MC)\ /\ |\ \overline{MC}\ |=s$；

(6) 直线 AC 与过 C 点的⊙O 交于另一点 E；

(7) 直线 BF 与过 F 点的⊙O 交于另一点 F 要证明的结论是 $BE\perp AF$，它等价于

$$P_{ABFE}=0,$$

也可表为

$$P_{ABE}=P_{FBE}.$$

证明

$$\frac{P_{ABE}}{P_{FBE}}=\frac{P_{ABE}\cdot P_{BEB}}{P_{EBE}\ (P_{BOB}-P_{EOE})}\quad（用消点法 18，消去 F）$$

$$=\frac{P_{ABE}}{P_{BOB}-P_{COC}}\quad（化简）$$

$$=\frac{P_{ABC}}{P_{BOB}-P_{COC}}\quad（利用 CE\perp AB，消去 E）$$

$$=\frac{P_{ABC}}{P_{BMB}-P_{CMC}}\quad（利用 OM\perp BC，消去 O）$$

$$=\frac{P_{ABC}}{\overline{BC}^2+\overline{BD}^2-\overline{CD}^2}\quad（用消点法 10，消去中点 M）$$

$$=\frac{P_{ABC}}{P_{DBC}}\quad（化简）$$

$$=\frac{P_{ABC}}{P_{ABC}}=1\quad（由 AD\perp BC，消去 D）.$$

【例 11.2】 在$\triangle ABC$中，$AC=AB$. 在直线BC上任取一点D. 直线AD与$\triangle ABC$的外接圆交于E. 求证：$\overline{AB}^2=\overline{AD}\cdot\overline{AE}$（图 11-4）.

分析 可设计这样的构图过程：

(1) 任取不同两点B、M；

(2) 过M作BM的垂线，在垂线上取一点A；

(3) 取AB中点N；

(4) 过N作AB的垂直平分线与AM交于O；

(5) 延长BM至C，使$\overline{BM}=\overline{MC}$；

(6) 在直线BC上任取一点D；

(7) 直线AD与过A点的$\odot O$交于E.

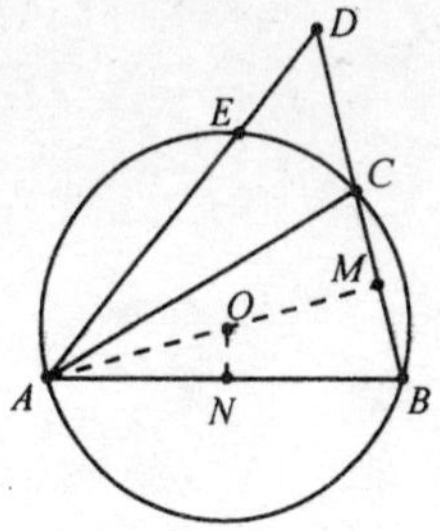

图 11-4

要证明的是$\overline{AB}^2=\overline{AD}\cdot\overline{AE}$，即

$$P_{BAB}=P_{DAE}.$$

证明

$$\frac{P_{DAE}}{P_{BAB}}=\frac{2P_{OAD}\cdot P_{ADA}}{P_{BAB}\cdot P_{ADA}}\quad（用消点法18，消去 E）$$

$$=\frac{2P_{OAB}}{P_{BAB}}\quad（化简，由 AO\perp BD 消去 D）$$

$$=\frac{P_{BAB}}{P_{BAB}}=1\quad（由\overline{OA}^2=\overline{OB}^2，消去 O）.$$

这个题目，也可以利用共圆点作基础构图，以避免圆与直线的交点．但构图过程中要附加条件 $AB=AC$. 具体办法是使用下列构图：

(1) A、B、C、E 四点共圆，且 $AB=AC$；

(2) 直线 AE、BC 交于 D.

这样，构图过程简单多了．证明步骤为

$$\frac{P_{DAE}}{P_{BAB}}=\frac{P_{EAE}\cdot S_{ABC}}{P_{BAB}\cdot S_{ABEC}}\quad（用消点法10，消去 D）$$

$$=\frac{\overset{\wedge}{AE}{}^2\cdot\overset{\wedge}{AB}\cdot\overset{\wedge}{BC}\cdot\overset{\wedge}{AC}}{\overset{\wedge}{AB}{}^2\left(\overset{\wedge}{AB}\cdot\overset{\wedge}{BC}\cdot\overset{\wedge}{AC}-\overset{\wedge}{EB}\cdot\overset{\wedge}{BC}\cdot\overset{\wedge}{EC}\right)}\quad（共圆定理）$$

$$=\frac{\overset{\wedge}{AE}{}^2}{\overset{\wedge}{AB}\cdot\overset{\wedge}{AC}-\overset{\wedge}{EB}\cdot\overset{\wedge}{EC}}\quad（约简，用条件\overset{\wedge}{AB}=\overset{\wedge}{AC}）$$

$$=\frac{d^2\,\overset{\wedge}{AE}{}^2}{d^2\,\overset{\wedge}{AB}\cdot\overset{\wedge}{AC}-\left(\overset{\wedge}{AB}\cdot\overset{\wedge}{AE}-\overset{\vee}{AE}\cdot\overset{\vee}{AB}\right)\left(\overset{\wedge}{AC}\cdot\overset{\vee}{AE}-\overset{\wedge}{AE}\cdot\overset{\vee}{AC}\right)}$$

（弦分解公式）

$$=\frac{d^2\,\overset{\wedge}{AE}{}^2}{d^2\,\overset{\wedge}{AB}{}^2-\left(\overset{\wedge}{AB}{}^2\cdot\overset{\vee}{AE}{}^2-\overset{\wedge}{AE}{}^2\cdot\overset{\vee}{AB}{}^2\right)}$$

（用条件$\overset{\wedge}{AB}=\overset{\wedge}{AC}$，$\overset{\vee}{AB}=-\overset{\vee}{AC}$）

$$=\frac{d^2\,\overset{\wedge}{AE}{}^2}{d^2\,\overset{\wedge}{AB}{}^2-\overset{\wedge}{AB}{}^2\left(d^2-\overset{\wedge}{AE}{}^2\right)+AE^2\left(d^2-\overset{\wedge}{AB}{}^2\right)}$$

（因$\overset{\wedge}{AB}^2+\overset{\vee}{AB}^2=d^2$）

$=1.$

虽然构图过程简单了，证明过程却复杂了.

可见使用圆与直线交点的消去法有时可以简化证明．从这里也可以看出，使用不同的构图方法，可以得到很不相同的证明.

【例 11.3】 两圆⊙O与⊙Q交于A、B两点. 过点A、B分别作直线与⊙O和⊙Q分别交于D、C和F、E. 求证：$CE/\!/DF$（图 11-5).

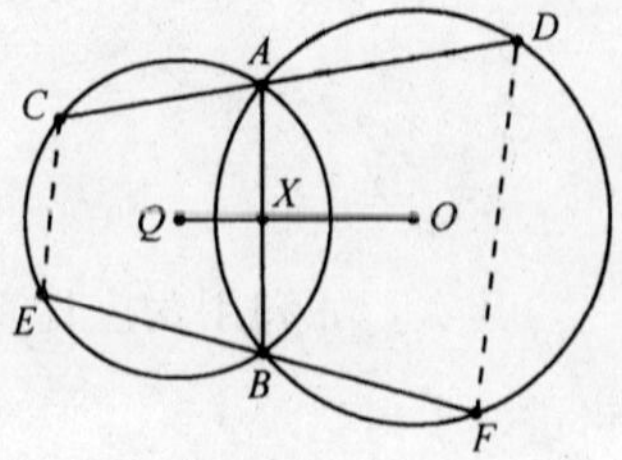

图 11-5

分析 此题题中没有明显地确定构图方法. 可以有多种方法构图．下面是一种方法（图 11-5)：

(1) 设A、B、C、E四点共圆；

(2) 取AB中点X；

(3) 过X作AB的垂线，在垂线上取一点O，参数$d(O, XB)/|\overline{XB}|=t$；

(4) 直线AC与过A的⊙O交于D（不同于A)；

(5) 直线BE与过B的⊙O交于F（不同于B).

要证明的结论可表为等式

$$S_{DCE}=S_{FCE}.$$

证明

$$\frac{S_{FCE}}{S_{DCE}}=\frac{S_{BCE}\cdot\overline{AC}^2\cdot(\overline{BE}^2-P_{OBE})}{S_{ACE}\cdot BE^2\cdot(\overline{AC}^2-P_{OAC})}\quad\text{(用消点法 18，消去 }F\text{、}D\text{)}$$

$$=\frac{S_{BCE}\cdot\overline{AC}^2}{S_{ACE}\cdot\overline{BE}^2}\cdot\frac{(\overline{BE}^2-4tS_{XBE}-P_{XBE})}{(AC^2-4tS_{XABC}-P_{XAC})}\quad\text{(用消点法 14，消去 }O\text{)}$$

$$=\frac{S_{BCE}\cdot\overline{AC}^2}{S_{ACE}\cdot\overline{BE}^2}\cdot\frac{\left(\overline{BE}^2-2tS_{ABE}-\frac{1}{2}P_{ABE}\right)}{\left(\overline{AC}^2-2tS_{ABC}-\frac{1}{2}P_{BAC}\right)}\quad\text{(用消点法 3、10，消去 }X\text{)}$$

$$=\frac{\overset{\wedge}{BC}\cdot\overset{\wedge}{CE}\cdot\overset{\wedge}{BE}}{\overset{\wedge}{AC}\cdot\overset{\wedge}{CE}\cdot\overset{\wedge}{AE}}\cdot\frac{\overset{\wedge}{AC^2}}{\overset{\wedge}{BE^2}}\cdot\frac{(P_{AEB}-4tS_{ABE})}{(P_{ACB}-4tS_{ABC})}$$

$$\left(化简用，BE^2-\frac{1}{2}P_{ABE}=\frac{1}{2}P_{AEB}，\overline{AC^2}-\frac{1}{2}P_{ABC}=\frac{1}{2}P_{ACB}\right)$$

$$=\frac{\overset{\wedge}{BC}\cdot\overset{\wedge}{AC}}{\overset{\wedge}{AE}\cdot\overset{\wedge}{BE}}\cdot\frac{(\overset{\wedge}{AE}\cdot\overset{\wedge}{BE}\cdot\overset{\vee}{AB}+t\overset{\wedge}{AB}\cdot\overset{\wedge}{BE}\cdot\overset{\wedge}{AE})}{(\overset{\wedge}{AC}\cdot\overset{\wedge}{BC}\cdot\overset{\vee}{AB}+t\overset{\wedge}{AB}\cdot\overset{\wedge}{AC}\cdot\overset{\wedge}{BC})}$$

（共圆定理及一般勾股差定理）

$$=1.$$

其实，如利用角度计算，这个题目可以有简单得多的解法. 这在第 12 章中将进一步讨论.

我们上面讲的，是消去圆上的一个交点的方法. 一般而言，圆与直线（或另一圆）有两个交点. 如果知道了其中一个交点，用消点法 18～20 就可以消去另一个交点. 有时会遇到这种情形：两个交点我们都不知道，这时仍可以使用消点法，但要麻烦一些．主要的消点思想在于应用下列命题：

命题 11.2 设直线 $l=AB$ 与圆$\odot O$交于两点 P、Q，则有（图 11-6）

$$d(O,\ AB)=2S_{ABO}/|\overline{AB}|;$$

$$\overline{PQ^2}=4(r^2-d^2(O,\ AB))=d^2-\frac{16S_{ABO}^2}{\overline{AB^2}},$$

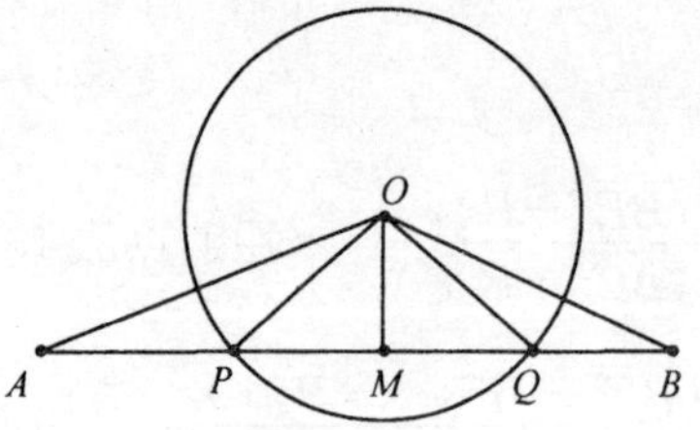

图 11-6

这里 r 是$\odot O$ 的半径，d 是$\odot O$ 的直径，$d(O,\ AB)$ 是 O 到直线 AB 的带号距离.

命题 11.2 显然，证明略去．从命题中可以得知如何由 O、A、B、d 求出

$\overline{PQ^2}$. 另一方面，过 O 向 AB 引垂足 M，则 M 是 PQ 的中点，于是 P、Q 两点的位置可由

$$\overline{AP}=\overline{AM}+\overline{MP},\ \overline{AQ}=\overline{AM}+\overline{MQ}$$

来确定．但真要计算长度 $|\overline{AP}|$ 或 $|\overline{AQ}|$ 时，还涉及代数式的开平方，根号前取正号还是负号，则要根据具体情形讨论而定.

如果直线 l 不是由给定两点 AB 而确定的，而是经过平行或垂直关系而确定的，则可先在 l 上取两个点（通常是已有一个点，再取一个点），使转化为命题 11.2 可应用的情形．这里不再引入更具体的公式了．下面用一个例来说明.

【例 11.4】 设△ABO 是等腰直角三角形，AO 为斜边，以 O 为心，AO 为半径作圆与过 B 而与 AO 平行的直线交于 P，直线 PO 与 AB 交于 D. 求证：$AP=AD$（图 11-7).

分析 构图过程为

(1) 任取 A、O 两点；

(2) 过 AO 中点 N 作 AO 的垂线，在垂线上取一点 B 使参数 $d(B, NO)/|\overline{NO}|=1$；

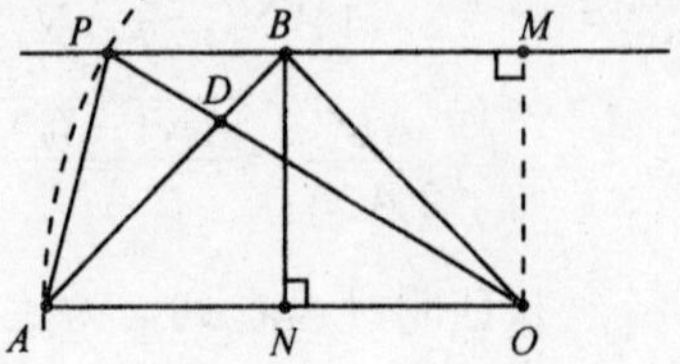

图 11-7

(3) 过 B 作 AO 的平行线与过 A 点的⊙O 交于 P；

(4) 直线 AB 与 PO 交于 D.

要证明的结论是 $AP=AD$，即 $\overline{AP^2}=\overline{AD^2}$，或 $P_{APA}=P_{ADA}$.

用消点法证明此题时，关键是如何消去点 P.

证明

$$\frac{\overline{AD^2}}{\overline{AP^2}}=\frac{\overline{AB^2}\cdot S_{AOP}^2}{\overline{AP^2}\cdot S_{AOBP}^2}\quad\text{（用消点法 13 消去 }D\text{）}$$

$$=\frac{4\,\overline{AB^2}\cdot S_{AOB}^2}{\overline{AP^2}\cdot\overline{BN^2}\ (\overline{AO}+\overline{PB})^2}\quad\text{（用梯形公式化简）}$$

$$=\frac{4\,\overline{AB}^2\cdot S_{AOB}^2}{(\overline{BN}^2+(\overline{AO}-\overline{PM})^2)\cdot\overline{BN}^2\cdot(\overline{AO}+\overline{PM}-\overline{BM})^2}$$

（M 为 O 到 PB 之垂足）

$$=\frac{4\,\overline{AB}^2\cdot\overline{AN}^2}{(\overline{AN}^2+(\overline{AO}-\overline{PM})^2)(\overline{AN}+\overline{PM})^2}\quad（由 BN=AN，化简）$$

$$=\frac{4\,\overline{AB}^2\cdot\overline{AN}^2}{(\overline{AN}^2+\overline{AO}^2+\overline{PM}^2-2\,\overline{AO}\cdot\overline{PM})(\overline{AN}^2+\overline{PM}^2+2\,\overline{AN}\cdot\overline{PM})}\quad（化简）$$

$$=\frac{4\,\overline{AB}^2\cdot\overline{AN}^2}{(8\,\overline{AN}^2-4\,\overline{AN}\cdot\overline{PM})(4\,\overline{AN}^2+2\,\overline{AN}\cdot\overline{PM})}$$

（利用$\overline{PM}^2=\overline{PO}^2-\overline{OM}^2=\overline{AO}^2-\overline{BN}^2=4\,AN^2-\overline{AN}^2=3\,\overline{AN}^2$，消$\overline{PM}^2$）

$$=\frac{4\,\overline{AB}^2\cdot\overline{AN}^2}{8(4\,\overline{AN}^4-\overline{AN}^2\cdot\overline{PM}^2)}\quad（化简）$$

$$=\frac{\overline{AB}^2\cdot\overline{AN}^2}{2(4\,\overline{AN}^2-3\,\overline{AN}^2)\cdot\overline{AN}^2}\quad（再消去\overline{PM}^2）$$

$$=\frac{\overline{AB}^2}{2\,\overline{AN}^2}=\frac{\overline{AN}^2+\overline{BN}^2}{2\,\overline{AN}^2}=1\quad（由\overline{AN}^2=\overline{BN}^2）.$$

从证明过程看到，为了消去 P，要利用弦 PQ 的平方，这里图中只画出了 PQ 的一半，即 PM. 当 P 出现在$\overline{PM}^2$中时，即可消去．从理论上可以证明，涉及 P 的几何量总可以归结到$\overline{PQ}^2$的计算，这里不再深入讨论了.

值得一提的是，图 11-7 仅仅画出了两种情形的一种. 另一种情形如图 11-8，结论仍是 $AD=AP$. 上述证明，一字不改地适用于图 11-8 的情形.

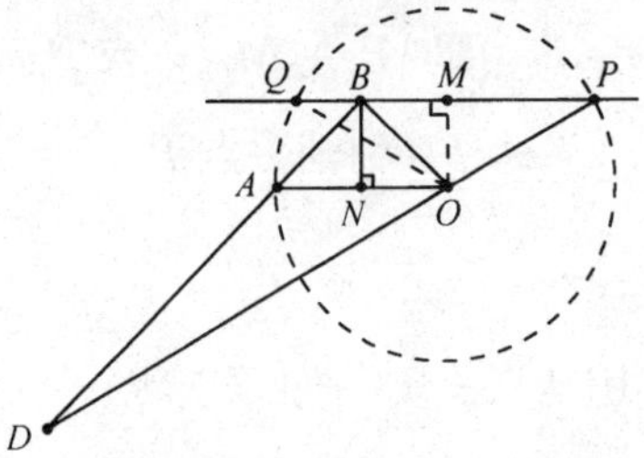

图 11-8

我们的方法，优点是具有一般性和严谨性，不依赖于图. 但是，有一利必有一弊. 比起传统方法来，缺点是没有充分利用角度关系．如利用角度关系，此题可以简洁地解决．如图 11-7 所示，由 $OM=\frac{1}{2}AO=\frac{1}{2}PO$，可知$\angle BPO=30°$，即$\angle POA=30°$，从而$\angle OAP=\angle OPA=75°$. $\angle PDA=\angle POA+\angle BAO=30°+45°=75°$，所以$\angle OAP=\angle PDA$，可见 $AP=AD$. 这种证法简洁而优美，但不是一般的方法，可遇而不可求．在图 11-8 的情形，仍可用角度计算解决，但略有不同：由 $OP=AO=2MO$，可得$\angle BPO=180°-30°=150°$，于是$\angle OAP=\angle OPA=15°$；另一方面，$\angle ADO=\angle BAO-\angle AOD=45°-\angle BPO=45°-30°=15°$，可见$\angle ADP=\angle APD$，从而 $AD=AP$.

用这种方法，虽然简洁，但对不同情形要分别讨论．能不能既用角度帮助证题，又尽可能地使证明过程一般化、机械化呢？下面引入的“全角”概念，就是朝这个方向前进的一个尝试.

习　题　11

11.1　设⊙P 与⊙Q 交于两点 A、B. 已知⊙P 的半径 $AP=r$；⊙Q 的半径 $AQ=s$，试导出计算下列几何量的公式：

（1）AB 的长度；

（2）AB 中点 M 到 P、Q 的距离.

（在计算中，r、s 及 PQ 之长作为已知量．）

11.2　试以下列构图过程为基础，用消点法试解例 11.3：

（1）任取不共线三点 B、C、E 及点 O；

（2）过 B 点的⊙O 与$\triangle BCE$ 的外接圆交于不同于 B 的点 A；

（3）直线 BE 与过 B 点的⊙O 交于 F；

（4）直线 AC 与过 A 点的⊙O 交于 D.

求证：$S_{DCE}=S_{FCE}$.

第12章

全角概念粉墨登场 西姆松线轻松获证

在几何教科书上，“角”指的是“由一点出发的两条射线所构成的图形”. 这是传统的关于角的定义.

按照这一传统定义，“两直线之间的角”是没有意义的. 这有时不太方便，如果我们考虑直线 AB、CD 之间的角，当图上没有画出交点时，就无从说起.

引入“全角”的概念，解决了“两直线间的角”的确切意义不清楚的问题. 这给几何解题带来莫大的方便.

全角的概念，是我国著名数学家吴文俊先生在《几何定理机器证明的基本原理》（吴文俊，1984）一书中引入的. 在机器证明中，用全角比用传统的角要方便得多. 但吴先生的书中，概念较为艰深. 这里用较为通俗的方式引入全角概念及其运算规律. 其中如有讹误之处，由本书作者负责.

定义 12.1 同一平面上的两条直线 l_1、l_2 所构成的有序对，叫做一个全角，记作 $\langle l_1 l_2 \rangle$，如果 l_1、l_2 分别为 AB、CD，则全角 $\langle l_1 l_2 \rangle$ 也可记作 $\langle AB\, CD \rangle$、$\langle AB\, l_2 \rangle$ 或 $\langle l_1\, CD \rangle$.

定义 12.2 若$l_1 \perp l_2$，称$\langle l_1\ l_2 \rangle$为直角，记作$\langle l_1\ l_2 \rangle = \langle 1 \rangle$；若$l_1 /\!/ l_2$或$l_1$与$l_2$重合，称$\langle l_1\ l_2 \rangle$为平角，记作$\langle l_1\ l_2 \rangle = \langle 0 \rangle$.

这里，符号$\langle 1 \rangle$与$\langle 0 \rangle$是本书引入的. 但全角的直角与平角的概念，在吴先生的书中已有了.

两个全角，什么情形下才算相等呢?

定义 12.3 设$\langle AB\ CD \rangle$与$\langle PQ\ RS \rangle$是两个全角. 若$\langle AB\ CD \rangle = \langle O \rangle$，则当且仅当$\langle PQ\ RS \rangle = \langle 0 \rangle$时称$\langle AB\ CD \rangle$与$\langle PQ\ RS \rangle$相等. 若全角$\langle AB\ CD \rangle$不为平角，则直线$AB$、$CD$有交点$X$. 这时以$Y$记$PQ$与$RS$的交点（若$\langle PQ\ RS \rangle$为平角，则它不可能与$\langle AB\ CD \rangle$相等）. 作平移和旋转使$X$变到与$Y$重合的点$X'$，直线$AB$变到与直线$PD$重合的直线$A'B'$. 此时若$CD$变到与直线$RS$重合的$C'D'$，则称$\langle AB\ CD \rangle$与$\langle PQ\ RS \rangle$相等，记作$\langle AB\ CD \rangle = \langle PQ\ RS \rangle$.

上述定义有点咬文嚼字. 直观而通俗地说：用一张透明纸盖在所考虑的平面上，把直线AB、CD描在透明纸上，透明纸上的点对应记为A'、B'、C'、D'. 然后让透明纸紧贴着平面运动（不许翻面!），使直线$A'B'$与直线PQ重合（点A'、B'并不一定与P、Q重合）. 这时如果直线$C'D'$与RS重合或平行，便称$\langle AB\ CD \rangle = \langle PQ\ RS \rangle$.

还可以更具体一些. 给全角一个度量，使全角的相等转化为它们的度量相等. 设$\langle AB\ CD \rangle$不是平角，让直线AB依照反时针方向旋转到首次与CD平行的位置，所旋过的角度$n°$（$n° < 180°$）叫做$\langle AB\ CD \rangle$的度数，记作

$$\langle AB\,CD \rangle = \langle n° \rangle,$$

由此可见，$\langle 1 \rangle = \langle 90° \rangle$，$\langle 0 \rangle = \langle 0° \rangle$. 一般地，全角的度数$\langle n° \rangle$与直角单位数可以相互转化：

$$(n°) = \left(\frac{n}{90}\right)°$$

$$(k) = (90k°)$$

例如，$\left(\frac{1}{2}\right) = (45°)$，$\left(\frac{1}{3}\right) = (30°)$，$\left(\frac{3}{2}\right) = (135°)$ 等.

全角有了度量之后，容易看出：两个全角相等当且仅当它们的度量相等．不过，一般说来，全角及其相等的概念可以完全独立于度量概念.

显然，全角的相等关系是一种等价关系．它满足

(1) 反身性：$\langle l_1\ l_2\rangle = \langle l_1\ l_2\rangle$；

(2) 对称性：若 $\langle l_1\ l_2\rangle = \langle l_3\ l_4\rangle$，则 $\langle l_3\ l_4\rangle = \langle l_1\ l_2\rangle$；

(3) 传递性：若 $\langle l_1\ l_2\rangle = \langle l_3\ l_4\rangle$，且 $\langle l_3\ l_4\rangle = \langle l_5\ l_6\rangle$，则 $\langle l_1\ l_2\rangle = \langle l_5\ l_6\rangle$.

由于全角的相等是一个十分基本而且又重要的概念，再举几个具 体实例加以说明：

全角例 1　设△*ABC* 是等腰三角形，$AB=AC$，则 $\langle AB\ BC\rangle = \langle BC\ AC\rangle$，$\langle BC\ AB\rangle = \langle AC\ BC\rangle$，但 $\langle AB\ BC\rangle \neq \langle AC\ BC\rangle$（图 12-1).

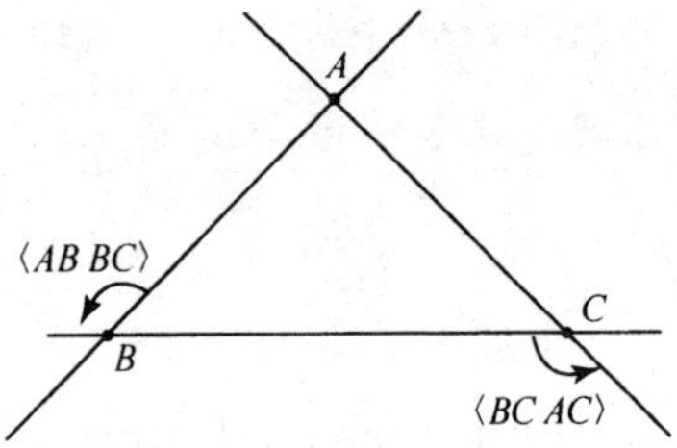

图 12-1

全角例 2　直线 *AB*、*CD* 被第三直线所截，交点分别为 *P*、*Q*，则 $AB /\!/ CD$ 的充要条件是 $\langle AB\ PQ\rangle = \langle CD\ PQ\rangle$（图 12-2).

可见，用全角考虑问题，就不必再区分同位角、内错角等各种各样的角了．几何推理由此变得简单了.

全角例 3　若 *ABCD* 为平行四边形，则有 $\langle AB\ AD\rangle = \langle AB\ BC\rangle = \langle DC\ BC\rangle = \langle DC\ AD\rangle$．这里不用区分四边形的“对角相等”与“邻角 互补”了（图 12-3).

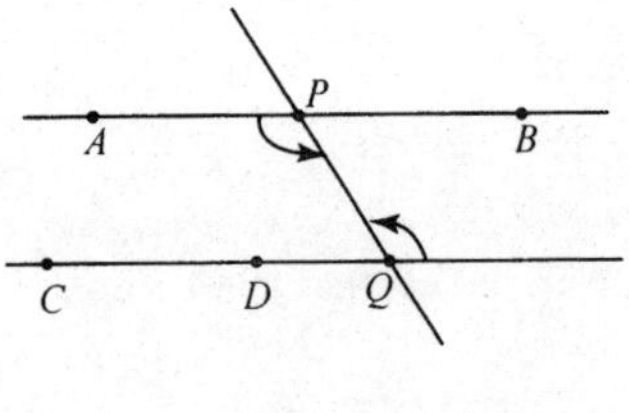

图 12-2

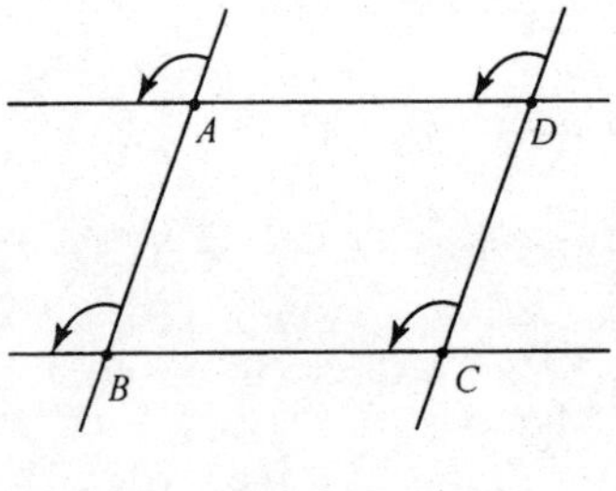

图 12-3

全角例 4 A、B、C、D 四点共圆的充分必要条件是 $\langle AB\ BC\rangle = \langle AD\ DC\rangle$，这就给四点共圆条件一个简明而一般的表述．不再区别“圆周角相等”与“圆周角互补”两种情形了（图 12-4）.

从以上诸例可见，使用全角概念，很多几何条件的表述变得简单而一般化了．这正像用带号面积代替面积带来了方便一样.

顺便指出，全角既然是由两条直线构成的图形，它就与用直线上哪两个点表示这条直线无关．当 A、B、C、D 共线时，$\langle AB\ PQ\rangle$ 就与 $\langle CD\ PQ\rangle$ 是同一个全角．特别地，$\langle AB\ PQ\rangle$ 与 $\langle BA\ PQ\rangle$、$\langle BA\ QP\rangle$、$\langle AB\ QP\rangle$ 都表示同一个全角．但是，两条直线间的先后次序，却不能随意改变．一般说来，若 $\langle l_1\ l_2\rangle$ 不是直角或平角，$\langle l_1\ l_2\rangle$ 和 $\langle l_2\ l_1\rangle$ 是不相等的．如图 12-5 所示，当 l_1 旋转到与 l_2 重合的 l_1' 的位置时，l_2 跑到 l_2' 处，而 l_2' 并不与 l_1 的原来位置重合或平行！

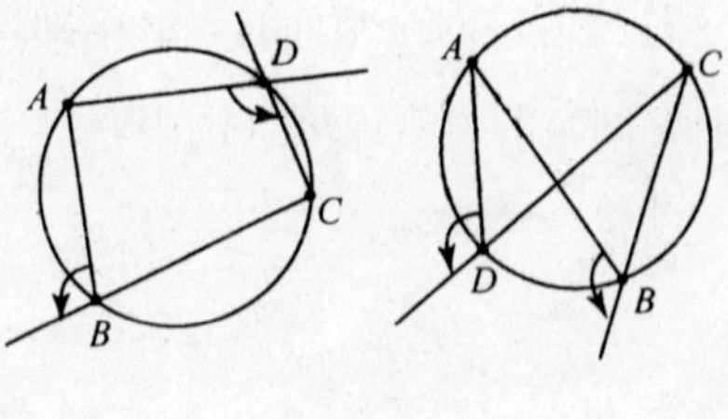

图 12-4

传统的角可以相加．对于全角，我们也引入加法的概念：

定义 12.4 设有全角 $\langle l_1\ l_2\rangle$ 和 $\langle l_3\ l_4\rangle$．经平移与旋转使直线 l_1、l_2 变到 l_1'、l_2'，且使 l_2' 与 l_3 重合或平行，则称 $\langle l_1'\ l_4\rangle$ 为 $\langle l_1\ l_2\rangle$ 与 $\langle l_3\ l_4\rangle$ 的和．记作

$$\langle l_1\ l_2\rangle + \langle l_3\ l_4\rangle = \langle l_1'\ l_4\rangle.$$

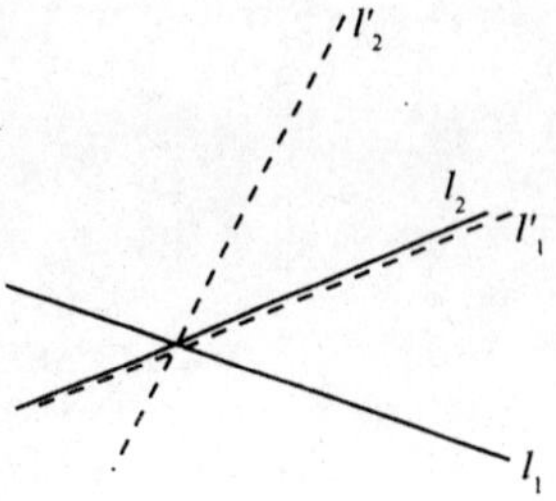

图 12-5

可以验证，上述定义的全角加法满足交换律和结合律．并有

$$\langle \alpha\rangle + \langle 0\rangle = \langle \alpha\rangle,$$

$$\langle 1\rangle + \langle 1\rangle = \langle 0\rangle,$$

$$\langle l_1\ l_2\rangle + \langle l_2\ l_1\rangle = \langle 0\rangle,$$

$$\langle l_1\ l_2\rangle + \langle l_2\ l_3\rangle = \langle l_1\ l_3\rangle.$$

一般地，可以把全角加法转化为它们的度量之间的加法，但要按模 2 同余（或模 180°同余）处理．也就是

$$\langle\alpha\rangle+\langle\beta\rangle=\begin{cases}\langle\alpha+\beta\rangle, & \alpha+\beta<2,\\ \langle\alpha+\beta-2\rangle, & \alpha+\beta\geqslant 2,\end{cases}$$

或则用度数表示为

$$\langle n^\circ\rangle+\langle m^\circ\rangle=\begin{cases}\langle(n+m)^\circ\rangle, & n+m<180^\circ,\\ \langle(n+m-180)^\circ\rangle, & n+m\geqslant 180^\circ.\end{cases}$$

这是因为，对全角而言，180°即 0°. 图 12-6 说明全角的加法及对度量和采取模 180°同余的直观原因. 图中，

$$\langle l_1\, l_2\rangle=\langle 127^\circ\rangle,$$
$$\langle l_3\, l_4\rangle=\langle 125^\circ\rangle.$$

当把图形 $\langle l_1\, l_2\rangle$ 平移并旋转到 $\langle l_1'\, l_2'\rangle$ 位置使 l_2' 与 l_3 重合时，从 l_1' 逆时针转到 l' 4 所要旋过的角度的最小值不是 127°+125°=252°，而是 252°−180°=72°.

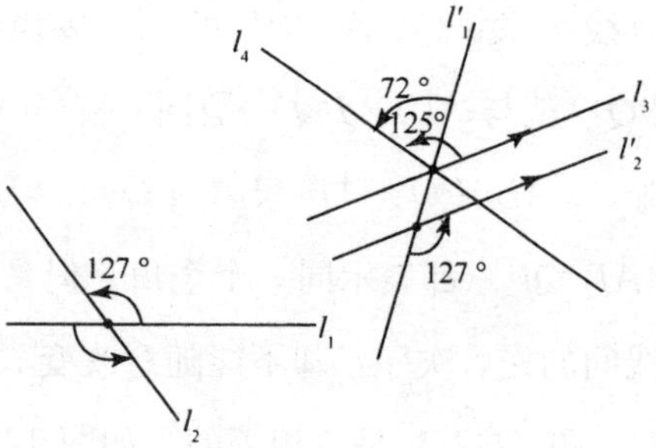

图 12-6

下面，把有关全角的运算规律总结成若干公式，便于应用

命题 12.1 关于全角有下列基本运算律：

Q1. (平角律) $\langle l_1\, l_2\rangle=\langle 0\rangle$ 当且仅当 l_1 与 l_2 重合或平行；

Q2. (直角律) $\langle l_1\, l_2\rangle=\langle 1\rangle$ 当且仅当 l_1 与 l_2 垂直；

Q3. (1−0 律) $\langle 1\rangle+\langle 1\rangle=\langle 0\rangle$；

Q4. (吸收律) $\langle l_1\, l_2\rangle+\langle 0\rangle=\langle l_1\, l_2\rangle$；

Q5. (交换律) $\langle l_1\, l_2\rangle+\langle l_3\, l_4\rangle=\langle l_3\, l_4\rangle+\langle l_1\, l_2\rangle$；

Q6. (结合律) $\langle l_1\, l_2\rangle+(\langle l_3\, l_4\rangle+\langle l_5\, l_6\rangle)=(\langle l_1\, l_2\rangle+\langle l_3\, l_4\rangle)+\langle l_5\, l_6\rangle$；

Q7. (过渡律) $\langle l_1\, l_2\rangle+\langle l_2\, l_3\rangle=\langle l_1\, l_3\rangle$；

Q8. (代换律) $\langle l_1\, l_2\rangle=\langle 0\rangle$ 时对任一 l_3，有 $\langle l_1\, l_3\rangle=\langle l_2\, l_3\rangle$，反之，若对某 l_3 有上等式，则 $\langle l_1\, l_2\rangle=\langle 0\rangle$；

Q9. (模 2 律)

$$\langle\alpha\rangle+\langle\beta\rangle=\begin{cases}\langle\alpha+\beta\rangle, & \alpha+\beta<2.\\ \langle\alpha+\beta-2\rangle, & \alpha+\beta\geqslant 2.\end{cases}$$

这些规律中，Q1、Q2 是定义；Q4～Q7 可由全角加法的定义推 出；Q9 是引入全角度量之后由加法定义推出来的；而 Q3 是 Q9 的特 殊情形．至于代换律 Q8，则可以从其他各条推出．实际上，当 $\langle l_1 l_2\rangle=\langle 0\rangle$ 时，有

$$\begin{aligned}\langle l_1\, l_3\rangle &= \langle l_1\, l_2\rangle+\langle l_2\, l_3\rangle \quad (\text{过渡律，Q7})\\ &= \langle 0\rangle+\langle l_2\, l_3\rangle \quad (\text{已知})\\ &= \langle l_2\, l_3\rangle+\langle 0\rangle \quad (\text{交换律，Q5})\\ &= \langle l_2\, l_3\rangle. \quad (\text{吸收律，Q4})\end{aligned}$$

反过来，如有 $\langle l_1\, l_3\rangle=\langle l_2\, l_3\rangle$，则

$$\begin{aligned}\langle l_1\, l_2\rangle &= \langle l_1\, l_3\rangle+\langle l_3\, l_2\rangle \quad (\text{过渡})\\ &= \langle l_2\, l_3\rangle+\langle l_3\, l_2\rangle \quad (\text{已知})\\ &= \langle l_2\, l_2\rangle \quad (\text{过渡})\\ &= \langle 0\rangle. \quad (\text{平角})\end{aligned}$$

顺便指出，有了模 2 律 Q9，前面 Q3～Q8 都可以作为推论．不过，在几何问题的推证中，除非涉及具体角度的计算，我们一般不直接使用模 2 律．

命题 12.2 关于全角有下列常用几何性质：

G1.（等边对等角）$AB=AC$ 时必有

$$\langle AB\, BC\rangle=\langle BC\, AC\rangle,$$

反之，当 A、B、C 三点不共线时，由此等式可推得 $AB=AC$；

G2.（圆周全角定理）若 A、B、C、D 共圆或共线，则

$$\langle AB\, BC\rangle=\langle AD\, DC\rangle,$$

反之，若此四点不共线，则由此等式可知四点共圆.

G3.（半圆的圆周角是直角）若 AB 是$\triangle ABC$ 外接圆的直径，则

$$\langle AC\, BC\rangle=\langle 1\rangle.$$

这些性质都很显然，证明从略．我们更关心的是，如何应用全角的概念及性质来解题．以下举若干例题来说明.

【例 12.1】 求证：任意三角形的三高交 于一点（图 12-7）.

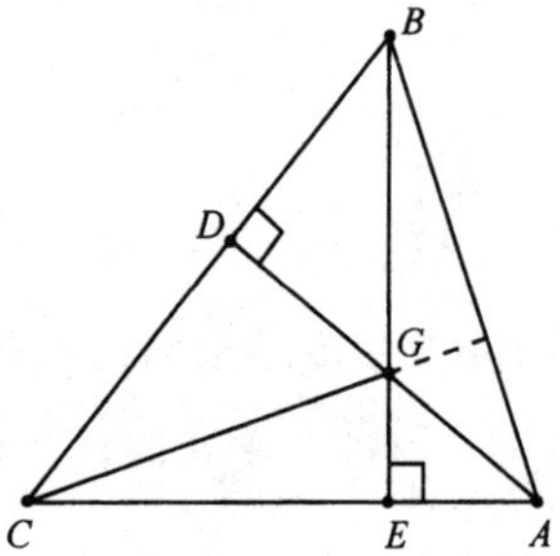

图 12-7

分析 对$\triangle ABC$，先作出两高 AD、BE，并设两高交于G. 于是只要证明 $GC\perp AB$ 就可以了．构图过程为

（1）任给不共线三点 A、B、C；

（2）自 A 向 BC 引垂线，垂足为 D；

（3）自 B 向 AC 引垂线，垂足为 E；

（4）直线 AD、BE 交于G. 要证明 $GC\perp AB$，即

$$\langle GC\,AB\rangle=\langle 1\rangle.$$

证明 由构图过程可知

$$\langle GE\,CE\rangle=\langle GD\,CD\rangle=\langle AD\,BD\rangle=\langle AE\,BE\rangle.$$

可见 G、D、C、E 共圆，A、B、D、E 共圆．于是

$\langle GC\,AB\rangle=\langle GC\,GD\rangle+\langle GD\,AB\rangle$ （过渡）

$=\langle EC\,ED\rangle+\langle AD\,AB\rangle$

（因 G、D、C、E 共圆，A，G、D 共线）

$=\langle EC\,EB\rangle+\langle EB\,ED\rangle+\langle AD\,AB\rangle$ （过渡）

$=\langle 1\rangle+\langle AB\,AD\rangle+\langle AD\,AB\rangle$ （A、B、D、E 共圆）

$=\langle 1\rangle+\langle AB\,AB\rangle$ （过渡）

$=\langle 1\rangle$ （$\langle AB\,AB\rangle=\langle 0\rangle$）.

证明的基本思想仍是消点. 消点的办法，这里用了过渡与共圆相结合，用同一条线上的其他点代替以及直接应用构图过程等手段过渡结合共圆这里用了两次用同一条线上的点代替用于 $\langle GD\,AB\rangle=\langle AD\,AB\rangle$，构图过程除用于提供共圆条件之外，还用于 $\langle EC\,EB\rangle=\langle 1\rangle$.

这里的证明过程不依赖于图．即使 G 落在$\triangle ABC$ 之外，上述证明仍可一字不改．但是，由于证明中用到直线 GD、GC、GE，这就要求 G 点与C、D、E 都不重合——即$\triangle ABC$ 不是直角三角形．而当$\triangle ABC$ 是直角三角形时，三高交于

一点是显然的.

这个题目在第7章（例7.1）和第8章（例8.1）中都出现过. 这里的解法不是最简捷的，却体现了全角运算的风格.

下面的例题是例11.3的重述，但用全角来解它却显示了新方法的优越性.

【例12.2】 两圆⊙O与⊙Q交于A、B两点. 过点A、B分别作直线与⊙O和⊙Q分别交于D、C和F、E. 求证：$CE/\!/DF$（图11-5).

分析 此题的主要条件是A、B、C、E共圆、A、B、D、F共圆；A、D、C共线，B、E、F共线. 要证的结论可表为

$$\langle CE\ DF\rangle=\langle 0\rangle.$$

证明 $\langle CE\ DF\rangle=\langle CE\ BE\rangle+\langle BE\ DF\rangle$ （过渡）

$=\langle CA\ BA\rangle+\langle BF\ DF\rangle$

（因A、B、C、E共圆，B、E、F共线）

$=\langle CA\ BA\rangle+\langle BA\ DA\rangle$ （A、B、D、F共圆）

$=\langle CA\ DA\rangle$ （过渡）

$=\langle 0\rangle$ （C、A、D共线）.

在图11-5中，线段EF与CD不相交. 但这里的证明也可用于两者相交的情形. 用传统的方法证明此题，可利用圆内接四边形对角互补的性质，也颇简捷，但是要分别对不同情形给出略有不同的推证.

【例12.3】（即例9.8，西姆松定理） 在$\triangle ABC$外接圆上任取一点D，自D向BC、CA、AB三直线分别引垂足E、F、G. 求证：E、F、G共直线（图9-9).

分析 题给条件已有A、B、C、D共圆. 此外，

由$\langle AG\ DG\rangle=\langle AF\ DF\rangle=\langle 1\rangle$得$A$、$D$、$G$、$F$共圆；

由$\langle BG\ DG\rangle=\langle BE\ DE\rangle=\langle 1\rangle$得$B$、$D$、$G$、$E$共圆；

由$\langle CE\ DE\rangle=\langle CF\ DF\rangle=\langle 1\rangle$得$C$、$D$、$E$、$F$共圆.

这些共圆条件是全角运算的重要基础. 要证明E、F、G共线，可表为$\langle EF\ FG\rangle=\langle 0\rangle$.

证明 $\langle EF\ FG\rangle=\langle EF\ DF\rangle+\langle DF\ FG\rangle$ （过渡）

$=\langle EC\ DC\rangle+\langle DA\ AG\rangle$

（因 E、F、D、C 共圆，D、F、A、G 共圆）

$=\langle BC\ DC\rangle+\langle DA\ AB\rangle$

（因 B、E、C 共线，A、B、G 共线）

$=\langle AB\ DA\rangle+\langle DA\ AB\rangle$ （因 A、B、D、C 共圆）

$=\langle AB\ AB\rangle$ （过渡）

$=\langle 0\rangle$.

这也是一个不依赖于图的证明，传统证明也有从角度入手的：如图 9-9 所示，利用共圆条件可得

$$\angle AFG=\angle ADG,\ \angle CFE=\angle CDE,$$

但又有

$$\angle ADG+\angle GDC=\angle ADC=180^\circ-\angle B,$$

$$\angle CDE+\angle GDC=\angle GDE=180^\circ-\angle B,$$

所以

$$\angle ADG=\angle CDE,$$

所以

$$\angle AFG=\angle CFE,$$

即 A、F、C 共线.

这种证法严重地依赖于图，而且最后一步要假定 G、E 两点在直线 AC 的异侧，否则由 $\angle AFG=\angle CFE$ 就推不出 A、F、C 三点共线．可见，传统的角度方法，不仅依赖图形，而且颇不严谨．要把这不严谨的漏洞补上，还相当困难．用全角来证题，继承了传统证法简捷优美的长处，克服了其过分依赖图形直观的短处，值得重视.

【例 12.4】 $\triangle ABC$ 的两高 AD、BE 交于 H．自 H 向 AB 引垂足 G（图 12-8）．求证：$\langle DG\ GH\rangle=\langle HG\ GE\rangle$.

分析 此题条件类似于例 12.1，有三组共圆点：A、G、H、E；B、G、H、

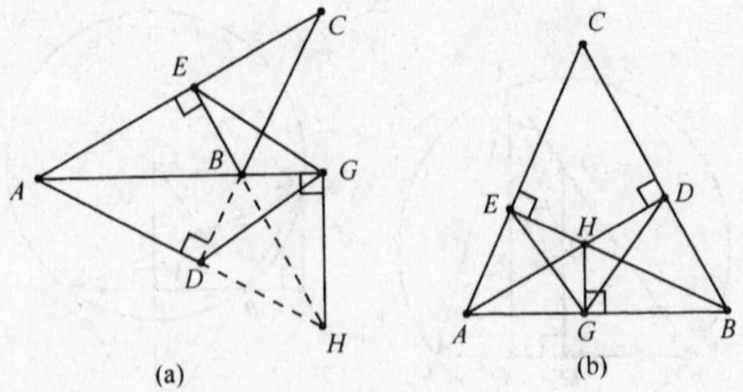

图 12-8

D；C、E、H、D. 所要证的结论，当∠CAB、∠CBA 均为锐角时，意味着∠DGH=∠HGE（图 12-8（b））. 而当∠CAB、∠CBA 中有一个为钝角时则意味着两角∠DGH、∠HGE 互补（图 12-8（a））. 用了全角概念，把这两种情形统一成为一个命题了. 所要证的结论可表为

$$\langle DG\,OH\rangle+\langle GE\,HG\rangle=\langle 0\rangle.$$

此式由题中结论两端各加〈GE HG〉而得. 将此式两端各加〈HG GE〉，又得题中结论.

证明 $\langle DG\,GH\rangle+\langle GE\,HG\rangle$

$=\langle DB\,BH\rangle+\langle AE\,HA\rangle$

（由 B、G、H、D 共圆，A、G、H、E 共圆）

$=\langle BC\,BE\rangle+\langle AC\,AD\rangle$

（因 B、D、C 共线，B、H、E 共线，A、E、C 共线，A、H、D 共线）

$=\langle BC\,AC\rangle+\langle AC\,BE\rangle+\langle AC\,BC\rangle+\langle BC\,AD\rangle$ （过渡）

$=\langle BC\,AC\rangle+\langle 1\rangle+\langle AC\,BC\rangle+\langle 1\rangle$ （已知）

$=\langle BC\,BC\rangle+\langle 0\rangle=\langle 0\rangle$

【例 12.5】 设△ABC 外接圆圆心为 O，BC 边上的高为 AD，过 O 作 BC 的垂线与直线 AB 交于 E（图 12-9）.

求证：〈AD AO〉=〈CE AC〉.

分析 当∠ABC 为锐角时，要证的结论相当于∠DAO=∠ECA（图 12-9（a））；当∠ABC 为钝角时，要证的结论却相当于∠DAO 与∠ECA 互补. 在传统

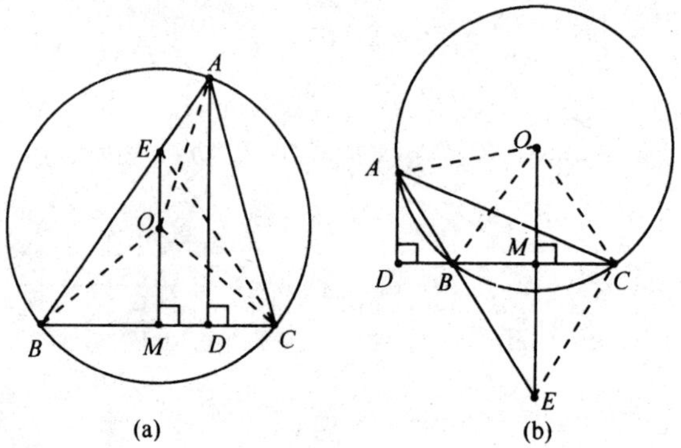

图 12-9

的角的概念之下，这是要分别叙述和证明的两个题目.

本题证明中要注意应用圆周角与圆心角的关系.

证明 $\langle AD\ AO\rangle+\langle AC\ CE\rangle$

$=\langle AD\ AC\rangle+\langle AC\ AO\rangle+\langle AC\ BC\rangle+\langle BC\ CE\rangle$ （过渡）

$=\langle AD\ BC\rangle+\langle CO\ AC\rangle+\langle BE\ BC\rangle$

（因 $\langle AD\ AC\rangle+\langle AC\ BC\rangle=\langle AD\ BC\rangle$，

$\langle AC\ AO\rangle=\langle CO\ AC\rangle$（由 $AO=CO$）

$\langle BC\ CE\rangle=\langle BE\ BC\rangle$（由 $BE=CE$））

$=\langle 1\rangle+\langle CO\ MO\rangle+\langle MO\ AC\rangle+\langle BC\ BC\rangle$ （已知，过渡）

$=\langle 1\rangle+\langle CA\ AB\rangle+\langle MO\ AC\rangle+\langle BA\ BC\rangle$

（由圆周角与圆心角关系：$\langle CO\ MO\rangle=\langle CA\ AB\rangle$）

$=\langle 1\rangle+\langle MO\ BC\rangle$

（$\langle MO\ AC\rangle+\langle CA\ AB\rangle+\langle BA\ BC\rangle=\langle MO\ BC\rangle$）

$=\langle 1\rangle+\langle 1\rangle$ （已知）

$=\langle 0\rangle$.

【例 12.6】 设△ABC 的三条高为 AD、BE 和 CF，三线交于 P. 自 F 向 BC 引垂足 G；自 D 向 AB 引垂足 I；自 F 向 AC 引垂足 H；自 E 向 AB 引垂足 K. 求证：G、H、I、K 四点共圆（图 12-10）.

分析 此题垂线很多，因而产生多组共圆点，是证明过程的主要依据，要证明的结论可表为

$$\langle IK\ HK\rangle = \langle IG\ HG\rangle,$$

也就是

$$\langle IK\ HK\rangle + \langle HG\ IG\rangle = \langle 0\rangle.$$

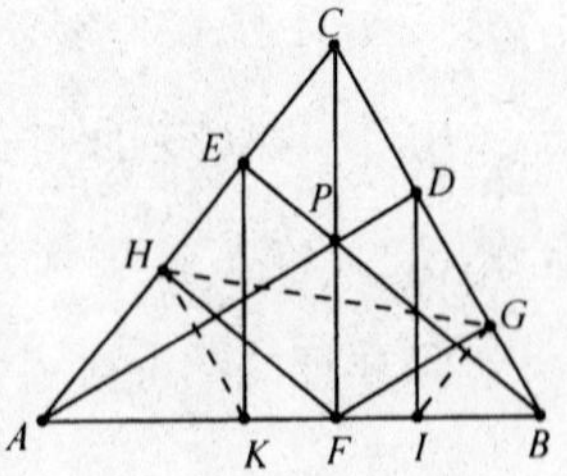

图 12-10

证明 $\langle IK\ HK\rangle + \langle HG\ IG\rangle$

$= \langle FK\ HK\rangle + \langle HG\ FG\rangle + \langle FG\ IG\rangle$

（由 I、F、K 共线及过渡）

$= \langle FE\ HE\rangle + \langle HC\ FC\rangle + \langle FD\ ID\rangle$

（由 F、K、H、E 共圆，F、G、H、C 共圆，F、G、I、D 共圆）

$= \langle FE\ CE\rangle + \langle AC\ FC\rangle + \langle FD\ FP\rangle + \langle FP\ ID\rangle$

（由 H、C、E 共线，A、H、C 共线及过渡）

$= \langle FB\ CB\rangle + \langle AC\ AB\rangle + \langle AB\ FC\rangle + \langle BD\ BP\rangle + \langle 0\rangle$

（由 F、B、C、E 共圆，过渡，B、F、P、D 共圆及 $PF /\!/ ID$）

$= \langle AB\ CB\rangle + \langle AC\ AB\rangle + \langle 1\rangle + \langle BC\ BE\rangle$

（由 A、B、F 共线，$AB \perp CF$，B、D、C 共线，B、P、E 共线）

$= \langle AC\ BE\rangle + \langle 1\rangle$

（因 $\langle AC\ AB\rangle + \langle AB\ CB\rangle + \langle BC\ BE\rangle = \langle AC\ BE\rangle$）

$= \langle 1\rangle + \langle 1\rangle = \langle 0\rangle$.

此题证明过程中似乎用到了三高交于一点 P. 其实这不过是为了叙述简便．仔细分析便会发现，不用这一事实也可以．这一点请读者补证．此题如用传统的角度计算证明，有多种情形要加以讨论．上述用全角的证法，则具有一般性.

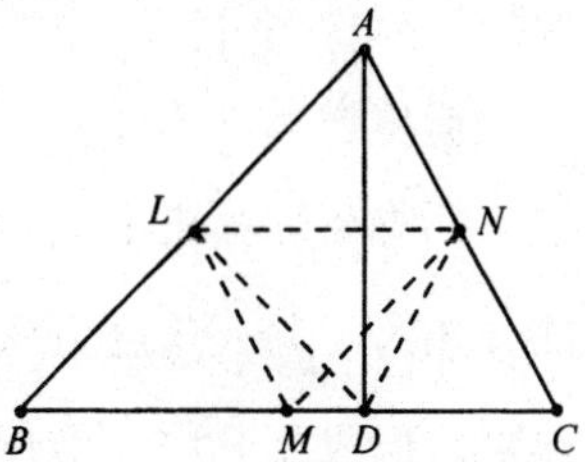

图 12-11

【例 12.7】 （九点圆） 设 L、M、N 分别为 $\triangle ABC$ 三边 AB、BC、CA 的中点，AD 为 BC 边上的高．求证：L、M、N、D 共圆（图 12-11).

分析 此题关键是应用三角形中位线性质：LN

$/\!/ BC$，$LM /\!/ AC$ 及 $MN /\!/ AB$. 此外，还注意到 L、N 分别是直角三角形 $\triangle ABD$、$\triangle ACD$ 的斜边 AB、AC 的中点，故有 $LD=LA=LB$，$ND=NA=NC$.

所要证的结论可表为 $\langle LM\,MD\rangle=\langle LN\,ND\rangle$，即

$$\langle LM\,MD\rangle+\langle ND\,LN\rangle=\langle 0\rangle.$$

证明 $\langle LM\,MD\rangle+\langle ND\,LN\rangle$

$=\langle AC\,BC\rangle+\langle ND\,BC\rangle+\langle BC\,LN\rangle$

（由 $LM /\!/ AC$，M、D、B、C 共线及过渡）

$=\langle AC\,BC\rangle+\langle BC\,CA\rangle+\langle 0\rangle$（由 $ND=NC$ 及 $LN /\!/ BC$）

$=\langle AC\,CA\rangle=\langle 0\rangle$.

这个题目实际上证明了任意三角形的三边中点和三高垂足这六点共圆．但在九点圆的九个点中，还有另外三个点：连接垂心和顶点的三条线段的中点. 证明这三个点和前面那六个点共圆是容易的，留作习题.

从以上诸例可以看出，用全角的概念和运算规律解几何题有其优越性. 一般思路是

（1）根据题设条件，把共线点、平行线、直角、共圆点组、等腰三角形等基本几何关系找出来.

（2）根据上述找到的基本几何关系，逐步消去要证的结论中的约束点. 消点的基本方法是代换：平行代换、垂直代换、共圆代换、等边对等角代换等.

（3）当直接代换无法进行时，可用过渡方法把一个角分解成两个角再考虑代换，直到成功或做不下去为止.

全角解题方法已被编成计算机程序. 本节的 7 个例题以及后面习题 12 中诸题，都曾在计算机上运行过. 但是，容易想到，仅仅利用角度关系只能解决一小部分几何问题. 角度方法不像面积方法有那么广泛的应用. 如何把两种方法结合起来，形成既有广泛应用又具有简捷优美风格的几何解题算法，是有待进一步研究的课题.

习　题　12

12.1　设$\triangle ABC$的三条高是AD、BE、CF，AB边的中点是M. 用全角运算证明M、D、E、F四点共圆.

12.2　设$\triangle ABC$的三条高是AD、BE、CF、AD与BE交于H，N为AH的中点. 用全角运算证明D、E、F、N四点共圆.

12.3　在以A为圆心的圆上，任取P、Q、R、S四点. 在直线QS上任取一点Y，M为QY的中点，G为PQ的中点. 过M作MQ的垂线，过G作GQ的垂线，两垂线交于B. 又设I是RS上任一点，X是直线IY与以B为心而过点Y的圆的交点. 试用全角运算证明：$\langle XI\ RI\rangle=\langle XP\ RP\rangle$，即$X$、$I$、$R$、$P$共圆.

12.4　设A、C、D、E是$\odot O$上的任意四点. 自A向CO引垂足M. F是直线CD与AM的交点，G是直线CE与AM的交点.

求证：$\langle CD\ DE\rangle=\langle FG\ CE\rangle$.

12.5　设A，M、N是$\odot O$上的任意三点. 自A向ON引垂线与MN交于E，向OM引垂线与MN交于D. 利用全角证明：$AE=AD$.

12.6　在$\triangle ABC$中，CF是AB边上的高. M、N、L分别顺次是BC、AC、AB的中点.

求证：$\langle BC\ AB\rangle+\langle AC\ AB\rangle+\langle FN\ LN\rangle=\langle 0\rangle$.

第 13 章

改造几何体系旧瓶新酒 梳理消点方法长话短说

前面，我们分散地引入了一系列消点公式. 为便于查找，把这些公式汇总在一起，并对其记忆及使用方法加以说明.

所谓消点法，是指从某些几何量中消去某个指定点的代换方法. 这里，只涉及三种几何量，即四边形或三角形的带号面积，用 S 表示；四边形或三角形的勾股差，用 P 表示；平行或共线的有向线段的比，用 R 表示. 这些几何量，是用点组构成的. 这些点中有些是自由点，有些是约束点. 消点，消的是约束点. 按照产生约束点的几何作图语句，可以对约束点分门别类，找出把它消去的方法.

几何作图语句，通常是由已知的点和线作出新的线，这些线又交出新的点. 或在已知线上、新产生的线上任取一点. 这里的“线”包括直线和圆弧线.

基本的作图语句有

1）连接已知两点成一直线，用 L 表示；

2）过已知点作已知两点所确定的直线的平行线，用 P 表示；

3）过已知点作已知两点所确定的直线的垂直线，用 T 表示；

4）以已知点为圆心，作经过另一已知点的圆弧，用 C 表示.

这四种基本作图语句都是作线的．两线交于一点，共可产生 10 种类型的交点，即 LL、LP、LT、LC、PP、PT、PC、TT、TC、CC 这 10 种．这 10 种类型的点，其位置完全被已知点所确定，是完全被几何条件约束了的点．另外，还可以在直线或圆上取任意点或定比点，这种点，可以是带有一个字母参数的“半自由点”．因为有四种产生线的基本作图语句，所以这里有四种“半自由点”．

这样，我们有了至少 14 种产生新点的作图方法．当然，还可以引入新的作图基本语句和产生新点的方法．即使只考虑这 14 种，它们与前述三种几何量相配合，就可能需要 $14\times3=42$ 个消点公式．但前面只讲了一共 20 个消点法．这是因为，一方面，有些情形在实际几何问题中是不会出现的．如“从共线线段比值中消去圆上的某个任意点”，这就不会出现．在圆上任取一点，怎么能肯定这个点和某两个已知点共线呢？另一方面，有些构图可以经过另一些构图组合而实现．例如，“过 A 作 AB 的垂线，过 P 作 PQ 的垂线，两垂线交于 X”，这是 TT 型的构图语句．但它可以分成两步来做：“过 A 作 AB 的垂线，在垂线上任取一点 Y”，然后再“过 P 作 PQ 的垂线，与直线 AY 交于 X”．这就可以不必考虑 TT 型语句了．其实，“过 A 作 PQ 的平行线”这种作图也并非必需，我们可以先取 AQ 的中点 $M\left(\text{在直线 } AQ \text{ 上取点 } M \text{ 使} \overline{AM}=\frac{1}{2}\overline{AQ}\text{，这里参数值为}\frac{1}{2}\right)$，再在直线 PM 上取 X 使参数 $\overline{PX}/\overline{PM}=2$，即 $\overline{PX}=2\,\overline{PM}$，则 $\overline{AX}\,/\!/\,\overline{PQ}$．这就把 P 型直线作图也化为另一些作图的组合了.

不过，我们想还是中庸一点好．既不必把 40 多条消点法都列出来，也不宜只取几条最基本的作图．有前面那 20 条，一般也够用了．当然，再增些作图语句，如由已知三点作外心、内心、垂心、重心，会方便解题．缺点是增加记忆量．反过来，只列出几条最基本的，好记倒是好记，但给解题增加了工作量.

下面是本书中列出的消点法小结．每个方法用三个或两个字母表示．其中第一个字母是 S、P 或 R，说明从哪种几何量中消点．第二和第三个字母则说明要消的点是经过哪种作图语句产生的，如果是交点，则第二、第三两个字母各表示一种线（或圆）. 如果是在线上取点，则只有第二个字母而没有第三个字母，如消点法 12（STL）表示从带号面积中消去垂线与某两点连线的交点. 消点法 14（PT）表示从勾股差中消去在垂线上所取的点等. 在引用消点法时，照道理以引用其字母代号为好. 本书中按序号引用，是为读者查找方便.

消点法 1（RLL） 若 X 是 PQ 与 UV 的交点，则

$$\frac{\overline{PX}}{\overline{QX}}=\frac{S_{PUV}}{S_{QUV}},\quad \frac{\overline{PX}}{\overline{PQ}}=\frac{S_{PUV}}{S_{PUQV}}.$$

更一般地，如果 A、B 在直线 PQ 上或 $AB /\!/ PQ$，则有

$$\frac{\overline{PX}}{\overline{AB}}=\frac{S_{PUV}}{S_{AUBV}}.$$

这里，我们对前面引入的消点法重述时，又作了一些补充. 所补充的公式的证明，一般均不难仿原来的证法补充完善.

消点法 2（SLL） 若 X 是 PQ 与 UV 的交点，则

$$S_{ABX}=\frac{1}{S_{PUQV}}(S_{PUV}\cdot S_{ABQ}+S_{QVU}\cdot S_{ABP})$$

或

$$S_{ABX}=\frac{1}{S_{PUQV}}(S_{UQP}\cdot S_{ABV}+S_{VPQ}\cdot S_{ABU}).$$

在实际解题中，十分常用的是上述公式的一种特殊情形；当 U、V、P、Q 中有一点在直线 AB 上时，公式右端有一项消失. 例如，若 Q 在直线 AB 上，则

$$S_{ABX}=\frac{S_{QVU}\cdot S_{ABP}}{S_{PUQV}}.$$

这个消点法容易推广为从四边形带号面积中消去 X 的公式. 只要把 S_{ABX} 换成 S_{ABCX}，并且相应地把 S_{ABQ}、S_{ABP}、S_{ABV}、S_{ABU} 也换成 S_{ABCQ}、S_{ABCP}、S_{ABCV}、S_{ABCU} 即可.

消点法 3（SL） 若点 X 在直线 PQ 上，而且 $\overline{PX}=\lambda\,\overline{PQ}$，则 $S_{ABX}=\lambda S_{ABQ}+(1-\lambda)S_{ABP}$.

一般地，有

$$S_{ABCX}=\lambda S_{ABCQ}+(1-\lambda)S_{ABCP}.$$

在这个公式中，λ 可以是字母参数或数，甚至可以是由已知点组成的几何量为变元的多项式或有理分式。

消点法 4（RL） 若点 X 在直线 PQ 上，而且 $\overline{PX}=\lambda\,\overline{PQ}$，则对直线 PQ 上任两点 A、B，有

$$\frac{\overline{AX}}{\overline{AB}}=\frac{\overline{AP}+\lambda\,\overline{PQ}}{\overline{AB}}.$$

消点法 5（RPL） 已知相交直线 PQ、UV 和 UV 外一点 W，过 W 作 UV 的平行线交 PQ 于 X，则

$$\frac{\overline{PX}}{\overline{QX}}=\frac{S_{PUWV}}{S_{QUWV}}.$$

一般地，若 $AB/\!/PQ$，则有

$$\frac{\overline{PX}}{\overline{AB}}=\frac{S_{PUWV}}{S_{AUBV}}.$$

消点法 6（SPL） 已知相交直线 PQ、UV 和 UV 外一点 W，过 W 作 UV 的平行线交 PQ 于 X，则对于任两点 A、B，有

$$S_{ABX}=\frac{1}{S_{QUPV}}\ (S_{QUWV}\cdot S_{PAB}+S_{PVWU}\cdot S_{QAB}).$$

一般地，有

$$S_{ABCX}=\frac{1}{S_{QUPV}}\ (S_{QUWV}\cdot S_{ABCP}+S_{PVWU}\cdot S_{ABCQ}).$$

这一方法最常用的特殊情况，是 Q 或 P 在直线 AB 上（或 $BQ/\!/AC$，$BP/\!/AC$），因而公式左端有一项为 0 的时候.

消点法 7（RPP） 已知两相交直线 PQ、UV 及点 R、W. 过 W 作 UV 的平行线与过 R 而平行于 PQ 的直线交于 X，则有

$$\frac{\overline{RX}}{\overline{PQ}}=\frac{S_{RUWV}}{S_{PUQV}}.$$

消点法 8（SPP） 已知两相交直线 PQ、UV 及点 R、W、A、B. 过 W 作 UV 的平行线与过 R 而平行于 PQ 的直线交于 X，则有

$$S_{ABX}=\frac{S_{PWQR}}{S_{PUQV}}\cdot S_{AUBV}+S_{ABW}$$

或

$$S_{ABX}=\frac{S_{UWVR}}{S_{PUQV}}\cdot S_{AUBV}+S_{ABR}.$$

在实际应用时，如果 W 在直线 AB 上或者 $AB /\!/ UV$，则前一公式右端有一项为 0；如果 R 在 AB 上或 $AB /\!/ PQ$，则后一公式右端有一项为 0. 在这种情形下，适当选择两个公式之一，可使推理过程简化.

消点法 9（RTL）　若过点 P 垂直于 AB 的直线与 UV 交于 X，则

$$\frac{\overline{UX}}{\overline{XV}}=\frac{P_{UAPB}}{P_{PAVB}},\qquad \frac{\overline{UX}}{\overline{UV}}=\frac{P_{UAPB}}{P_{UAVB}}.$$

一般地，若 $MN /\!/ UV$，则有

$$\frac{\overline{UX}}{\overline{MN}}=\frac{P_{UAPB}}{P_{MANB}}.$$

常用的特款，是 $AB /\!/ UV$ 的情形. 这时有

$$\frac{\overline{UX}}{\overline{XV}}=\frac{P_{PUV}}{P_{PVU}},\ \frac{\overline{UX}}{\overline{UV}}=\frac{P_{PUV}}{2\,\overline{UV}^2}.$$

消点法 10（PL）　设 X 在直线 AB 上，且有 $\overline{AX}=\lambda\,\overline{AB}$，则对任三点 U、V、W，有

（1）

$$P_{XUWV}=\lambda P_{BUWV}+(1-\lambda)P_{AUWV}.$$

（2）

$$P_{UXXV}=\lambda P_{UBBV}+(1-\lambda)P_{UAAV}-2\lambda(1-\lambda)\overline{AB}^2.$$

消点法 11（PTL）　设过 P 而垂直于 MN。的直线与 AB 交于 X，则对任三点 U、V、W，有

（1）

$$P_{XUWV}=\frac{1}{P_{AMBN}}(P_{AMPN}\cdot P_{BUWV}+P_{PMBN}\cdot P_{AUWV}).$$

（2）

$$P_{UXXV}=\frac{1}{P_{AMBN}}(P_{AMPN}\cdot P_{UBBV}+P_{PMBN}\cdot P_{UAAV})-\frac{2P_{AMPN}\cdot P_{PMBN}\cdot\overline{AB}^2}{(P_{AMBN})^2}.$$

如果 $BW \perp UV$、$AW \perp UV$ 中有一成立，则（1）右端只有一项. 类似地，如果 $UB \perp BV$ 或 $UA \perp AV$ 中有一成立，则（2）右端只有两项.

消点法 12（STL）　设过点 P 而垂直于 MN 的直线与 AB 交于 X，则对平面上任三点 U、V、W，有

（1）

$$S_{XUWV}=\frac{1}{P_{AMBN}}\left(P_{AMPN}\cdot S_{BUWV}+P_{PMBN}\cdot S_{AUWV}\right).$$

（2）

$$S_{XUV}=\frac{1}{P_{AMPN}}\left(P_{AMPN}\cdot S_{BUV}+P_{PMBN}\cdot S_{AUV}\right).$$

当 $BW /\!/ UV$ 或 $AW /\!/ UV$ 时，（1）右端有一项为 0；当 A 或 B 在 UV 直线上时，（2）右端有一项为 0.

消点法 13（PLL）　若直线 PQ 与 AB 交于 X，则对任三点 U、V、W 有

（1）

$$P_{XUWV}=\frac{1}{P_{PAQB}}\left(S_{PAQ}\cdot P_{BUWV}+S_{QBP}\cdot P_{AUWV}\right).$$

（2）

$$P_{UXXV}=\frac{1}{S_{PAQB}}\left(S_{PAQ}\cdot P_{UBBV}+S_{QBP}\cdot P_{UAAV}\right)-\frac{2S_{PAQ}\cdot S_{QBP}\cdot \overline{AB}^2}{(S_{PAQB})^2}$$

这两个公式简化情形与消点法 11 相同.

消点法 14（PT）　过点 A 作 AB 的垂线 AX，取确定 X 的位置的参数为 $h=S_{XAB}$ 或为 $t=d(X, AB)/|\overline{AB}|$，则对任三点 U、V、W 有

（1）

$$P_{XUWV}=\frac{16h\cdot S_{AUBV}}{P_{ABBA}}+P_{AUWV}=4tS_{AUBV}+P_{AUWV}.$$

（2）

$$\begin{aligned}P_{UXXV}&=\frac{16h\left(S_{AVB}+S_{AUB}+h\right)}{P_{ABBA}}+P_{UAAV}\\&=4t(S_{AVB}+S_{AUB})+t^2P_{ABBA}+P_{UAAV}.\end{aligned}$$

消点法 15（ST） 过点 A 作 AB 的垂线 AX，取确定义的位置的参数为 $h=S_{XAB}$ 或 $t=d(X, AB)/|\overline{AB}|$，则对任三点 U、V、W，有

$$S_{XUWV}=\frac{h \cdot P_{AVBU}}{P_{ABBA}}+S_{AUWV}=\frac{t}{4}P_{AVBU}+S_{AUWV}.$$

在以上两个公式中，参数的取法可根据情形选择使用．选择得当，可以简化证明．但不论如何选择，总能达到消点的目的.

消点法 16（RCL） 设直线 AP 与过 P 点的圆⊙O 交于不同于 P 的另一点 X，则

$$\frac{\overline{PX}}{\overline{PA}}=\frac{2P_{OPA}}{P_{UPVA}}.$$

一般地，若 $UV /\!/ PA$，则

$$\frac{\overline{PX}}{\overline{UV}}=\frac{2P_{OPA}}{P_{UPVA}}.$$

消点法 17（SCL） 设直线 AP 与过 P 点的圆⊙O 交于不同于 P 的另一点 X，则对任三点 U、V、W，有

$$S_{XUWV}=\frac{2P_{OPA}}{P_{APA}} \cdot S_{AUWV}+\frac{2(\overline{OA}^2-\overline{OP}^2)}{P_{APA}} \cdot S_{PUWV}.$$

消点法 18（PCL） 设直线 AP 与过 P 点的圆⊙O 交于不同于 P 的另一点 X，则对任三点 U、V、W，有

(1)

$$P_{XUWV}=\frac{2}{P_{APA}}\left[P_{OPA} \cdot P_{AUWV}+(\overline{OA}^2-\overline{OP}^2) P_{PUWV}\right].$$

(2)

$$P_{UXXV}=\frac{2}{P_{APA}}\left[P_{OPA} \cdot P_{UAAV}+(\overline{OA}^2-\overline{OP}^2)(P_{UPPV}-2P_{OPA})\right].$$

消点法 19（SCC） 已知两圆圆心 A、B 和两圆交点之一 P. 设另一交点为 X，则对任三点 U、V、W，有

$$S_{XUWV}=\frac{1}{AB^2}(P_{PAB} \cdot S_{BUWV}+P_{PBA} \cdot S_{AUWV})-S_{PUWV}.$$

消点法 20（PCC）　已知两圆圆心 A、B 和两圆交点之一 P. 设另一交点为 X，则对任三点 U、V、W，有

（1）

$$P_{XUWV}=\frac{1}{\overline{AB^2}}\left(P_{PAB}\cdot P_{BUWV}+P_{PBA}\cdot P_{AUWV}\right)-P_{PUWV},$$

（2）

$$P_{UXXV}=\frac{1}{\overline{AB^2}}\left(P_{PAB}\cdot P_{UBBV}+P_{PBA}\cdot P_{UAAV}+(\overline{PA^2}-\overline{PB^2})^2\right)$$
$$+2P_{APB}-P_{UPPV}-\overline{AB^2}.$$

这里（2）与第 11 章所述略有不同．此处利用定义 $P_{APB}=\overline{AP^2}+\overline{PB^2}-\overline{AB^2}$ 做了一点简化.

最后有一个问题：如果该消的点都消完了，要证的结果还不出来，怎么办呢?

如果这时没消的点都在同一个圆上，前面已给出了处理办法（参看第 9 章、第 10 章).

（1）使用共圆定理和一般勾股差定理，即命题 9.2* 或命题 9.3*，命题 9.4 或命题 9.5，总可以把所有几何量都化为同一个圆上的有向弦和对偶弦的有理代数式.

（2）使用弦分解公式，即命题 10.3 与命题 10.4，把所有的有向弦和对偶弦都分解为以某一指定参考点为一端点的有向弦和对偶弦的积之和.

（3）利用有向弦和它的对偶弦之间的勾股关系，把所有对偶弦的偶次方幂都转化为有向弦.

理论上可以证明，经过这三个步骤仍不能证明的关于一组共圆点的几何等式，就一定不是恒等式（这里所谓几何等式，指的是以带号面积、勾股差为变元的有理式等式.）．也就是说，用了这种方法，彻底解决了有关共圆点组的等式型几何命题的判定问题.

如果该消的点都消完了，剩下的是一些自由点而不是共圆点，只要适当取坐

标系，对每个自由点赋予一对坐标，把带号面积和勾股差表为有关点的坐标的多项式，即可解决问题．至于坐标系的取法，则可因题制宜，以求简化．一般说来，如果只涉及带号面积的计算，可取面积坐标或斜角坐标；当涉及勾股差的计算时，以取直角坐标为宜．用消点法解题，最后需要取坐标系的极少，本书不再对此做更深入的讨论．以下给出带号面积及勾股差在直角坐标系下的公式，以供参考.

命题 13.1　设在直角坐标系中，A、B、C、D 四点的坐标顺次为（a_1，a_2）、（b_1，b_2）、（c_1，c_2）、（d_1，d_2），则

$$S_{ABCD}=\frac{1}{2}[(c_1-a_1)(d_2-b_2)-(c_2-a_2)(d_1-b_1)].$$

特别地，

$$S_{ABC}=S_{ABCC}=\frac{1}{2}[(c_1-a_1)(c_2-b_2)-(c_2-a_2)(c_1-b_1)]$$
$$=\frac{1}{2}(a_1b_2-a_2b_1+c_1a_2-c_2a_1+c_2b_1-c_1b_2).$$

命题 13.2　设在直角坐标系中，A、B、C、D 四点的坐标顺次为（a_1，a_2）、（b_1，b_2）、（c_1，c_2）、（d_1，d_2），则

$$P_{ABCD}=2[(c_1-a_1)(b_1-d_1)+(c_2-a_2)(b_2-d_2)].$$

特别地，

$$P_{ABBC}=2[(b_1-a_1)(b_1-c_1)+(b_2-a_2)(b_2-c_2)].$$

如果一开始的三个基本点成直角三角形，最后取直角坐标系很方便．以下略举两例，聊备一格.

【例 13.1】　在以 AB 为直径的⊙O 上任取一点 F，过 F 作⊙O 的切线与过 A、B 的两切线分别交于 D、E. 求证：$\overline{OA}^2=\overline{DF}\cdot\overline{FE}$（图 13-1).

分析　构图过程为

（1）任取两点 A、F；

（2）过 F 作 AF 的垂线，在垂线上取点 B；

（3）取 AB 中点 O；

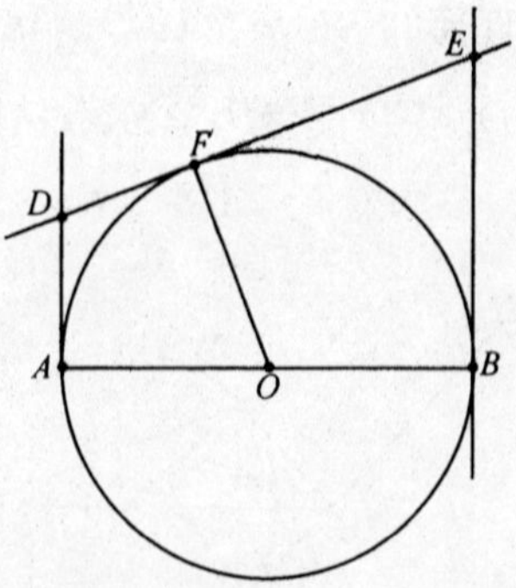

图 13-1

(4) 过 F 作 OF 的垂线，在垂线上取点 M；

(5) 过 A 作 AB 的垂线与 FM 交于 D；

(6) 过 B 作 AB 的垂线与 FM 交于 E.

要证明结论可表为

$$P_{AOA}=-P_{DFE}.$$

证明

$$-\frac{P_{DFE}}{P_{AOA}}=\frac{-P_{MFD}\cdot P_{ABF}}{P_{AOA}\cdot P_{BFAM}}\quad\text{（用消点法 11（PTL）消 }E\text{）}$$

$$=\frac{P_{FMF}\cdot P_{FAB}\cdot P_{ABF}}{P_{AOA}\cdot(P_{BFAM})^2}\quad\text{（用消点法 11（PTL）消 }D\text{）}$$

$$=\frac{1}{16}\cdot\frac{P_{FOF}\cdot P_{FAB}\cdot P_{ABF}}{P_{AOA}\cdot S_{AFB}\cdot S_{AFB}}\quad\text{（用消点法 14（}PT\text{）消 }M\text{）}$$

$$=\frac{1}{16}\cdot\frac{P_{FAB}\cdot P_{ABF}}{(S_{AFB})^2}.$$

消到这里，只剩下三个点 A、F、B，而且 $AF\perp FB$，取直角坐标系很方便. 取 $F=(0,0)$，$A=(1,0)$，$B=(0,u)$，则易求出

$$P_{FAB}=2[(-1)^2+0\cdot u]=2,$$

$$P_{ABF}=2[1\times0+(-u)\cdot(-u)]=2u^2,$$

$$S_{AFB}=-\frac{u}{2},$$

代入后即得所要证的等式.

【例 13.2】 以 AB 为直径的⊙O，在 C 点的切线与直线 AB 交于 T. 自 T 引⊙O 的另一切线切⊙O 于 D. CD 交 AB 于 E，CA 交 DT 于 A_1，TD 与 CB 交于 B_1（图 13-2）.

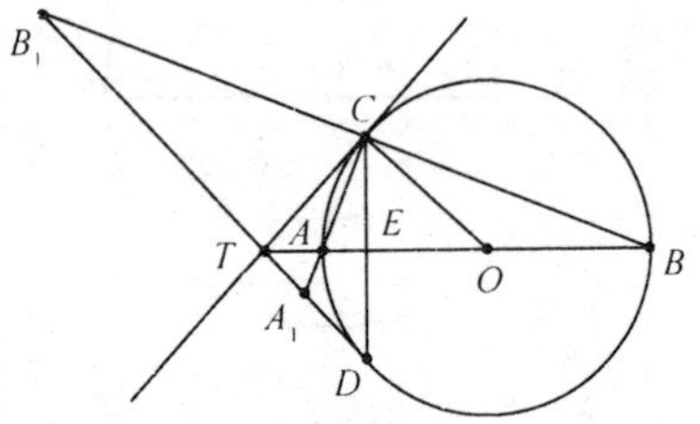

图 13-2

求证：

$$\frac{\overline{TA_1}}{\overline{A_1D}}=\frac{\overline{TB_1}}{\overline{DB_1}}.$$

分析 构图过程为

（1）任取两点 A，C；

（2）过 C 作 AC 的垂线，在垂线上取一点 B；

（3）取 AB 中点 O；

（4）自 C 向 AB 引垂足 E；

（5）延长 CE 至 D，使 $\overline{DE}=\overline{EC}$；

（6）过 C 作 OC 的垂线，与 AB 交于 T；

（7）直线 CA 与 TD 交于 A_1；

（8）直线 BC 与 TD 交于 B_1.

要证明的结论是

$$\frac{\overline{TA_1}}{\overline{A_1D}}\cdot\frac{\overline{DB_1}}{\overline{TB_1}}=1.$$

证明

$$\frac{\overline{TA_1}}{\overline{A_1D}}\cdot\frac{\overline{DB_1}}{\overline{TB_1}}=\frac{S_{ACT}}{S_{ADC}}\cdot\frac{S_{DBC}}{S_{TBC}}$$ （用共边定理消去 A_1、B_1）

$$=-\frac{S_{DBC}}{S_{ADC}}\cdot\frac{S_{AOC}\cdot P_{ACO}}{P_{AOC}}\cdot\frac{P_{AOC}}{S_{AOC}\cdot P_{BCO}}$$

（用消点法 12 消去 T）

$$=\frac{S_{BCE}}{S_{AEC}}\cdot\frac{P_{ACO}}{P_{BCO}}\quad\text{（用消点法 3（SL）消去 }D\text{）}$$

$$=\frac{P_{ACO}}{P_{BCO}}\cdot\frac{S_{ABC}\cdot P_{ABC}}{P_{ABA}}\cdot\frac{P_{ABA}}{S_{ABC}\cdot P_{BAC}}$$

（用消点法 12 消去 E）

$$=\frac{P_{ACA}}{P_{CBC}}\cdot\frac{P_{ABC}}{P_{BAC}}\quad\text{（直接对 }P_{ACO}\text{、}P_{BCO}\text{用定义）}.$$

至此，只剩下直角三角形的三顶点 A、B、C 了．取坐标系是有利的．令 $C=(O,O)$，$A=(u,O)$，$B=(O,v)$，则得

$$P_{ACA}=2u^2,\ P_{CBC}=2v^2,$$

$$P_{ABC}=2v^2,\ P_{BAC}=2u^2.$$

代入后，即知欲证之结论成立.

习　题　13

13.1　设在以 AB 为直径的⊙O 上任取一点 M，分别以 I、J 记△AMO、△BMO 外接圆圆心．求证：$IM\perp MJ$（用消点法，最后取坐标）.

13.2　已知⊙O 与⊙O_1、⊙O_2 在交点处的切线相互垂直.

求证：点 O 在⊙O_1 与⊙O_2 的根轴上，即在⊙O_1、⊙O_2 的两交点的连线上（用消点法，最后取坐标）.

第14章

三角和向量也能消点 复数比面积更善攻坚

在前面引入的解题方法中，用了一些新的记号：勾股差 P_{ABCD}，有向弦$\overset{\wedge}{AB}$，对偶弦$\overset{\vee}{AB}$等．和这些记号相应，建立了不少命题，推出了一系列公式．对一些读者，这可能是不方便、不熟悉的．

能不能把本书引入的这套消点法用比较熟悉的记号和公式表示呢？

我们用得最多的是带号面积 S_{ABCD}．这是大家所熟悉的．面积是一个古老而直观的概念，带号面积在数学中的应用大概也有几百年的历史了．但是，只用面积不便于解决涉及垂直及角度的问题，也不便于解决线段长度的计算问题，因而又引入了勾股差．勾股差 S_{ABCD}，从定义看，是用以 AB、BC、CD、DA 为一边的四个正方形的面积的和与差引入的，它不像面积那么直观，那么直接地联系着几何图形．如果要把消点法用熟悉的语言表示，重点在于改造勾股差，使它用旧形式表示出来．

由命题 7.5，P_{ABCD} 等于$\overline{AC}$在直线 BD 上的投影与$\overline{DB}$的乘积的两倍．也就是说

$$P_{ABCD}=2AC\cdot BD\cos\angle(AC,\ DB),$$

这里$\angle$（AC，DB）表示两条射线 AC、DB 之间的夹角．两射线的夹角可以这样定义：如果射线 AC、DB 交于一点 P，或者反向延长后交于 P，则有$\angle$（AC，DB）$=\angle XPY$，这里 X、Y 分别表示射线 AC、DB 的远处的点．如图 14-1（a）～（c）所示．在具体解题时，可将$\angle$（AC，DB）在图上用小写希腊字母 α，β……标出，或用数字标出，以简化推理的表达．

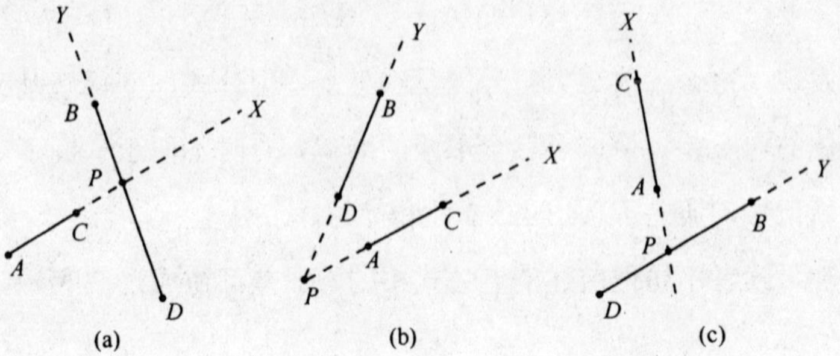

图 14-1

把勾股差用余弦表达之后，推理与图形的联系更密切了．前述消点法，凡涉及勾股差的均可以改写成熟悉的形式．例如，消点法 9（RTL）可改写成为

$$\frac{\overline{UX}}{\overline{XV}}=\frac{AB\cdot UP\cos\angle(UP,\ BA)}{AB\cdot VP\cos\angle(PV,\ BA)}$$

$$=\frac{UP\cos\angle(UP,\ BA)}{VP\cos\angle(PV,\ BA)}.$$

如图 14-2 所示．这个消点法的几何意义是：$\overline{UX}$与$\overline{XV}$之比，等于它们在 AB 上的投影之比．

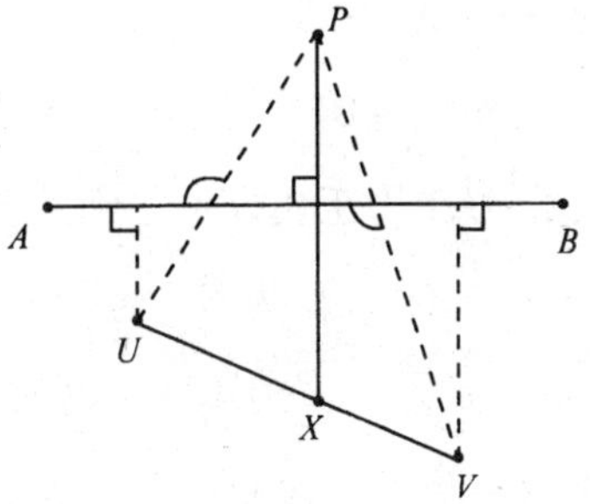

图 14-2

又如，消点法 10，则可改写成

(1)

$$XW\cos\angle(XW,\ VU)$$
$$=\lambda BW\cos\angle(BW,\ VU)+(1-\lambda)AW\cos\angle(AW,\ VU).$$

(2)

$$UX\cdot VX\cos\angle(UB,\ VB)=\lambda UB\cdot VB\cos\angle(UB,\ VB)+(1-\lambda)UA\cdot VA\cos\angle(UA,\ VA)-2\lambda(1-\lambda)\overline{AB^2}.$$

读者会发现，这么一改写，符号倒是熟悉了，但公式却变得杂乱无章．本来作为一个整体的勾股差，变成了三个东西的乘积，有时不便于掌握了．这从反面说明，引入新记号勾股差 P_{ABCD} 的必要性和优越性.

如有兴趣，读者不妨把前述消点公式中的勾股差都换成余弦表示，以分析其得失.

在第 9、第 10 两章中，我们引入了圆上的有向弦与对偶弦的概念．这两种弦也可以用三角函数表示．如图 14-3 所示，在圆上取定参考点 J 之后，可以使圆周角成为有向角，于是有

$$\overset{\wedge}{AB}=d\sin\measuredangle BJA,$$

$$\overset{\wedge}{AB}=d\sin\measuredangle AJB,$$

$$\overset{\vee}{AB}=\overset{\vee}{BA}=d\cos\measuredangle BJA=d\cos\measuredangle AJB,$$

$$\overset{\wedge}{JA}=d\sin\measuredangle AJX,$$

$$\overset{\vee}{JA}=d\cos\measuredangle AJX.$$

这里，有向角的方向是这样约定的：当射线 JA 依反时针方向旋转到 JB 时，$\measuredangle BJA$ 为正角，反之则为负角．如图 14-3，$\measuredangle BJA$ 为正，$\measuredangle AJB$ 为负，$\measuredangle AJX$ 为正，等等．角的绝对值大小总是在 0°到 180°．这时，正角的正弦为正，负角的正弦为负．对余弦而言，正负

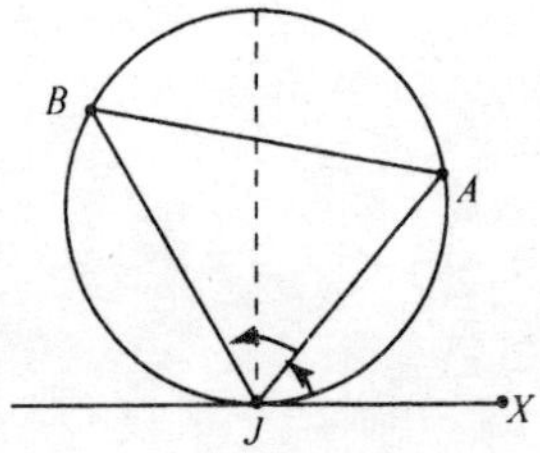

图 14-3

角的余弦相等；但锐角的余弦为正，钝角的余弦为负.

相应地，命题 9.2 * 成为

$$\frac{1}{d^2}=\frac{\sin\measuredangle BJA\cdot\sin\measuredangle CJB\cdot\sin\measuredangle CJA}{2S_{ABC}}.$$

命题 9.3^* 则成为

$$\frac{S_{ABC}}{S_{XYZ}}=\frac{\sin\measuredangle AJB\cdot\sin\measuredangle BJC\cdot\sin\measuredangle CJA}{\sin\measuredangle XJY\cdot\sin\measuredangle YJZ\cdot\sin\measuredangle ZJX}.$$

关于勾股差，命题 9.4 成为

$$\frac{1}{d^2}=\frac{2\sin\measuredangle AJB\cdot\sin\measuredangle CJB\cdot\cos\measuredangle AJC}{P_{ABC}},$$

命题 9.5 成为

$$\frac{P_{ABC}}{P_{XYZ}}=\frac{\sin\measuredangle AJB\cdot\sin\measuredangle BJC\cdot\cos\measuredangle AJC}{\sin\measuredangle XJY\cdot\sin\measuredangle YJZ\cdot\cos\measuredangle XJZ}.$$

至于弦分解公式（命题 10.3 和命题 10.4），其实不过是正弦减法定理和余弦减法定理的另一形式而已．命题 10.3 用三角法表达即为

$$\sin\measuredangle QFP=\sin\measuredangle QJA\cdot\cos\measuredangle PJA-\sin\measuredangle PJA\cdot\cos\measuredangle QJA.$$

命题 10.4 则成为

$$\cos\measuredangle QJP=\cos\measuredangle PJA\cdot\cos\measuredangle QJA+\sin\measuredangle PJA\cdot\sin\measuredangle QJA.$$

用三角函数记号代替有向弦和对偶弦的记号之后，公式形式上也变得复杂化了.

让我们看看，用了三角记号之后，如何改写利用勾股差所作的证明.

【例 14.1】（例 8-1）　设△ABC 的三高为 AF、BE、CD. 求证：这三高交于一点（图 8-1).

分析　构图过程见例 8.1. 设 BE 与 CD 交于 H，AF 与 CD 交于 G，要证明的是 H 与 G 重合，即

$$\frac{\overline{GC}}{\overline{GD}}=\frac{\overline{HC}}{\overline{HD}}.$$

证明

$$\frac{\overline{GC}}{\overline{GD}}\cdot\frac{\overline{HD}}{\overline{HC}}=\frac{AC\cos\angle ACB}{-AD\cos\angle ABC}\cdot\frac{-BD\cos\angle BAC}{BC\cos\angle BCA}$$

$$=\frac{AC}{BC}\cdot\frac{\cos\angle BAC}{\cos\angle ABC}\cdot\frac{BD}{AD}$$

$$=\frac{AC}{BC}\cdot\frac{\cos\angle BAC}{\cos\angle ABC}\cdot\frac{BC\cdot\cos\angle ABC}{AC\cdot\cos\angle BAC}=1.$$

这证明是从例 8.1 的证法转化而来的. 我们写得较详细 . 如简略些，注意到

$$AC\cos\angle BAC=AD,\ BC\cos\angle ABC=BD.$$

第一行就把证明完成了 . 这是由于使用余弦记号把勾股差分解开之后，更便于分子分母相互约简 . 可见，三角方法也自有它的好处.

【例 14.2】（例 8.2） 设 $ABCO$ 是任意四边形 . 过 O 引 OA 的垂线交 BC 于 D，过 O 引 OB 的垂线交于 CA 于 E，过 O 引 OC 的垂线交 AB 于 F. 求证：E、F、D 三点在一直线上（图 8-2).

分析 构图过程见例 8.2. 设直线 DE 与 AB 交于点 Z，要证明的是 Z 与 F 重合，即

$$\frac{\overline{AF}}{\overline{BF}}=\frac{\overline{AZ}}{\overline{BZ}}.$$

证明

$$\frac{\overline{AF}}{\overline{BF}}\cdot\frac{\overline{BZ}}{\overline{AZ}}=\frac{OA\cos\angle AOC}{OB\cos\angle BOC}\cdot\frac{S_{BDE}}{S_{ADE}}$$

$$=\frac{OA\cos\angle AOC}{OB\cos\angle BOC}\cdot\left(S_{BDA}\cdot\frac{\overline{EC}}{\overline{AC}}\right)\cdot\left(\frac{1}{S_{ACD}}\cdot\frac{\overline{AC}}{\overline{EA}}\right)$$

$$=\frac{OA\cos\angle AOC}{OB\cos\angle BOC}\cdot\frac{S_{BDA}}{S_{ACD}}\cdot\frac{OC\cos\angle COB}{OA\cdot\cos\angle AOB}$$

$$=\frac{OC\cos\angle AOC}{OB\cos\angle AOB}\cdot\frac{\overline{BD}}{\overline{CD}}$$

$$=\frac{OC\cdot\cos\angle AOC}{OB\cdot\cos\angle AOB}\cdot\frac{OB\cos\angle BOA}{OC\cdot\cos\angle AOC}=1.$$

【例 14.3】（例 9.8，西姆松定理） 在△ABC 外接圆上任取一点 D，自 D 分别向 BC、CA、AB 三直线引垂足 E、F、G（图 9-9). 求证：E、F、G 在一直线上.

分析 构图过程见例 9.8，设直线 EF 与 AB 交于 H，只要证明 G 与 H 重合

就可以了．即

$$\frac{\overline{AG}}{\overline{BG}}\cdot\frac{\overline{BH}}{\overline{AH}}=1.$$

证明

$$\begin{aligned}
\frac{\overline{AG}}{\overline{BG}}\cdot\frac{\overline{BH}}{\overline{AH}}&=\frac{S_{BEF}}{S_{AEF}}\cdot\frac{\overline{AG}}{\overline{BG}}\quad\text{（消去 }H\text{）}\\
&=\frac{S_{BEF}}{S_{AEF}}\cdot\left(-\frac{AD\cos\angle DAB}{BD\cos\angle DBA}\right)\quad\text{（消去 }G\text{）}\\
&=\left(-\frac{AD\cos\angle DAB}{BD\cos\angle DBA}\right)\cdot\left(S_{BEA}\cdot\frac{\overline{FC}}{\overline{AC}}\right)\left(\frac{1}{S_{AEC}}\cdot\frac{\overline{AC}}{\overline{AF}}\right)\\
&=-\frac{AD\cos\angle DAB}{BD\cos\angle DBA}\cdot\frac{S_{BEA}}{S_{AEC}}\cdot\frac{DC\cos\angle DCA}{AD\cos\angle DAC}\quad\text{（消去 }F\text{）}\\
&=\frac{DC}{BD}\cdot\frac{\cos\angle DAB}{\cos\angle DBA}\cdot\frac{\cos\angle DCA}{\cos\angle DAC}\cdot\frac{\overline{BE}}{\overline{CE}}\\
&=\frac{DC}{BD}\cdot\frac{\cos\angle DAB}{\cos\angle DBA}\cdot\frac{\cos\angle DCA}{\cos\angle DAC}\cdot\frac{BD\cos\angle DBC}{CD\cos\angle DCE}\\
&=\frac{\cos\angle DAB}{\cos\angle DBA}\cdot\frac{\cos\angle DBA}{\cos\angle DAC}\cdot\frac{\cos\angle DAC}{\cos\angle DAB}
\end{aligned}$$

（消去 E，并用圆周角定理）

$$=1.$$

从这几个例子可见，使用勾股差记号的证明，均可改写为使用三角法的证明．但是，使用三角法，三角函数的符号有时写起来颇繁．如使用向量记号，却可能使证明简化.

在向量记号之下，带号面积可表为向量的外积（即叉乘）；勾股差可表为向量的内积（即点乘）．也就是说

$$S_{ABCD}=\frac{1}{2}\overline{AC}\times\overline{BD}=\frac{1}{2}AC\cdot BD\sin\angle(AC,BD),$$

$$P_{ABCD}=2\,\overline{AC}\cdot\overline{DB}=2AC\cdot BD\cos\angle(AC,DB).$$

要注意的是

$$\sin\angle(AC,BD)=-\sin\angle(BD,AC),$$

$$\cos\angle(AC, DB)=\cos\angle(DB, AC).$$

因而外积是反交换的，而内积是交换的

$$\overline{AC}\times\overline{BD}=-\overline{BD}\times\overline{AC}.$$

$$\overline{AC}\cdot\overline{DB}=\overline{CB}\cdot\overline{AC}.$$

这是内积比外积方便之处．另一方面，大家对带号面积比对外积熟悉，面积也比外积直观，所以不宜用外积代替面积．由于勾股差不太直观，又不如内积熟悉，故不妨在消点过程中用向量内积来代替勾股差．

例如，消点法 9（RTL）可写成

$$\frac{\overline{UX}}{\overline{XV}}=\frac{\overline{UP}\cdot\overline{BA}}{\overline{PV}\cdot\overline{BA}};\quad \text{（注意，向量内积不可约去!）}$$

消点法 10（PL）则成为

(1)

$$\overline{XW}\cdot\overline{UV}=\lambda\overline{BW}\cdot\overline{UV}+(1-\lambda)\overline{AW}\cdot\overline{UV}.$$

(2)

$$\overline{XU}\cdot\overline{XV}=\lambda\overline{BU}\cdot\overline{BV}+(1-\lambda)\overline{AU}\cdot\overline{AV}-\lambda(1-\lambda)\overline{AB}\cdot\overline{AB}.$$

实际上，(1) 是由

$$\overline{XW}=\lambda\overline{BW}+(1-\lambda)\overline{AW}$$

两端点乘$\overline{UV}$而得．而 (2) 则由

$$\overline{XU}=\lambda\overline{BU}+(1-\lambda)\overline{AU},$$

$$\overline{XV}=\lambda\overline{BV}+(1-\lambda)\overline{AV}$$

点乘而得：

$$\begin{aligned}&\overline{XU}\cdot\overline{XV}+\lambda(1-\lambda)\overline{AB}\cdot\overline{AB}\\=&(\lambda\overline{BU}+(1-\lambda)\overline{AU})\cdot(\lambda\overline{BV}+(1-\lambda)\overline{AV})\\&+\lambda(1-\lambda)(\overline{AU}+\overline{UB})\cdot(\overline{AV}+\overline{VB})\\=&\lambda^2\overline{BU}\cdot\overline{BV}+\lambda(1-\lambda)\overline{BU}\cdot\overline{AV}\\&+\lambda(1-\lambda)\overline{AU}\cdot\overline{BV}+(1-\lambda)^2\overline{AU}\cdot\overline{AV}\\&+\lambda(1-\lambda)(\overline{AU}\cdot\overline{VB}+\overline{AU}\cdot\overline{AV}+\overline{UB}\cdot\overline{AV}+\overline{UB}\cdot\overline{VB})\end{aligned}$$

$=\lambda \overline{BU}\cdot\overline{BV}+(1-\lambda)\ \overline{AU}\cdot\overline{AV}.$

可见，利用向量加法运算律，有便于消点公式的代数推导.

下面的例子说明如何把前面使用勾股差的证明改写为向量证明方法.

【例 14.4】（例 8.1、例 14.1）　设$\triangle ABC$的三高为AF、BE、CD. 求证：这三高交于一点（图 8-1).

分析　构图过程见例 8.1. 设BE与CD交于H，AF与CD交于G，要证明H与G重合，即

$$\frac{\overline{GC}}{\overline{GD}}=\frac{\overline{HC}}{\overline{HD}}.$$

证明

$$\frac{\overline{GC}}{\overline{GD}}\cdot\frac{\overline{HD}}{\overline{HC}}=\frac{\overline{AC}\cdot\overline{BC}}{\overline{AD}\cdot\overline{BC}}\cdot\frac{\overline{BD}\cdot\overline{AC}}{\overline{BC}\cdot\overline{AC}}\quad（消去 G，H）$$

$$=\frac{\overline{BD}\cdot\overline{AC}}{\overline{AD}\cdot\overline{BC}}\cdot\frac{\overline{BD}\cdot\overline{AD}}{\overline{AD}\cdot\overline{BD}}=1.$$

此题另一解法，是设BE与CD交于H，再证明$AH\perp BC$，即$AH\cdot BC=0$. 把勾股差方法改写为向量法（可见例 7.1)，即

$$\begin{aligned}\overline{AH}\cdot\overline{BC}&=\overline{AH}\cdot(\overline{BA}+\overline{AC})\\&=\overline{AH}\cdot\overline{BA}+\overline{AH}\cdot\overline{AC}\\&=\overline{AC}\cdot\overline{BA}+\overline{AB}\cdot\overline{AC}\quad（消去 H）\\&=\overline{AC}\cdot(\overline{BA}+\overline{AB})\\&=0.\end{aligned}$$

这充分体现了向量法的简捷性.

【例 14.5】（例 8.2、例 14.2）　设$ABCO$是任意四边形. 过O引OA的垂线交BC于D，过O引OB的垂线交CA于E；过O引OC的垂线交AB于F. 求证：E、F、D三点在一直线上（图 8-2).

分析　构图过程见例 8.2，设DE与AB交于点Z，要证明的是Z与F重合，即

$$\frac{\overline{AF}}{\overline{BF}}=\frac{\overline{AZ}}{\overline{BZ}}.$$

证明

$$\frac{\overline{AF}}{\overline{BF}}\cdot\frac{\overline{BZ}}{\overline{AZ}}=\frac{\overline{AF}}{\overline{BF}}\cdot\frac{S_{BDE}}{S_{ADE}}\quad(\text{用共边定理消去 } Z)$$

$$=\frac{\overline{AO}\cdot\overline{OC}}{\overline{BO}\cdot\overline{OC}}\cdot\frac{S_{BDE}}{S_{ADE}}\quad(\text{消去 } F)$$

$$=\frac{\overline{AO}\cdot\overline{OC}}{\overline{BO}\cdot\overline{OC}}\cdot\left(S_{BDA}\cdot\frac{\overline{CE}}{\overline{CA}}\right)\cdot\left(\frac{1}{S_{ADC}}\cdot\frac{\overline{CA}}{\overline{EA}}\right)$$

$$=\frac{\overline{AO}\cdot\overline{OC}}{\overline{BO}\cdot\overline{OC}}\cdot\frac{S_{BDA}}{S_{ADC}}\cdot\frac{\overline{CA}}{\overline{EA}}=\frac{\overline{AO}\cdot\overline{OC}}{\overline{BO}\cdot\overline{OC}}\cdot\frac{S_{BDA}}{S_{ADC}}\cdot\frac{\overline{OC}\cdot\overline{BO}}{\overline{AO}\cdot\overline{BO}}\quad(\text{消去 } E)$$

$$=\frac{\overline{AO}\cdot\overline{OC}}{\overline{AO}\cdot\overline{BO}}\cdot\frac{\overline{BD}}{\overline{DC}}=\frac{\overline{AO}\cdot\overline{OC}}{\overline{AO}\cdot\overline{BO}}\cdot\frac{\overline{BO}\cdot\overline{AO}}{\overline{OC}\cdot\overline{AO}}\quad\text{消去 } D$$

$$=1.$$

从这两个例子可见，向量方法写起来比用三角方法要简明一些.

由于平面向量可以用复数表示，故向量方法稍加改变就成了复数 方法. 平面上每个点可以看成一个复数，每个向量$\overrightarrow{AB}$则可以看成复数B与复数A的差

$$\overrightarrow{AB}=B-A,$$

这里，$B-A$也是一个复数. 复数可分为虚部与实部两个部分.

$$Z=\alpha+\mathrm{i}\beta,$$

这里$i=\sqrt{-1}$是虚单位. 实数α叫做Z的实部，用R（z）表示；实数β叫做Z的虚部，用I（z）表示：

$$I(z)=\beta,\ R(z)=\alpha.$$

复数$\alpha-\mathrm{i}\beta$叫做$Z=\alpha+\mathrm{i}\beta$的共轭复数，记作$\overline{Z}=\alpha-\mathrm{i}\beta$. 有了共轭运算，向量的点乘和叉乘可以用复数表示，公式为

$$\overrightarrow{AB}\cdot\overrightarrow{CD}=R((B-A)(\overline{D-C})),$$

$$\overrightarrow{AB}\times\overrightarrow{CD}=I((B-A)(\overline{D-C})).$$

这里$\overline{D-C}$表示复数$D-C$的共轭复数. 这样一来，前述消点法中的公式均可以用

复数表示，从而一切可用消点法解决的问题，相应地也可以用复数法来解决.

复数运算可以代替平面向量运算，但向量运算却不能完全代替复数．因为复数有乘法，除法，还有指数表示法等许多向量不具有的运算规律和特点. 因此，用复数解几何题，能产生更多的技巧和公式. 由于复数方法需要较多的预备知识，这里不再详细介绍了．有兴趣的读者可参看文献(常庚哲，1980). 该书中有大量用复数解几何题的例题和习题，但没有引入消点法. 把消点法与复数计算结合起来，形成另一种系统的解题方法，看来是一项有意义的工作.

习　题　14

14.1　把例 8.3 的解改造成三角解法和向量解法.

14.2　把例 8.4 的解改造成三角解法和向量解法.

14.3　用向量方法证明西姆松定理(例 14.3).

第15章

几何机器证明万题同法 数学自动推理美梦成真

数学问题大体上可分为两类:计算题与证明题,或者叫做求解与求证.

求解:解应用题、解方程、几何作图、求最大公约数与最小公倍数……

求证:初等几何证明题、证明代数恒等式、证明不等式……

中国古代数学研究的中心问题是求解,其方法是把问题分门别类,找出一类一类的解题模式.《九章算术》就是把问题分成九大类,分别给出解题办法.这办法是有固定章法可循的.只要有一般智力和必要的基本知识,都能学会.学会一个方法,便能解一类问题,问题来了,只要能对号入座,便可手到擒来,不要什么天才和灵感.

用一个固定的程式解决一类问题,这是机械化数学的基本思想.追求数学的机械化方法,是中国古代数学的特点,也可以说是中国古代数学的优秀传统之一.

以希腊的几何学为代表的古代西方数学,所研究的中心不是分类解题,而是在建造公理体系的基础上一个一个地证明各式各样的几何命题.几何题的证法,各具巧思,争奇斗艳,无定法可循,犹如雕刻家的手工操作,有赖于技巧和灵感.

能不能想个办法，把证明题也变成有一定章法可循的推理与计算呢？这样，便人人都能证几何难题了．只要他按部就班地学会不多的套式，细心耐心推理演算，就能像解一次代数方程，开平方，求最大公约数那样推证那些曾使数学家束手无策的几何难题了．

这种愿望由来已久，但直到17世纪，法国数学家笛卡儿才为它的实现找到一线光明．笛卡儿创立的解析几何，使初等几何问题代数化，在世界上第一次把无章可循的几何证明题纳入了有一定规范形式的代数框架，为后来的几何定理机器证明打下了基础．

比笛卡儿晚一些的德国数学家莱布尼茨，曾有过"推理机器"的设想．他为此研究过逻辑，设计并造出了能做乘法的计算机．他的努力促进了布尔代数、数理逻辑以及计算机科学的研究．

但是，真正提出了对某一类几何命题的真假的机械检验方法的，是19—20世纪的数学大师希尔伯特．在他的名著《几何基础》(希尔伯特，1987)一书中，提供了可对一类几何命题进行检验的定理．其大意是，如果一个几何命题只涉及"关联性质"，那就可以用确定的步骤判定它是不是成立．如果成立，这判定的过程就构成了一个证明．

所谓"关联性质"，指的是"某点在某直线上"、"某直线过某点"……这类不涉及线段长短、角度大小的几何性质．我国著名数学家吴文俊教授，称希尔伯特的这个定理为"希尔伯特机械化定理"．可惜，希尔伯特机械化定理，只解决了很小一类几何定理的机器证明问题．

电子计算机的问世，使证明机械化的研究活跃起来．波兰数学家塔斯基在1950年证明了一个引人注目的定理：一切初等几何和初等代数范围内的命题，都可以用机械方法判定其是否成立．1956年以来，西方科学家开始尝试用计算机来证明一些数学定理．1959年，数理逻辑学家王浩教授设计了一个程序，用计算机证明了罗素、怀特黑德的名著《数学原理》中的几百条定理，仅用9分钟．1976年，美国的两位年轻数学家阿佩尔和黑肯，在高速电子计算机上，用1200小时的时间，证明了数学家100多年来未能证出的"四色定理"．这些进展一时引起了轰动，使数学家和计算机科学家们欢欣鼓舞，认为机器证明的美梦很快会变成眼前的现实了.

但是，《数学原理》中的几百条定理，毕竟是平凡的陈述. 用计算机单打一地证明“四色定理”，也只算是计算机辅助证明. 在漫长的历史中，曾积累了数以千计的初等几何定理. 无数数学家，为提出和证明这些定理真是呕尽心血. 这里面有许多巧夺天工，趣味隽永的杰作. 能不能用计算机把这些定理成批地证出来？人们在拭目以待.

自塔斯基的引入注目的定理发表以来，30 多年过去了. 初等几何定理机器证明仍没有令人满意的进展. 用塔斯基的方法，连中学生课本里的许多定理都证不出来. 人们又从乐观变为悲叹. 有些专家认为：光用机器，再过 100 年也未必能证出多少非平凡的定理.

中国数学家的工作，在这个领域揭开了新的一页. 吴文俊教授在中国古代优秀数学思想的启发之下，从他对数学本质的深刻理解出发，于 1977 年发表文章，提出了新的机器证明方法（吴文俊，1977）. 这个方法在国际上被称为吴方法. 使用吴方法，可以在微型电子计算机上，在几分钟甚至几秒钟的时间内，证明很不简单的几何定理. 1988 年，国外出版了一本英文专著，详细介绍吴方法，并列举了该书作者用吴方法编的程序在机器上证明的 512 条定理（Chou，1988）.

吴方法的出现被公认为是机器证明领域的里程碑式的突破. 在吴方法的影响下，又出现了另一些新方法，如国外的 *GB* 法，国内的数值并行法. 所有这些方法，都能有效地判定等式型的初等几何命题，包括球面几何、非欧几何的命题. 至于不等式的机器证明，由于杨路等的工作也有了实质性突破（杨路，夏壁灿，2007）. 这些方法在众多的领域有广泛的应用.

但是，以吴方法为首的所有这些方法，实际上能告诉人们的只是某命题的真假. 因为这些方法给出的证明很繁、很长，往往涉及成百上千项的多项式的计算或成百上千次的数值计算. 这些证明不像传统的证明那样能向人说个明白. 机器证明，实际上似乎是“证而不明”. 在多次关于机器证明的国际学术会议上，专家学者们提出，能不能用计算机产生明白易读的证明？

实际上，从 20 世纪 60 年代开始，欧美的一些科学家已开始进行用机器产生初等几何定理的可读证明的研究了．这方面，在 30 多年间，发表了不少论文，但实际进展不大，直到 1992 年，仍未找到哪怕是对一小类几何定理能生成可读证明的有效算法．如何用计算机产生简捷可读的几何定理的证明？这对数学家、计算机科学家，特别是人工智能专家，是一个挑战性的课题．

1992 年，本书作者应美国 Wichita 大学 S. C. Chou（周咸青）的邀请，赴美进行合作研究．作者建议将自己多年来从事探讨的面积方法，和在吴方法启发之下提出的消点法结合起来，用于对付这个 30 年来进展很少的课题，居然大见成效（Zhang et al.，1992）．我们在几个月的合作研究中，形成了消点算法，编制了程序，在 NexT 微机上产生了 400 多条非平凡几何定理的可读性证明（至 1994 年初，已写成在 PC 机上 Windows 下运行的程序）（Chou et al，1994）．这项工作是由美国 Wichita 大学的 S. C. Chou、中国科学院系统科学研究所的高小山和作者共同完成的．

这项研究成果，从两方面说明面积方法的意义；一方面，面积方法帮助了机器证明的研究，使机器证明领域中长期得不到解决的一大难题有了突破性进展．另一方面，由于这一突破，使面积方法在未来的几何教学中占有了特别的优势．它能在计算机上实现，它和最先进的工具联系起来了，能不重视吗？

由于用了面积法，一大类初等几何问题的解题算法找到了．正是因为找到了算法，才有可能写出程序．这个算法，基本上就是本书所介绍的消点法．它不但能用计算机实现，也能用手实现，因为它产生的证明往往是简捷的，一个几何命题来了，首先是按一定步骤把题图的构造过程写下来，根据构图过程，一步一步地写出证明或最终判明命题不成立．证明过程实际上是计算过程，这计算过程又紧密联系着图形直观与逻辑推理．这就把几何作图、几何计算、几何证明都联系起来了，笛卡儿创立坐标方法，目的之一是寻求几何问题的算法．但坐标法产生的证明往往不那么简捷．用了面积方法，不但找到了一大类几何问题的算法，而且能产生简洁的证明．借助于面积法，还可以写出用向量方法证明几何题的程序，用体积法解立体几何问题的程序．这些问题都是近年来国际上机器证明领域的一些学者们企图解决而未能成功的．由于应用面积法，举一反三都迎刃而解了.

面积法与消点法的结合所产生的算法，使几何教学中长期以来没有解决的两个问题也有了初步答案. 这两个问题是：

1）学了一般的初等几何知识，究竟有哪些几何问题是肯定能解决的?

2）几何证明的写法，应采取什么规范形式?

这两个问题，自欧几里得以来，就没有被深入地研究过. 也许，因为问题太难、太不确定了，在过去一直被认为是无法下手的问题吧. 现在，我们至少给出了初步的答案：

1）如果一个几何命题的前提条件，可以用构图过程表示，这构图过程的每一步都符合欧几里得作图公法；命题的结论，是涉及图中的几何量的一个等式；这样的命题，总可以用消点法一步一步地把所有几何约束化解，以至最终判断它是否成立.

2）消点法实际上建议了几何证明的一个基本模式：递等式方法. 要证明的结论是一个等式，而证明过程就是把等式左端一步一步地变换成右端的过程. 每一步变换中，包含着一些基本推理步骤. 递等式是证明的主干，每一步变换中的推理，是对主干的补充说明.

初等几何问题算法化的研究，远没有结束，一些重要问题如下：

1）本书没有涉及几何不等式的机器证明问题. 吴文俊曾称不等式的机器证明为“一大难题”. 后来杨路提出了新的思想和方法使这一难题得到突破（杨路，夏壁灿，2007）. 但几何不等式可读证明的自动生成问题，仍然没有大的进展。

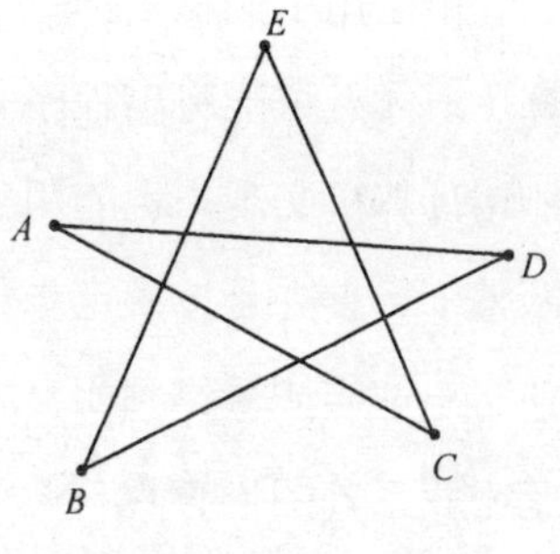

图 15-1

2）涉及序关系的几何等式的证明，也没有彻底解决. 例如，任意五星形（图 15-1）的 5 个角之和为 180°，这样一个简单的命题，用现有的机器证明通用算法都不能解决!

3）非构造性的几何命题，即不能（或暂时找不到）用尺规作图方法作出其图形的几何命题，目前还无法用消点法写出其可读性证明. 例如，著名的斯坦纳—雷米欧司定理（如果三角形两分角线相等，则其两边相等）的题图，就无法用规尺作图完成（已知等腰三角形底边和它的两底角的平分线，如何画出这个三角形）.

4）在机器证明中，如何把全角方法与面积方法结合起来？本书中所介绍的以面积为中心的消点法，全角运算方法，都已编成了程序并在微机上运行成功. 书中的例题，其证明都与计算机证明基本一致. 但这两种方法还没有编入同一个程序，不能像传统证法那样灵活地运用. 这属于进一步研究的课题.

5）几何定理传统证法的技巧很多. 如合同法、旋转法、反射法、反演法、反证法等，这些技巧如能吸收到机器证明软件中，将使机器产生的证法更为简洁优美. 这个课题目前进展很少.

6）消点法对于一次产生一个点的构图十分有效. 对于一次产生两个新点的构图，如两圆相交，理论上可以解决，但目前尚没有写出能产生简捷可读证明的有效程序.

总之，用计算机证明几何定理，特别是用计算机生成几何定理的可读证明，是一个新被开拓的研究领域. 在这一领域的进一步研究，有可能使我们对几千年来人类积累的初等几何知识作一个完满的总结. 这不仅将实现笛卡儿以来一些卓越的科学家的美好梦想，也会对现实的数学教育改革，计算机教育的发展和计算机辅助教学的推广产生积极的影响.

目前，我国已将“机器证明及其应用”课题，列为重大关键基础研究项目（攀登计划，后来成为“973 项目”）之一. 本书所介绍的，是这一攀登项目的阶段性成果的一部分. 对于机器证明有兴趣的读者，可参看本书后面的参考文献.

下　篇

第 16 章

几何世界说古论今 公理体系追本溯源

在本书上篇中，引入了一套新的几何解题方法．这套方法仅仅是方法，它可以在任何几何体系中运用——只要在这个体系中能建立我们的方法所赖以发展的几个基本工具：共边定理、共角定理、勾股差定理等．

几何学是一座美丽的城市，要方便地游览城市的各个景点，就需要好的市内交通系统、交通工具．这交通系统和交通工具，也就是几何学的展开结构和解题方法．但要从外部到达这个城市，则往往要经由城市的大门、车站、机场．几何学的公理系统，好比是城市的大门、机场、车站．

当然，城市可以没有大门、机场或车站．城市可能是全方位开放的，旅游者不必经由大门、机场或车站也能进来一饱眼福．学几何、研究几何、欣赏几何，也可以不考虑公理系统．中国古代数学家在几何学上有辉煌的贡献，但他们完全没有想到过应当建立一个公理系统．他们关心的是找寻有效的解题方法——计算几何量的方法．在欧几里得之前，古希腊学者们在几何学领域已取得了十分丰富的成果，他们也没有想到要建立一个公理体系．

但是，正如现代化的城市总要兴建机场、车站才能更加繁荣一样，几何学的蓬勃发展促进了公理体系的出现，而公理体系的出现又引导几何学的研究走向更高级的阶段.

古希腊学者喜欢论辩. 几何问题是他们论辩的重要内容之一. 他们不满足于推导实用的几何计算公式，而对几何图形的丰富多彩的性质的来龙去脉更有着浓厚的兴趣. 为了说明图形何以会有这样那样的性质，就要讲道理，这就是证明.

如果这证明仅仅出于实用的目的，怕得到的公式不正确，弄清它的道理，那就用不着打破砂锅问到底，只要大致说个明白就行了. 我国古代数学家给出了勾股定理的证明. 这证明就是大致说个明白，画个正方形，里面摆四个一样的直角三角形，算算面积，就把勾股定理算出来了. 如果打破砂锅问到底，还可以提出不少问题. 比如，为什么平面上能画出个正方形来？如果平面上画不出正方形，这个证明也就失去了依据. 对这样的问题，中国古代数学家似乎不想提，更不准备回答. 但从逻辑上说，这样提问题并没有错. 事实上，并不是随便什么表面上都能画正方形的. 平面上能画出正方形（严格地说，欧几里得平面上才能画出正方形来. 在非欧平面上，是画不出正方形的），是因为它是“平”的. 那么，这“平”又是什么意思呢？能不能用更准确的语言加以刻画呢？这种提问题的方法，在现代数学中是司空见惯、理所当然的. 而在古代，却是一个了不起的创造. 具体地说，是古希腊人在论辩中逐渐学会了这种打破砂锅问到底的方法.

砂锅有底，打破了也就完了. 但讨论具体问题，比如几何证明题，如果没完没了的问下去，却也不是个办法. 为什么甲成立？因为根据乙；为什么乙成立，因为根据丙；为什么丙成立，因为根据丁……这样，问的人不费吹灰之力便可得寸进尺，答者竭尽心力还不免理屈词穷，这也太不公平了. 而且无助于认识真理，增长智慧.

又要寻根究底把道理讲清楚，又不能没完没了地问下去，这个矛盾如何解决呢？古希腊人找到了一个办法；大家商定共同承认若干条最基本的根据，叫做公理（或公设）. 对公理（公设），就不能再问了. 寻根究底的底，就是公理.

有一种说法，认为公理是“自明之理”. 其实也不尽然，因为什么叫“自明”，并无客观的标准. 欧几里得的第五公设，或者叫平行公理，很多数学家就认为不是自明之理.

另一种说法，认为公理是被亿万次实践检验为正确的真理. 这有道理，但不全面. 因为无法说清楚. 检验多少次才算公理? 谁来判定检验的结果? 欧几里得平面几何里，三角形内角和等于 180°，是因为有平行公理——过直线外一点有且仅有一条平行线. 在罗氏非欧几何里，三角形内角和小于 180°，是因为平行公理变了——过直线外一点，至少有两条平行线. 那么，究竟平行线是一条还是两条，如何用实践检验呢? 这是很难说清楚的问题.

现代数学认为，所谓公理，就是对所研究的对象的性质的基本约定. 中国象棋里，“马走日字象走田”，这种约定，就可以说是中国象棋里的公理，我们不能说，马走日字象走田是自明之理，也不能说是经过实践检验总结出马走日字象走田. 只能说，这是约定. 研究象棋，可以总结出一些棋的规律，如“单车难破士象全”. 这些规律的正确性，是可以证明，可以讨论的. 你可以问“为什么单车难破士象全”? 但不能问“为什么马走日字象走田”. 因为这是公理，是约定，是寻根究底的底.

这么说，既是约定，就可以随心所欲，天马行空，任意创设公理系统了吗?

实际不然. 对于数学公理，还是应当有些要求，有些标准. 这里有逻辑上的标准，也有实际提出来的标准.

逻辑标准，是 19—20 世纪德国数学家希尔伯特首先明确地说出来的（希尔伯特，1987）. 共三条:

第一条叫做相容性. 也就是说，在同一公理系统之中，公理不能相互矛盾，不能由它们推出相互矛盾的命题.

第二条叫做独立性. 是指系统中每条公理都是必要的，它不能由系统中其他公理推出.

第三条叫做完备性. 就是说这些公理对于所研究的领域已经足够了，不可能再添加新的独立公理了，加上去，就有矛盾.

这三项标准中，最重要的是相容性，如果一个系统自相矛盾，不知所云，那就没有必要去创建它，发展它．但是，目前推不出矛盾，并不见得就没有矛盾，将来也许会出现矛盾，那么，又怎样证明公理系统的相容性呢？在数学里，一个公理系统的相容性往往是用构造模型的方法来说明的．也就是说，设法在某一组已知的事物上来验证（或解释）所考虑的公理系统．如果这些公理能在这组事物上得到满足，就把这组事物叫做公理系统的一个模型．公理之间有矛盾，模型就不可能存在．可见，这模型不应当在本公理系统之内来建立．否则，就是假定了自己的相容性来说明自己的相容性，成了循环论证了．既然要在另一个系统内建立模型，那就要假定模型所在的系统相容．例如，假定了自然数公理系统是相容的，便可在自然数系统内建立一个模型，来证明实数公理系统是相容的．而在实数系统中，又可以建立笛卡儿坐标系，构成欧几里得几何公理系统的一个模型，证明欧几里得几何公理体系的无矛盾性．这样，欧几里得几何公理体系的无矛盾性，即相容性，就归结为自然数公理系统的无矛盾性．

公理系统的独立性不像无矛盾性那么重要，因为它不影响整个系统的构造和性质，如果已明明白白地知道其中一条公理能由其他公理推出来，那就把它从公理中去掉，改称定理好了．问题在于，要确定一条公理能否由其他公理推出来，有时是十分困难的．欧几里得之后两千多年间，许多出色的数学家致力于研究欧几里得第五公设（平行公理）的独立性．他们猜想这条公理能够由其他公理推出来，但又无法证明或否定这个猜想．直到19世纪，这项研究导致非欧几何的发明，并且在欧几里得几何内建立了非欧几何的模型，才最终确定了平行公理的独立性．可见公理体系中独立性的研究是多么困难．现在，人们对公理的独立性并不非常重视．特别是在数学教育中，为了化繁为简，不妨多用几条公理．我国长期使用的初中几何课本所介绍的几何公理，就不满足独立性这个要求．

至于完备性，更不必要．不完备的公理系统所刻画的对象，内容往往更丰富，更深刻．现代数学所研究的许多公理系统，都是不完备的．不过，对于欧氏几何，人们希望它的公理系统是完备的，这是因为，几何公理是从现实世界的空间性质抽象而来的．几何学应当完全地反映现实世界的空间性质．如果不完备，就意味着现实世界某些空间性质尚未在几何学中得到反映和说明，这当然不能令人满意.

前面说了公理系统应当具备的逻辑特色. 说来说去，根本上只有相容性才是必要的. 只要相容，无矛盾，也就是能够自圆其说，就可以成为一个公理系统. 但是，这并不意味着一切能够自圆其说的公理体系都应受到重视，都能得到发展. 如果公理系统中的公理是从现实世界中抽象得来的，是人们长期实践经验的结晶，这个系统推出的理论、公式就能反过来在实践中得到应用，人们就关心这种系统，就会有更多的人研究它，发展它，学习它，传播它. 这系统也就源远流长，不会湮没了. 在这个意义上，几何学和它的公理系统，应当经受实践的考验. 它源于实践，并在实践中发展和更加完善.

在实践中积累的大量知识，经过整理、系统化，最后形成若干条最基本的规律，即公理. 这是许多成功的数学公理系统产生的必由之路. 从逻辑上，是先有公理，然后才能从公理推出各种命题，构成丰富的知识体系. 而在实际的发展过程中，则是先积累了丰富的知识，并已初步形成系统，有了条理，才提炼出公理的.

这正如，通常是先有城市，而且城市发展到一定规模，才兴建机场、车站. 有了机场、车站，城市则更加繁荣. 但也有例外，由于对欧几里得几何第五公设的研究，人们发现了新的几何学——非欧几何. 这好像因修建机场而发现了另一座城市，或者说因修建机场而发现可以顺便兴建另一座城市. 非欧几何是先有了公理，才在公理基础上推演出来的.

因研究公理而发现一片新天地——非欧几何，这是数学史上一件大事. 从此，数学家对公理方法异常重视，掀起了研究公理方法的热潮. 到 20 世纪 50 年代，公理方法已经进入了数学的各个分支.

对几何这个古老的数学分支，数学家特别垂青. 不但旧的公理体系受到彻底的分析、研究，得到补充、完善以至重建，并且一个又一个的新公理体系也诞生了. 在这个古老城市的周围，大大小小的机场和车站出现了. 可惜的是，对城市内部的交通系统与交通工具，关心者不多，因而改善甚少.

我们所引入的新的几何方法，就是致力于改善这个古老城市的市内交通系统. 这新的交通系统，和周围已有的机场、车站是可以并网运行的. 但是，如果有了与新交通系统配套的新机场、新车站，岂不更加方便?

这本书下篇的目的，就是提出一个为古老的几何学城市建设新机场、新车站的方案.

也就是说，我们准备提出一个与面积方法紧密配合的几何公理体系.

为了说明建立几何的新公理体系的需要，我们应当先大体了解一下目前已有的一些几何公理体系的特点. 这样，既便于比较我们的公理体系与原有的体系的不同之点，也有助于说明我们的体系在逻辑上与其他体系的等价性. 借鉴前人和他人的成果，也正是推陈出新的必由之路.

第 17 章

欧几里得创原本开宗明义 希尔伯特论基础严谨精深

大约公元前 300 年，在地中海的南海岸，在亚历山大市尼罗河西岸近旁，生活着一个人物，他的著作成为可与《圣经》相匹敌的畅销书.

他就是欧几里得. 我们并不清楚他的生平，据传他在亚历山大城开过一座学校，有众多才华出众的学生. 他本人是个非常文雅但衣着古怪的人，似乎是许多小说中杜撰的痴迷的科学人物的典型形象. 而他的著作 *Elements*（《几何原本》，以下简称为《原本》）（欧几里得，2005），却是长期被广泛阅读传播的传世之作. 在这本书中，他将前人的丰富数学成果进行了总结整理，建立了几何学的第一个公理系统与推理体系，给出了几种典型的几何证明方法.

《原本》的原稿早已失传，它本是 13 卷的羊皮纸文稿，在漫长的中世纪黑暗时代几乎完全销声匿迹。明朝中叶传入我国，我们现今学习的《原本》，主要是希波克拉底流传下来的版本，然而这并不影响我们的阅读与研究.

《原本》共十三卷. 在第一卷里，引入了 23 个定义，5 个公设和 5 个公理，以及 48 个作为几何证题基本工具的最重要的定理. 以后各卷分别涉及圆、正多边形、比例与相似、算术、代数恒等式、可公度与不可公度的概念、立体几何及体积计算的穷竭法. 它确是世界上最早的，内容丰富、结构严整的空前科学巨著. 它的问世不仅标志着作为一门科学的几何学的诞生，也标志着科学中公理方法的诞生.

2000 多年后的今天，欧几里得的著作仍然有其鲜明的特点. 最重要的一点是，整本书只引用了几个简单的假设，再根据这些假设推导出一连串的定理，最后变成一套完整的理论. 在因果之间确立了严密的逻辑推理，由此确立了数学为一门演绎的科学. 这本书也有一些缺点，而事实上这些缺点，却成为日后数学发扬光大的原动力.

《原本》中 23 个定义的前几个如下：

定义

1）点是没有部分的.

2）线有长无宽.

3）线的界限是点.

4）直线是这样的线，它上面的点是同样地放置着的.

5）面有长和宽.

6）面的界是线.

7）平面是这样的面，它上面的直线是同样地放置着的.

接着，就是平角、直角、垂线、圆以及三角形等基本几何图形的定义.

在《原本》中所引入的公设和公理如下：

公设

1）从每一点到另一点可引直线.

2）每一条直线都可以无限延长.

3）以任意点为中心可作半径等于任意长的圆.

4）凡直角都相等.

5）同一平面上两直线与第三直线相交，若其中一侧的两个内角之和小于两直角，则该两直线必在这一侧相交.

公理

1）等于同量的量相等.

2）等量加等量，其和相等.

3）等量减等量，其差相等.

4）能迭合的量相等.

5）全体大于部分. 在欧几里得看来，所谓公理，是适用于一切科学的真理. 至于公设，则只适用于几何. 但后来的数学家并不这么区分，大家认为公设也就是公理.

在2000多年前的古希腊时代，《原本》的出现无疑是一辉煌的科学高峰. 但随着人类的科学水平的提高，大家逐渐认识到，欧几里得所创建的这个几何体系，在逻辑上尚欠严谨. 主要是：

1）定义不清楚. 当时，欧几里得试图对一切基本几何概念都加以定义. 后来的数学家认识到，这是不可能的. 例如，《原本》中关于点的定义说“点是没有部分的”，关于线则说“线有长无宽”，“线的界限是点”等. 这里用了“部分”、“长”、“宽”、“界限”等词，但这些词的意义都不明确. 在定义4）和7）中，用了所谓“同样放置着的”说法，也不知道所指为何. 这样的定义含糊不清，在几何推理中不起作用. 在2000年中，许多数学家为把几何的基本概念弄得更清楚而付出了巨大的努力. 这方面的努力到1899年德国数学家希尔伯特的名著《几何基础》（希尔伯特，1987）出版时才算大功告成.

2）公理不完备，缺少顺序公理、合同公理和连续公理. 因此，《原本》中的推理不得不参照图形，求助于直观. 也就是说，达不到现代数学所要求的严谨性.

3）有些公理不独立，不是必要的. 如第4公设“凡直角皆相等”就容易从别的公理推出来.

欧几里得之后，很多数学家致力于改善几何学公理体系使之更清楚，更严谨. 直到19世纪，德国数学家希尔伯特出版了《几何基础》（希尔伯特，1987）这本近代公理方法的经典著作，才解决了《原本》所存在的这些问题.

在《几何基础》中，阐明了近代公理方法的基本思想；一个公理系统中，最初的一些基本概念是不加定义的. 既然不加定义，在推理中又如何使用这些基本概念呢？这就要列出若干条公理来规定这些基本概念之间的关系，即在逻辑推理中使用这些基本概念的方法. 从基本概念和公理出发，通过推理，可以导出新的命题，可以定义新的概念，以展开这个学科.

关于这些最初的命题——公理，希尔伯特提出了一定的要求，即第 16 章提到过的相容性，独立性和完备性的要求.

具体到几何学，希尔伯特提出了六个基本概念，即六个"元词". 其中三个是几何学的基本元素，即"元名"，是"点"、"直线"、"平面". 另三个是几何元素之间的基本关系，即"元谊"，是"在……上"，"在……之间"，"合同于". 这六个元词之间的关系，由下列五组共 20 条公理来规定：

Ⅰ　关联公理（也叫结合公理、从属公理）

$Ⅰ_1$　过两点 A 和 B，有一直线 a.

$Ⅰ_2$　过两点 A 和 B，至多有一直线 a.

$Ⅰ_3$　直线上至少有两点，又至少有三点不在同一直线上.

$Ⅰ_4$　过不在同一直线上的三点 A、B、C，必有一平面 α. 每一平面上至少有一点.

$Ⅰ_5$　过不在同一直线上的三点 A、B、C，至多有一个平面.

$Ⅰ_6$　如果一直线的两点在一平面 α 上，则该直线的每一点都在平面 α 上.

$Ⅰ_7$　如果两平面 α、β 有一公共点 A，则它们至少还有另一公共点 B.

$Ⅰ_8$　至少有四点不在同一平面上.

Ⅱ　顺序公理（也叫次序公理）

$Ⅱ_1$　若一点 B 在点 A 与点 C 之间，则 A、B、C 为一直线上的三个点，且 B 也在 C 与 A 之间.

$Ⅱ_2$　点 A、B 所在的直线上，至少有一点 C，使 B 在 A、C 之间.

$Ⅱ_3$　直线上的任意三点中，至多有一点在其他两点之间.

$Ⅱ_4$　帕施（*Pasch*）公理：设 A、B、C 是不在一直线上的三点，直线 a 在

平面 ABC 上，但不通过 A、B 或 C. 若直线 a 通过线段 AB 的一内点，则它必通过线段 AC 或 BC 的一个内点.

Ⅲ **合同公理**（也叫全等公理）

Ⅲ$_1$ 设 A 和 B 是一直线 a 上的两点，A' 是直线 a 或另一直线 a' 上的一点，则在 A' 的给定一侧必能在 a 或 a' 上找到一点 B'，使线段 $A'B'$ 合同于 AB，可用符号记为 $A'B'\equiv AB$.

Ⅲ$_2$ 若 $A'B'\equiv AB$，$A''B''\equiv AB$，则 $A'B'\equiv A''B''$（合同于第三条线段的两条线段彼此也合同）.

Ⅲ$_3$ 设 AB 与 BC 为直线 a 上无公共内点的两条线段，$A'B'$ 与 $B'C'$，为直线 a' 上无公共内点的两条线段，若 $AB\equiv A'B'$，$BC\equiv B'C'$，则 $AC\equiv A'C'$.

Ⅲ$_4$ 设 $\angle(h, k)$ 是平面 α 上两射线所成的角，a' 是平面 a 上的一直线，h' 是 a' 上由某点 O 出发的一射线. 则在平面 a 上，直线 a' 的一侧，恰有一射线 k'，使 $\angle(h', k')$ 合同于 $\angle(h, k)$，且 $\angle(h', k')$ 的所有内点均位于 a' 的给定的一侧. 用记号表示，即 $\angle(h', k')\equiv\angle(h, k)$. 每一个角均与其自己合同，即 $\angle(h, k)\equiv\angle(h, k)$.

Ⅲ$_5$ 若两三角形 ABC 和 $A'B'C'$ 有 $AB\equiv A'B'$，$AC\equiv A'C'$，且 $\angle BAC\equiv\angle B'A'C'$，则 $\angle ABC=\angle A'B'C'$.

Ⅳ **平行公理**

设 a 是任一直线，点 A 不在 a 上，则在 a 和 A 所决定的平面上，至多有一条直线通 A 且不与 a 相交.

Ⅴ **连续公理**

Ⅴ$_1$（度量公理或阿基米德公理）若 AB 和 CD 是任意两线段，则在 AB 直线上存在一组点 A_1，A_2，…，A_n 使得 AA_1，A_1A_2，…，$A_{n-1}A_n$ 都合同于 CD，而使 B 在 A 和 A_n 之间.

Ⅴ$_2$（直线完备公理）直线上的点构成一个满足公理Ⅰ$_1$、Ⅰ$_2$、Ⅱ、Ⅲ和Ⅴ$_1$ 的点集，而且不可能再把它扩大成一个继续满足这些公理的更大的集合.

看了这些公理，读者可能提出一个问题：在公理中不是仍然使用了许多基本概念之外的未加定义的概念吗？例如，在Ⅰ$_1$中用了“过两点”的过字，用了“有一直线”的有字；在Ⅰ$_2$中用了“至多有”；Ⅰ$_3$中用于“至少有”；以下还用了线段、射线、角、内点、相交等元词之外的不少概念. 这是不是违背了公理法的原则呢？

这是应当加以说明的.

在公理中所用的概念，除元词之外，可分为两类：

一类是可以用元词加以定义的几何概念. 例如，直线a过两点A和B，意思是点A在直线a上，点B也在直线a上. 这样，就用元谊“在……上”定义了“过”. 又如：B是线段AC的内点，意思是点B在点A与点C之间，这就是用元谊“在……之间”定义了线段的内点. 类似地，可用元词定义公理中其他几何概念。限于篇幅，没有详细地引用这些定义.

另一类是逻辑推理规则中的术语. 如“有一直线”的“有”以及“至少有”、“至多有”、“则”、“且”等词，这些术语在逻辑推理规则中都有明确的意义和规定.

由此可见，为了叙述希尔伯特的公理，还要加上一大堆定义和推理规则的说明. 这确实是一个复杂的系统.

希尔伯特公理系统是欧几里得公理系统的严谨化与完善化. 它克服了欧几里得公理系统逻辑上的缺陷，但没有改变欧氏公理系统另一些固有的弱点.

第一，欧几里得—希尔伯特公理系统把几何从整个数学中孤立出来了. 它没有充分利用近代数学的成果，如实数理论、集合论、函数概念等. 事事靠几何公理，因而公理多而烦琐. 这些当然不怪欧几里得. 因为他所处的古希腊时代，人们还没有实数的概念，也没有三角法、字母运算以及极端重要的0. 他只能靠几何把整个数学的担子挑起来. 至于希尔伯特，则着眼于继承和完善欧几里得的体系，当然不肯改变几何学这一柱擎天的欧氏传统. 这种孤立于整个数学之外的几何体系，自有它的学术文化价值和冷峻孤傲之美，但毕竟逐渐离开了数学科学发展的主流.

第二，由于没有充分利用方便的数学工具，因而推理繁琐，展开缓慢. 对于几何城市而言，欧几里得—希尔伯特体系是一座交通不方便的机场. 在这套公理基础上一板一眼地建起几何学的大厦是一项艰巨的任务. 在《几何基础》一书中，希尔伯特留下大量的证明方面的空白让读者自己去补全. 这些需要读者补上的证明，有时并不容易. 一般说来，读者更难于判断自己补上的证明是否严格. 因此，《几何基础》确实仅仅是基础. 由于允许借助直观，欧几里得的《原本》较易为初学者接受，成为第一部几何学的入门教科书，而《几何基础》则无法成为初学者的教程，不是学习几何的基础. 事实上，至今也没有谁在这“基础”上花工夫建造几何大厦.

第三，《几何基础》依然没有解决学习几何者的一个至为关心的基本问题：如何建立有效的工具来对付千变万化的几何问题？希尔伯特在此书中确实证明了一条几何证题机械化的定理：“一切仅涉及关联公理的几何命题是可判定的”. 但他没有找到切实可行的、写出简捷证明的有效方法. 寻找一般而有效的几何解题方法，这个重要问题直到 20 世纪末才有了突破性进展.

尽管如此，《几何基础》功不可没. 它大大推进了形式化公理方法的研究，为数学应用于计算机等现代科学技术开辟了新的前景.

第 18 章

现代数学惯用抽象结构 古典几何嵌入度量空间

现代数学把几何看成是数学大家庭的一员. 几何体系的建立可以充分利用一般的数学结构，因而大大简化了.

现代数学把集合论当做各个分支的共同基础. 一门数学，总得研究点什么东西. 这些被研究的东西首先是某个集合里的元素，然后给这些元素加上条件限制，即所谓“结构”，就构成了这一门数学分支的具体内容.

例如，实数之间有四则运算，满足一定的运算律，这叫代数结构. 实数之间可以比较大小，这叫序结构. 实数有连续性，这叫拓扑结构. 几种结构复合在一起，往往构成一个数学分支研究的对象.

现代数学中有一类重要的结构——向量空间. 对向量空间加上些条件，便成了欧几里得几何.

德国数学家外尔（H. Weyl，1885—1955）在向量空间理论基础上建立了欧几里得几何的一个公理体系.

首先，满足以下两组共 8 条公理的非空集合 V，叫做实数域上的一个向量空间.

Ⅰ 向量加法公理

设 $\boldsymbol{a}$，$\boldsymbol{b}$ 是 V 中的元素，则 $\boldsymbol{a}+\boldsymbol{b}$ 也是 V 中的元素，且有

I_1 结合律：$(\boldsymbol{a}+\boldsymbol{b})+\boldsymbol{c}=\boldsymbol{a}+(\boldsymbol{b}+\boldsymbol{c})$.

I_2 交换律：$\boldsymbol{a}+\boldsymbol{b}=\boldsymbol{b}+\boldsymbol{a}$.

I_3 零向量存在：$\boldsymbol{a}+\boldsymbol{0}=\boldsymbol{a}$.

I_4 反向量存在：对每个 $\boldsymbol{a}$，有 $\boldsymbol{b}$ 使 $\boldsymbol{a}+\boldsymbol{b}=\boldsymbol{0}$，记作 $\boldsymbol{b}=-\boldsymbol{a}$.

Ⅱ 向量的数乘公理

设 $\boldsymbol{a}$ 是 V 中的向量，λ 是实数，则 $\lambda\boldsymbol{a}$ 也是向量，且有

II_1 $1\cdot\boldsymbol{a}=\boldsymbol{a}$.

II_2 $\lambda(\mu\boldsymbol{a})=(\lambda\mu)\boldsymbol{a}$.

II_3 $(\lambda+\mu)\boldsymbol{a}=\lambda\boldsymbol{a}+\mu\boldsymbol{a}$.

II_4 $\lambda(\boldsymbol{a}+\boldsymbol{b})=\lambda\boldsymbol{a}+\lambda\boldsymbol{b}$.

如果还满足下面一组公理，这个向量空间便叫做“实内积空间”.

Ⅲ 向量的内积公理

对 V 中任两个向量 $\boldsymbol{a}$ 和 $\boldsymbol{b}$，有一个实数 $f(\boldsymbol{a},\boldsymbol{b})$ 叫做 $\boldsymbol{a}$ 与 $\boldsymbol{b}$ 的内积，记作 $f(\boldsymbol{a},\boldsymbol{b})=\boldsymbol{a}\cdot\boldsymbol{b}$，且满足：

III_1 $\boldsymbol{a}\cdot\boldsymbol{b}=\boldsymbol{b}\cdot\boldsymbol{a}$.

III_2 $(\boldsymbol{a}+\boldsymbol{b})\cdot\boldsymbol{c}=\boldsymbol{a}\cdot\boldsymbol{c}+\boldsymbol{b}\cdot\boldsymbol{c}$.

III_3 $(\lambda\boldsymbol{a})\cdot\boldsymbol{b}=\lambda(\boldsymbol{a}\cdot\boldsymbol{b})$.

III_4 当 $\boldsymbol{a}\neq\boldsymbol{0}$ 时，$\boldsymbol{a}\cdot\boldsymbol{a}>0$.

内积的用处之一，是可以用来定义向量的长度；向量 $\boldsymbol{a}$ 的长度 $|\boldsymbol{a}|$ 是 $\sqrt{\boldsymbol{a}\cdot\boldsymbol{a}}$. 还可以用来定义向量之间的角度.

$\cos(\boldsymbol{a},\boldsymbol{b})=\dfrac{\boldsymbol{a}\cdot\boldsymbol{b}}{|\boldsymbol{a}|\cdot|\boldsymbol{b}|}$，这里 $|\boldsymbol{a}|$、$|\boldsymbol{b}|$ 分别表示 $\boldsymbol{a}$、$\boldsymbol{b}$ 的长度.

直线上的向量是一维的，平面上的向量是二维的，空间的向量是三维的. 一般向量空间可能是无穷维的. 有穷维向量空间的维数，由下列公理来确定.

Ⅳ　维数公理

$Ⅳ_1$　存在 n 个向量 $\boldsymbol{e}_1$，$\boldsymbol{e}_2$，…，$\boldsymbol{e}_n$，仅当 $\lambda_1=\lambda_2=\lambda_3=\cdots=\lambda_n=0$ 时，才有

$$\lambda_1\boldsymbol{e}_1+\lambda_2\boldsymbol{e}_2+\cdots+\lambda_n\boldsymbol{e}_n=\boldsymbol{0}.$$

$Ⅳ_2$　对任意 $n+1$ 个向量，总有不全为 0 的实数 λ_1，λ_2，…，λ_{n+1}，使 $\lambda_1\boldsymbol{e}_1+\cdots+\lambda_{n+1}\boldsymbol{e}_{n+1}=\boldsymbol{0}$.

满足这四组公理的集合 V，叫做 n 维实内积空间.

那么，n 维实内积空间又和欧几里得几何有什么关系呢？这要靠下面一组公理.

Ⅴ　向量存在公理

设有非空集合 E，它的元素 A，B，C……叫做点. 任两点 A、B 对应于 V 中的一个向量，记作 $\overrightarrow{AB}$，且满足：

$Ⅴ_1$　对 V 中任一向量 $\boldsymbol{b}$ 和 E 中任一点 A，总有 E 中一点 B，使 $\overrightarrow{AB}=\boldsymbol{b}$.

$Ⅴ_2$　对 E 中任三点 A、B、C，有

$$\overrightarrow{AB}+\overrightarrow{BC}=\overrightarrow{AC}.$$

$Ⅴ_3$　若 $\overrightarrow{AB}=\boldsymbol{0}$，则点 A 与 B 重合.

这样，满足上述五组 17 条公理的集合 E，叫做 n 维欧几里得空间. 当 $n=2$ 时，就是欧几里得几何平面；当 $n=3$ 时，即欧几里得立体几何.

欧几里得几何的这种公理体系体现了现代数学抽丝剥茧的风格. 先来两组公理定义向量空间，向量空间本身就是一个重要的研究对象. 在向量空间基础上，引入内积，就成了一类特殊的向量空间——内积空间. 再加上第四组公理，成了有限维内积空间. 最后，画龙点睛，添上第五组公理，就得到了欧几里得几何. 这样一来，欧氏几何自然地融入现代数学大家族之中.

也许上述五组 17 条公理有点抽象，不易理解. 也可以更具体地引入欧几里得空间. 我们以三维欧几里得空间——立体几何为例来说明.

定义 D_1　由任意三个实数 x、y、z 组成的有序三元组 $(x，y，z)$ 叫做点.

定义 D_2　两点可以相加，

$$(x，y，z)+(a，b，c)=(x+a，y+b，z+c).$$

定义 D_3 实数λ可以与点相乘，

$$\lambda(x, y, z) = (\lambda x, \lambda y, \lambda z).$$

定义 D_4 设A、B是不同的两点，则点集$\{\lambda A+(1-\lambda)B \mid \lambda$是任意实数$\}$叫做通过$A$、$B$的直线.

定义 D_5 设A、B、C是不在同一直线上的三点，则点集$\{\lambda A+\mu B+(1-\lambda-\mu)C \mid \lambda$、$\mu$是任意实数$\}$叫做通过$A$、$B$、$C$的平面.

定义 D_6 若$0<\lambda<1$，$P=\lambda A+(1-\lambda)B$，则称P在A与B之间.

定义 D_7 设$A=(x, y, z)$，$B=(a, b, c)$，则

$$\sqrt{(x-a)^2+(y-b)^2+(z-c)^2}$$

叫做两点A、B的距离，记作AB. 当$AB=CD$时，称线段AB与CD合同.

这样，由于充分利用了实数的性质，我们只用8条定义，就给出了欧几里得—希尔伯特公理体系中的元名和元谊；点、直线、平面、合同、在……之间、在……上. 顺便说明一下，这里直线和平面是用集合定义的，所谓点在直线上，点在平面上，是某集合的元素与该集合的关系——属于；所谓直线在平面上，是某集合的子集与该集合的关系——包含于. 不难检验，这样引入了点、直线、平面、合同等概念后，可以进一步引入射线、角、三角形的定义，并证明它们满足希尔伯特的五组21条公理.

上述两种建立欧几里得几何体系的方法，本质上都属于解析几何的方法，即坐标方法. 在现代数学中，还有不借助于坐标，直接用几何量之间的关系来建立欧几里得几何的办法.

距离、角度、面积、体积等都是几何量. 其中，距离是欧几里得几何中最基本的几何量. 一个图形，如果任意两点间的距离知道了，图形也就定了. 数学家抓住距离的重要性质，引入了度量空间（也叫距离空间）的概念.

定义 18.1 设D是非空集. 如果对D中任意两个元素x，y，都能确定实数$\rho(x, y)$，满足

1）正定：$\rho(x, y)\geqslant 0$，当且仅当$x=y$时有$\rho(x, y)=0$；

2）对称性：$\rho(x, y)=\rho(y, x)$；

3）三角不等式：$\rho(x, y)+\rho(y, z) \geqslant \rho(x, z)$，

则称 $\{D, \rho\}$ 为度量空间，$\rho(x, y)$ 称为 x，y 间的度量或距离.

显然，欧几里得平面几何、欧几里得立体几何都是度量空间. 但度量空间不一定是欧几里得几何，它比欧几里得几何广泛得多，因而在现代数学中构成很重要的研究对象.

那么，在度量空间的基础上，再加些什么条件才能成为欧几里得几何呢？美国几何学家 L. M. Blumenthal 在 1961 年出版的《几何学的现代观点》一书中，在前人研究成果的基础上，给出用距离性质刻画欧几里得几何的公理系统. 关于平面几何，只有 6 条公理.

公理 1 $\{M, \rho\}$ 是度量空间.

公理 2 对 M 中不同两点 A、B，总有不同于 A、B 的点 P，使 $\rho(A, P)+\rho(P, B)=p(A, B)$（这叫度量凸性）.

公理 3 对 M 中不同两点 A、B，总有不同于 A、B 的点 P，使 $\rho(A, B)+\rho(B, P)=\rho(A, P)$（这叫度量外凸性）.

公理 4 空间 M 是完备的，即，若 $P_1, P_2, \cdots, P_n \cdots\cdots$ 是 M 中的无穷点列，且 $\lim\limits_{i,j\to\infty}\rho(P_i, P_j)=0$，则存在一点 $P\in M$，使

$$\lim_{i,j\to\infty}\rho(P_n, P)=0.$$

公理 5 空间 M 含有三点 A、B、C，使 $\rho(A, B)$、$\rho(B, C)$、$\rho(C, A)$ 中没有一个等于另外两者之和.

公理 6 对于 M 中任意 4 点 A、B、C、D，有

$$\begin{vmatrix} 0 & 1 & 1 & 1 & 1 \\ 1 & 0 & \rho(A, B) & \rho(A, C) & \rho(A, D) \\ 1 & \rho(A, B) & 0 & \rho(B, C) & \rho(B, D) \\ 1 & \rho(A, C) & \rho(B, C) & 0 & \rho(C, D) \\ 1 & \rho(A, D) & \rho(B, D) & \rho(C, D) & 0 \end{vmatrix}=0.$$

上面这种形式的行列式，叫凯莱-门格行列式（Cayley-Menger 行列式），是距离几何研究中的一个重要工具.

这样的公理体系表面上简化了，其实却涉及更多的数学知识．对数学家，特别是某些领域的专家，使用这种公理系统可以得心应手，但对初学者而言，却如坠入五里雾中．上述 6 条公理中，有些还寄易明白，如公理 1 引用度量空间的一般性质，主要是“三角形两边之和大于第三边”．公理 2 保证了两点之间还有点．公理 3 保证了线段可以延长．公理 4 保证了极限运算．公理 5 保证了至少有三点不共线．但公理 6 来一个“天外飞来”的行列式，好像不是三言两语可以说清楚的了．其实，它的几何意义是平面上任意四点形成的“四面体”体积为 0！

本节介绍的公理系统，显然不适于数学教育的需要．因而，数学家致力于寻求简明且易于理解的几何公理体系．

第 19 章

几何公理服务现代教育 数学泰斗撰写初中教材

前面已谈过，欧几里得《原本》中的公理系统逻辑上欠严谨. 希尔伯特提出的公理系统嫌繁琐，这两个系统又都使几何孤立于其他数学分支. 以向量或度量为基础的几何公理系统倒是和现代数学紧密地结合在一起了，可惜是阳春白雪，不易理解，不够直观. 总之，都不适应现代数学教育的需要.

数学教育呼唤这样的几何公理体系：直观、严谨、简明、易于展开.

为此，数学家和数学教育家们付出了巨大的劳动. 在世界各国的中学几何教科书上，出现了各式各样的几何公理体系. 一般说来，这些公理体系只要求相对的严谨，而把直观、简明放在第一位.

我国 20 世纪末所用统编中学几何教材，选用了下列公理.

公理 1　经过两点有一直线，并且只有一条直线.

公理 2　在所有连接两点的线中，线段最短.

公理 3（平行公理）　经过直线外一点，有一条而且只有一条直线和这条直线平行.

公理 4 两条直线被第三条直线所截，如果同位角相等，那么这两条直线平行.

公理 5（边角边公理） 有两边和它们的夹角对应相等的两个三角形全等.

公理 6（角边角公理） 有两角和它们的夹边对应相等的两个三角形全等.

公理 7 矩形面积等于它的长和宽的积.

公理 8 如果一条直线的两点在一个平面内，那么这条直线上所有的点都在这个平面内.

公理 9 如果两个平面有一个公共点，那么它们有且仅有一条通过这个点的公共直线.

公理 10 通过不在同一条直线上的三点，有且只有一个平面.

公理 11 长方体的体积等于它的长、宽、高的积.

公理 12（祖暅原理） 夹在两个平行平面间的两个几何体，被平行于这两个平面的任意平面所截. 如果截得的两个截面的面积总相等，那么这两个几何体的体积相等.

容易看出，这样选取公理的主要意图是为了简化教材，以适应学生的年龄特征和思维能力. 为了减少推理的复杂性，一方面对许多基本概念的定义避而不谈，只是在推理中直观地使用. 如"两点之间"、"同侧"、"异侧"、"旋转"、"角的内部". 一方面默认了一些命题，如"平面上至少有三点不共线"、"直线上有无穷多点". 另外，又把一些可以证明的定理当做公理，如上述公理 4、公理 5 都是可以证明的. 为降低教学的难度而牺牲严谨性，是数学教育中常采取的策略，这也无可厚非.

顺便提一下公理 2 的问题. 这条公理本是古希腊数学家和物理学家阿基米德所提出来的. 但它在逻辑上有小漏洞. 因为既然说线段最短，那就默认了还有其他的线来连接这两个点. 还默认了其他的线有长度，才能比较长短. 但所谓其他的线是什么？它们的长度是什么？都是未有定义的. 既无定义，何以能比较长短？实际上，什么叫连接两点的线，什么叫一条线的长度，都是相当复杂的问题，不可能用这么一条公理解决. 比较合理的做法，是由线段定义折线及折线的长，由折线定义一条曲线的长，根据定义即可证明线段最短.

由数学大师柯尔莫戈洛夫主编的苏联中学几何教材，则兼顾了严谨、直观与简明. 其中采用“距离”为基本概念，但避免了前节介绍的公理系统中艰深的数学知识. 它共有五组 12 条公理.

Ⅰ 结合公理

$Ⅰ_1$ 每一条直线是点集.

$Ⅰ_2$ 对任何不重合两点，存在一条且仅存在一条直线包含这两点.

$Ⅰ_3$ 至少存在一条直线；每一条直线上至少有一个点.

Ⅱ 距离公理

$Ⅱ_1$ 任两点 A 和 B，都有一非负实数 $|AB|$ 与之对应. 这个数叫做 A 点到 B 点的距离. 当且仅当 A、B 两点重合时，$|AB|=0$.

$Ⅱ_2$ $|AB|=|BA|$.

$Ⅱ_3$ 对于任意三点 A，B 和 C，有 $|AC|\leqslant|AB|+|BC|$.

Ⅲ 顺序公理

$Ⅲ_1$ 同一直线上的三点中，必有一点在另外两点之间.

$Ⅲ_2$ 直线 P 上任一点 O，把直线 P 上除 O 以外的点分成两个非空子集，使得点 O 位于分属于两个子集的任意两点之间.

$Ⅲ_3$ 对于任何非负实数 a，在始点为 O 的射线上有且仅有一点 P，使 $|PO|=a$.

$Ⅲ_4$ 任一直线将平面上不属于它的点的集合分为两个非空的凸区域.

Ⅳ 运动公理

设直线 AP 和 BQ 分别是半平面 α 和 β 的边界. 存在唯一的位移，把半平面 α 移到 β 上，点 A 移到 B 处，且射线. AP 移到射线 BQ 上.

Ⅴ 平行公理

经过平面上任意一点 A，至多只能作一条直线平行于已知直线.

柯尔莫戈洛夫的距离公理，也就是第 18 章所介绍的度量空间的基本性质. 可见，这套公理也把欧几里得几何放在度量空间的基础之上. 此外，它还承认了实数、集合，并引入了运动．这是充分体现了现代数学思想而又不失直观的系统．

在日本高中数学教科书上，则推出了一种以简明为特色的几何公理体系，只有 6 条公理．

公理 1 通过相异两点的直线只有一条．

公理 2 直线 l 把平面分成 π_1、π_2 两部分．

1）若两点 A、B 属于同一部分，则线段 AB 与直线 l 不相交；

2）若两点 A、B 分属于两部分，则线段 AB 必与直线 l 相交．

公理 3 已知 $\angle AOB$ 和直线 PQ，则在直线 PQ 任一侧，只能引一条射线 PR，使 $\angle QPR=\angle AOB$．

公理 4 已知线段 AB 和直线 l 上的点 O，则在 l 上点 O 的一侧，只能确定一点 C，使 $OC=AB$．

公理 5（全等公理） 相等的线段、相等的角可互相重合，且可重合的线段、可重合的角相等．

公理 6（平行公理） 过不在直线上一点，只有一条直线与该直线平行．

这套公理中，不但涉及了线段的相等，也涉及角的相等．比柯尔莫戈洛夫系统用了更多的几何量．

两套公理系统实际上都只涉及平面几何．不过，有了平面几何体系，扩展为立体几何是容易的．不妨对照第 17 章所介绍的希尔伯特公理来考察．其形式上与立体几何有关的公理只有下面几条：

I_4 过不在同一直线上的三点 A、B、C，必有一平面 α．每一平面上至少有一点．

I_5 过不在同一直线上的三点 A、B、C，至多有一个平面．

I_6 如果一直线的两点在一平面 α 上，则该直线的每一点都在 α 上．

I_7 如果两平面 α、β 有一公共点 A，则它们至少还有另一公共点 B．

I_8 至少有四点不在同一平面上．

III_4 （略）．

而实质上只有 I_7 与 I_8 确定了立体几何的存在与不同平面的关系. 可见，只要建立了平面几何公理体系，推广到空间是毫不困难的.

本节所介绍的几何公理体系，从数学教育的要求来看，无疑比欧几里得一希尔伯特体系以及第 18 章所介绍的以向量空间或度量空间为基础的体系要适用一些，但仍有明显的缺点：

(1) 为了简明直观，有时过多地失去了严谨性，含有一些未加清晰说明的概念.

(2) 未能充分展现形与数的关系，因而几何直观与代数运算不易紧密联系起来.

(3) 最重要的是，公理与解题工具之间缺少内在联系，因而不易展开，没有形成有力的方法.

下面，我们建立新公理体系时，力图较好地解决这些问题.

第20章

四大概念引领公理体系 三种度量演绎平面几何

和第18、第19两章所介绍的几种公理系统一样，我们也在实数系统及集合概念基础上建立几何公理体系. 但我们同时引入三种几何量：距离、面积和角度. 若要包括立体几何，则可以一并引入体积. 我们对这些量的关系作一初步探索.

取四个基本概念作为出发点. 它们是：点、距离、角度、面积. 点可理解为某个集合G中的元素，而距离、角度、面积都是由某些点组所确定的非负实数. 它们之间满足下列公理.

公理Ⅰ（距离公理） 两点A、B确定一个距离$|AB|=|BA|$，$|AB|$是非负实数，当且仅当$A=B$时，$|AB|=0$. 通常$|AB|$也简化为AB.

这里所谓$A=B$，意即A和B是集G中的同一个元素. 也叫做A与B重合.

公理Ⅰ不包含度量空间公理系统中所要求的三角不等式. 因而它所确定的距离还不是通常的度量. 在现代数学中，这种只有对称性（即$|AB|=|BA|$）和正定性（$|AB|\geqslant 0$，当且仅当$A=B$时$|AB|=0$）的“距离”叫做“半度

量”. 不过，利用其他公理，能够证明三角不等式.

公理Ⅱ（直线完备公理）　对任给的两点 A、B，当 $|AB|=r>0$ 时，对任意一个实数 x，必有唯一的点 P，满足

1）当 $0\leqslant x\leqslant r$ 时，$|AP|=x$，$|BP|=r-x$；

2）当 $x>r$ 时，$|AP|=x$，$|BP|=x-r$；

3）当 $x<0$ 时，$|AP|=-x$，$|BP|=r-x$.

所有这些点构成的集合，叫做由 A、B 确定的直线，简称直线 AB.

按照公理Ⅱ，在直线 AB 上，每个点唯一地对应于一个实数，每个实数对应于唯一点. 点 A 对应于 0，点 B 对应于 $r=|AB|$，设点 P 对应于 x，则称 x 是以（A，B）为基点时 P 在直线 AB 上的坐标. 或简单地说，x 是 P 在基点（A，B）下的坐标.

设 P、Q、R 是直线 AB 上的任意三个点，在基点（A，B）下的坐标分别顺次为 x，y，z，如果 $x>y>z$ 或 $x<y<z$，则称 Q 在 P、R 之间. 下面的公理通常教科书上都是默认的.

公理Ⅲ（距离可加性）　若点 Q 在 P、R 之间，则

$$|PQ|+|QR|=|PR|.$$

有了距离可加性，就能由两点在同一直线上的坐标计算它们的距离了.

命题 20.1（直线上的距离公式）　设 P、Q 是直线 AB 上的两个点，它们在基点（A、B）之下的坐标分别为 x、y，则

$$|PQ|=|x-y|.$$

证明　由于 $|PQ|=|QP|$，故不妨 $x\leqslant y$，当 $x=y$ 时 $P=Q$，有 $|PQ|=0=|x-y|$. 于是下面只讨论 $x<y$ 的情形.

1）当 $0\leqslant x<y$ 时，由公理Ⅱ，

$$|AP|=x,\qquad |AQ|=y.$$

若 $x=0$，则 $P=A$，$|QP|=|AQ|=y=|x-y|$，结论成立. 若 $x>0$，则 P 在 A 与 Q 之间. 由公理Ⅲ，

$$|AP|=|AP|+|PQ|,$$

即

$$|PQ|=|AQ|-|AP|=y-x=|y-x|.$$

2）当 $x<y\leqslant 0$ 时，有

$$|AP|=-x,\quad |AQ|=-y.$$

当 $y=0$ 时，$Q=A$，有 $|PQ|-|AP|=-x=|x-y|$，结论成立. 若 $y<0$，由公理Ⅲ及 $x<y<0$，即 Q 在 A 与 P 之间，可知

$$|AP|=|AQ|+|PQ|,$$

$$|PQ|=|AP|-|AQ|=(-x)-(-y)=|x-y|.$$

3）当 $x<0<y$ 时，A 在 P、Q 之间，由公理Ⅱ可知

$$|PQ|=|PA|+|AQ|=-x+y=|y-x|. \qquad \square$$

我们看到，似乎很直观的事，真正从公理出发一板一眼地证起来，居然要费不少口舌. 如何建立公理才能使基本命题证明起来方便，这是值得讨论的.

命题 20.2 若三点 P、Q、R 之间有关系 $|PQ|+|QR|=|PR|$，且三点两两不同，则其中任一点在其余两点所确定的直线上，且 Q 在 P、R 之间.

证明 由于 P、R 不同，由公理Ⅱ，取非负实数 $x=|PQ|$，则有

$$0\leqslant x\leqslant r=|PR|.$$

于是有唯一的点 Q'，满足 $|PQ'|=x$，$|PQ'|=r-x=|PR|-|PQ|$，且 Q'按定义在直线 PR 上，但点 Q 也满足

$$|PQ|=x,\quad |RQ|=r-x.$$

故由唯一性，$Q=Q'$，可见 Q 在直线 PR 上. 在取 P、R 为基点时，P、Q、R 的坐标顺次为 0、x、r. 由 $0<x<r$ 知 Q 在 P、R 之间.

下面证明 R 在直线 PQ 上：由于 P、Q 不同，由公理Ⅱ，取非负实数 $x=|PR|$，记 $r=|PQ|$，此时有 $0<r<x$，于是有唯一的点 R'满足

$$|PR'|=x,\quad |QR'|=x-r=|PR|-|PQ|,$$

且按定义 R'在直线 PQ 上. 但 R 也满足 $|PR|=x$，$|QR|=x-r$，由唯一性，R 与 R'是同一点，故 R 在直线 PQ 上. 同理可证 P 在直线 QR 上.

命题 20.3 任给两点 P、Q，若 $|PQ|\neq 0$，则只有一直线包含 P、Q.

换言之，经过两点只有一条直线，这在不少几何公理系统中是一条公理，这里它可以作为定理而证明.

命题 20.3 的精确的表述是：如果直线 AB 包含两点 P、Q，直线 CD 也包含两点 P、Q，则 AB 和 CD 是同一条直线，亦即，A、B 由公理Ⅱ所确定的集合和 C、D 由公理Ⅱ所确定的集合是同一个集合.

先证一个辅助命题.

辅助命题 若 P 在直线 AB 上，P 不同于 A（B），则直线 AB 与直线 AP（BP）是同一条直线.

证明 只要证明直线. AB 上任一点 X 也在直线 AP 上，且直线 AP 上任一点 Y 也在直线 AB 上即可.

设 X 是 AB 上任一点. 由于 A、X、P 都在直线 AB 上，若三点两两不同，由公理Ⅱ可知其中必有一点在另两点之间，又由公理Ⅲ，三点之间有距离可加性. 再由命题 20.2，可知 X 在直线 AP 上. 若三点中有两点相同，由于已设 P 不同于 A，故 X 与 A 或 P 重合，显然 X 在直线 AP 上.

以下证明，AP 上任一点 Y 也在 AB 上.

由于 AB 上任一点都在 AP 上，故 B 在 AP 上，于是 A、B、Y 都在直线 AP 上. 由公理Ⅱ可知其中必有一点在另两点之间. 由公理Ⅲ，这三点之间有距离可加性. 再由命题 20.2，可知 Y 在直线 AB 上.

根据辅助命题，若 P、Q 在直线 AB 上，则 PA 和 AB 是同一直线，于是 Q 在 PA 上，从而 PQ 与 PA 是同一直线，即 PQ 和 AB 是同一直线. 若 P、Q 也在直线 CD 上，同理 PQ 和 CD 也是同一条直线，从而 AB 和 CD 是同一条直线.

以上三条公理完全刻画了直线的性质，如果希望简单一些，它们好像可以用下列三条公理来代替.

公理Ⅰ′（距离公理） 任两点 A、B 确定一个实数 $|AB|$，$|AB|$ 叫做 A、B 之间的距离；且 $|AA|=0$.

公理Ⅱ′（直线唯一公理） 经过不同两点 A、B，有一条且仅有一条直线，记作 AB.

公理Ⅲ′（直线完备公理）　设 AB 是任一条直线. 存在 AB 上的点与实数集之间的一一对应，使得：若 P、Q 分别对应于 x、y，则有

$$|PQ|=|x-y|.$$

根据前面的讨论，由公理Ⅰ、Ⅱ、Ⅲ可推出公理Ⅰ′、Ⅱ′、Ⅲ′以下分析一下，由Ⅰ′、Ⅱ′、Ⅲ′能否推出Ⅰ、Ⅱ、Ⅲ.

首先，Ⅰ′、Ⅱ′、Ⅲ′可推出公理 I. 因为，如果有不同的两点 A、B，由公理Ⅱ′，经过 A、B 有一条直线，并且存在直线上的点到实数的一一对应. 若在此对应下，A、B 分别对应于 a、b，则 $|AB|=|a-b|$. 这表明 $|AB|=|BA|$，且 $|AB|>0$. 公理Ⅰ′还要求 $|AA|=0$. 这证明了距离的正定性与对称性.

注意，如果公理Ⅰ′不要求 $|AA|=0$，我们是无法证明 $|AA|=0$ 的. 因为如果只有一个点 A，就无法用公理Ⅱ′、Ⅲ′来论证. 当然，如假设另一条公理："至少有两个点"，就可以推出 $|AA|=0$.

用公理Ⅰ′、Ⅱ′、Ⅲ′能否推出公理Ⅱ和Ⅲ呢？推公理Ⅲ是可以的. 因为公理Ⅲ的前提是三点共线，可用Ⅲ′来推. 但公理Ⅱ就不同了. 公理Ⅱ肯定了：对任两点 A、B，$|AB|=r>0$ 时，对给定的实数 x 有唯一的一点 P 满足所述三条件之一，即距离可加性. 如果由Ⅱ′和Ⅲ′来推，P 点的存在性可以保证，但唯一性却无法证明，也就是说，在公理Ⅰ′、Ⅱ′、Ⅲ′之下，若已知

$$|AP|+|PB|=|AB|,$$

$$|AQ|+|QB|=|AB|,$$

$$|AP|=|AQ|,\quad |PB|=|QB|.$$

我们无法断言 $|PQ|=0$，即无法断言 P、Q 重合，甚至无法断言 P 或 Q 在直线 AB 上！

可见，公理Ⅰ、Ⅱ、Ⅲ比Ⅰ′、Ⅱ′、Ⅲ′要强.

但是，后面可以看到，如果再添上其他一些关于面积和角度的公理，就不难配合公理Ⅰ′、Ⅱ′、Ⅲ′而推出公理Ⅰ、Ⅱ、Ⅲ.

由公理Ⅰ、Ⅱ、Ⅲ所确定的直线的内部结构，与公理Ⅰ′、Ⅱ′、Ⅲ′确定的直线内部结构是一致的. 两组公理的区别在于，前者对一般距离关系有了更多的

要求.

使用公理Ⅱ或Ⅲ′，就把实数的顺序关系、连续性、完备性一下子搬到直线上来了. 这省去了顺序公理、连续公理等传统公理，是建立直线上的几何的捷径. 同时，这样做不失直观，又与代数课上的“数直线”呼应，看来学生是可以接受的.

第21章

四点共面新法新招 两线平行换汤换药

我们的公理体系与其他公理体系的最主要的不同之点，在于引入了面积公理与线性公理.

公理Ⅳ（面积公理） 三点 A、B、C 对应一个非负实数 $S_{ABC}=S_{CBA}$，叫做 ABC 的面积. 存在不同的三个点 X、Y、Z 使 $S_{XYZ}>0$. 当 $S_{ABC}=0$ 时，A、B、C 三点在一直线上①.

公理Ⅴ（线性公理） 若 A、B、C 三点在一直线上，$|BC|=t|AB|$，则对任一点 P，有

$$S_{PBC}=tS_{PAB}.$$

线性公理是我们的体系中起着十分重要作用的一个公理. 它把平面与直线联系起来，把面积与距离联系起来. 由它可以得到一系列有用的推论.

命题 21.1（面积对称性） 对任意三点 A、B、C，

① 通常 S_{ABC} 也简化为$\triangle ABC$.

$$S_{ABC}=S_{BCA}=S_{CAB}=S_{CBA}=S_{BAC}=S_{ACB}.$$

证明 由于 B、C、C、B 在一直线上，且

$$|BC|=|CB|,$$

故 $S_{ABC}=S_{ACB}$，又由公理Ⅳ有 $S_{XBY}=S_{YBX}$，故

$$S_{ABC}=S_{ACB}=S_{BCA}=S_{BAC}=S_{CAB}=S_{CBA}.$$

命题 21.2 若 A、B、C 在一直线上．则

$$S_{ABC}=0.$$

证明 不妨设 $|AB|\leqslant|BC|$，于是总有实数 t 使 $|AB|=t|BC|$，由线性公理及命题 21.1，

$$S_{CAB}=tS_{CBC}=tS_{BCC},$$

又由

$$|CC|=2|CC|=0,$$

故

$$S_{BCC}=2S_{BCC}.$$

于是 $S_{BCC}=0$，故 $S_{ABC}=tS_{BCC}=0$.

把命题 21.2 与公理Ⅳ联系起来，便得到一个重要事实：三点 A、B、C 在一直线上的充分必要条件是 $S_{ABC}=0$.

命题 21.3（面积可加性） 设 N 在 AB 之间，则对任一点 P，有

$$S_{PAB}=S_{PAN}+S_{PBN}.$$

证明 设 $|AN|=t|AB|$，则 $|BN|=|AB|-|AN|=(1-t)|AB|$.

由线性公理

$$S_{PAN}=tS_{PAB},\quad S_{PBN}=(1-t)S_{PAB},$$

所以

$$S_{PAN}+S_{PBN}=tS_{PAB}+(1-t)S_{PAB}=S_{PAB}.$$

命题 21.4（共边定理） 设直线 AB 与 PQ 交于 M（即 M 是不同的两直线 AB、PQ 的公共点），则当 Q 不在直线 AB 上时有

$$\frac{S_{PAB}}{S_{QAB}}=\frac{PM}{QM}.$$

证明　在直线 AB 上取一点 X 使 $MX=AB$. 由线性公理可知

$$S_{PAB}=S_{PMX},\qquad S_{QAB}=S_{QMX}.$$

又由线性公理得（注意 P、Q、M 共线）

$$\frac{S_{PAB}}{S_{QAB}}=\frac{S_{PMX}}{S_{QMX}}=\frac{PM}{QM}.$$

在第 20 章，我们用距离可加性来刻画直线的性质，那么，平面的性质又如何刻画呢？下面是刻画平面性质的方法之一.

公理Ⅵ（维数公理）　平面上任意四点 A、B、C、D 所连成的 6 条线段中，如果任两条都没有公共内点，则四个面积 S_{ABC}、S_{ABD}、S_{ACO}、S_{BCD} 之中，必有一个等于另外三个之和.

这条公理表明，平面上四点的位置关系可分为两类. 一类是有两条线段相交的情形，另一类是其余的情形，直观上见图 21-1.

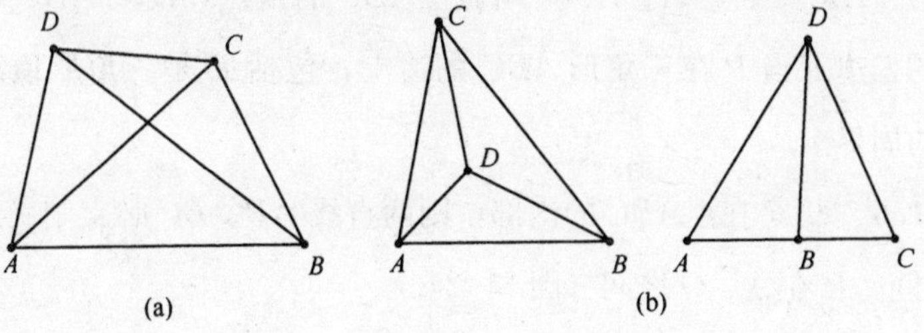

图 21-1

公理Ⅳ可用来帮助我们建立平面上的序关系. 但我们还没有任何公理可以给出检验几个点是否共面的条件. 为此引入

公理Ⅶ　过任意不共线的三点 A、B、C，有且仅有一个平面，且对任意三个非负实数 x、y、z 满足 $x+y+z=S_{ABC}$ 者，有且仅有一个点 P 满足：$S_{PBC}=x$，$S_{PAC}=y$，$S_{PAB}=z$，且 P 在 A、B、C 确定的平面上.

于是有

命题 21.5　若 A、B、C 不共直线，P 是直线 AB 上任一点，则 P 在 A、B、

C 所确定的平面上.

证明 若 P 与 A 或 B 重合，结论显然. 若 P 在 A 与 B 之间，由面积可加性有

$$S_{CPA}+S_{CPB}=S_{ABC}.$$

又因 P 在直线 AB 上，由命题 21.2 知 $S_{PAB}=0$，故

$$S_{PAB}+S_{PBC}+S_{PAC}=S_{ABC}.$$

从而由公理Ⅶ可知 P 在 A、B、C 所确定的平面上.

若 A 在 P 与 B 之间，根据线性公理，由 $S_{ABC}>0$ 可知 $S_{PBC}>0$，于是由公理Ⅶ可知 P、B、C 确定一个平面，而 A 在这个平面上由于过 A、B、C 只有一个平面，故 P 在 A、B、C 所确定的平面上，若 B 在 A 与 P 之间，证法相同.

当点 P 满足条件

$$S_{PAB}+S_{PBC}+S_{PAC}=S_{ABC}.$$

且上式左端三项均为正时，我们称 P 在三角形 ABC 的内部. 三角形 ABC 按惯例记作△ABC. 三点 A、B、C 叫做△ABC 的顶点，线段 AB、BC、CA 叫做△ABC 的三边. 当 P 在三角形 ABC 的边上，包括 P 是三角形顶点时，称 P 在△ABC 的周界上.

命题 21.6 设 P 在△ABC 的内部，则两直线 AP、BC 必交于一点 Q，且 Q 在 B、C 之间，P 在 A、Q 之间（图 21-2）.

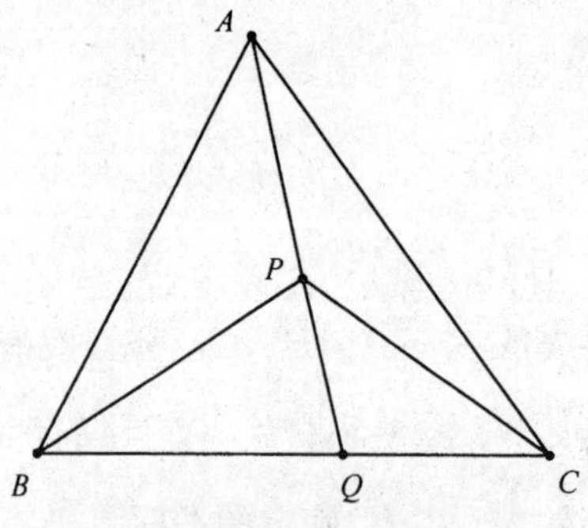

图 21-2

证明 记 $x=S_{PBC}$，$y=S_{PAC}$，$z=S_{PAB}$，由假设 P 在△ABC 内，故 $x+y+z$

$=S_{ABC}$，在线段 BC 上取一点 Q 使 $|BQ|=\frac{z}{y+z}|BC|$，则 $|CQ|=\frac{y}{y+z}\cdot$ $|BC|$. 连接 AQ，在线段 AQ 上取一点 P'，使

$$|AP'|=\frac{y+z}{x+y+z}|AQ|，则 |P'Q|=\frac{x}{x+y+z}|AQ|.$$

由共边定理可计算出

$$\frac{S_{P'BC}}{S_{ABC}}=\frac{|P'Q|}{|AQ|}=\frac{x}{x+y+z},$$

$$\frac{S_{P'AC}}{S_{ABC}}=\frac{S_{P'AC}}{S_{QAC}}\cdot\frac{S_{QAC}}{S_{ABC}}=\frac{|AP'|}{AQ}\cdot\frac{|CQ|}{|BC|}$$

$$=\frac{y+z}{x+y+z}\cdot\frac{y}{y+z}=\frac{y}{x+y+z}.$$

类似地，有

$$\frac{S_{P'AC}}{S_{ABC}}=\frac{z}{x+y+z}.$$

由 $x+y+z=S_{ABC}$，可知 $S_{P'BC}=x=S_{PBC}$ 及 $S_{P'AC}=S_{PAC}\cdot S_{P'AB}=S_{PAB}$. 由公理Ⅷ可知 P' 与 P 重合. 可见 Q 是 AP 与 BC 的交点，且 P 在 A、Q 之间，Q 在 B、C 之间.

上面讨论了四点中有一点在其余三点所确定的三角形之内的情形. 由维数定理可知，另外的情形下，四点所连成的六条线段中必有两条有公共内点. 以下来考察这种情形.

命题 21.7 设线段 AB、CD 有公共内点 P. 若 Q 是线段 AD 之内点，且 $AQ=\lambda AD$，则

$$S_{QBC}=\lambda S_{DBC}+(1-\lambda)S_{ABC}.$$

证明 记 $u=S_{PBC}$，$\nu=S_{PBD}$，$x=S_{PAC}$，$y=S_{PAD}$，则由面积可加性（命题 21.3）可知 $S_{ABC}=u+x$，$S_{DBC}=u+v$. 易知，在线段 PD 上必有一内点及使 BR 与 AD 交于 Q. 事实上，只要取 R（图 21-3）使

$$\frac{DR}{RP}=\frac{1-\lambda}{\lambda}\cdot\frac{AB}{BP}.$$

由命题 21.6 中的计算法，易知 R 在 $\triangle ABD$ 之内，故直线 BR 与 AD 交于

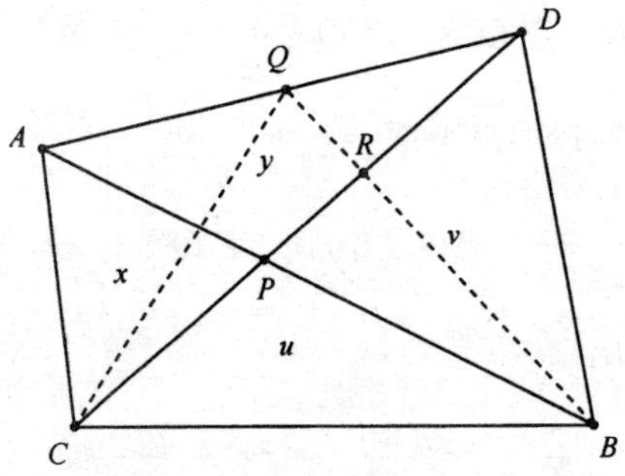

图 21-3

AD 之内点 Q'，此时由共边定理可求出

$$\frac{|AQ'|}{Q'D}=\frac{S_{ABR}}{S_{DBR}}=\frac{S_{ABR}}{S_{PBR}}\cdot\frac{S_{PBR}}{S_{DBR}}=\frac{AB}{PB}\cdot\frac{PR}{DR}$$

$$=\frac{AB}{PB}\cdot\frac{\lambda}{1-\lambda}\cdot\frac{BP}{AB}=\frac{\lambda}{1-\lambda}.$$

可见 Q 与 Q' 重合，再由共边定理可计算 S_{QBC}，

$$\frac{S_{QBC}}{S_{QBD}}=\frac{CR}{DR},\quad S_{QBD}=(1-\lambda)S_{ABD}$$

由 R 的取法可解出

$$DR=\frac{(1-\lambda)AB\cdot PD}{(1-\lambda)AB+\lambda BP},\qquad CR=CD-DR.$$

代入计算得

$$S_{QBC}=\frac{CR}{DR}\cdot S_{QBD}=\frac{DC-DR}{DR}\cdot S_{QBD}$$

$$=\left(\frac{DC}{DR}-1\right)S_{QBD}=\left(\frac{DC}{PD}\cdot\frac{PD}{DR}-1\right)S_{QBD}$$

$$=\left[\frac{DC}{PD}\cdot\left(\frac{PR+DR}{DR}\right)-1\right]S_{QBD}$$

$$=\left[\frac{DC}{PD}\cdot\left(\frac{PR}{DR}+1\right)-1\right](1-\lambda)S_{ABD}$$

$$=\left[\frac{DC}{PD}\cdot\left(\frac{\lambda}{1-\lambda}\cdot\frac{BP}{AB}+1\right)-1\right](1-\lambda)S_{ABD}$$

$$=\lambda\cdot\frac{DC}{PD}\cdot\frac{BP}{AB}S_{ABD}+\left(\frac{DC}{PD}-1\right)(1-\lambda)S_{ABD}$$

$$=\lambda\cdot\frac{x+y+u+v}{y+v}\cdot\frac{u+v}{x+y+u+v}(y+v)$$

$$+(1-\lambda)\frac{PC}{PD}\cdot S_{ABD}$$

$$=\lambda(u+v)+\frac{x+u}{y+v}\cdot(y+v)\cdot(1-\lambda)$$

$$=\lambda S_{DBC}+(1-\lambda)S_{ABC}.$$

命题 21.7 不过是有关面积计算的定比分点公式的特例. 该公式在前面第 4 章已有一般的简单证明，为什么此处却证得颇繁？原因在于，目前我们尚未建立一般的面积可加性，如从面积可加性着眼，命题 21.7 的另一较简单证法大致如下：

1）证明 $S_{BDQ}+S_{BCQ}=S_{BCD}+S_{CDQ}$，其方法是以 R 是 BQ、CD 公共内点为基础，用共边定理及命题 21.3.

2）又由命题 21.3，得

$$S_{ACQ}+S_{CDQ}=S_{ACD}.$$

3）综合 1）、2）得

$$S_{BCQ}=S_{BCD}+S_{ACD}-S_{ACQ}-S_{BDQ}$$

$$=S_{BCD}+S_{ACD}-\lambda S_{ACD}-(1-\lambda)S_{ABD}.$$

再利用 $S_{ACD}+S_{BCD}=S_{ABC}+S_{ABD}$ 得

$$S_{ACD}-S_{ABD}=S_{ABC}-S_{BCD},$$

代入前式即可.

由命题 21.7 立刻得知

命题 21.8 设 A、B、C、D 四点中任三点不共线，则四点连成的 6 条线段中，至多有两条线段有公共内点（注意：这时 A、B、C、D 不一定共面）.

证明 若有两条线段 AB、CD 有公共内点 P，由命题 21.5 可知 A、B、C、

D 共面. 可见，对不共面四点而言，连成的 6 条线段中任两条无公共内点. 在 AB、CD 有公共内点的情形下，只要证明 AC、BD 没有公共内点，AD、BC 也没有公共内点即可. 这是因为，有公共端点的两条线段不可能再有公共内点，否则四点中将有三点共线，这与所设条件不合

现在只考虑两线段 AB、CD 有公共内点 P 的情形. 如果 AD、BC 又有公共内点 Q（图 21. 3），由命题 21.7，有

$$S_{QBC}=\lambda S_{DBC}+(1-\lambda)S_{ABC}.$$

此处 λ 是线段 AQ 与 AD 之比. 由于 λ 是小于 1 的正数，故 $\lambda>0$，$1-\lambda>0$. 又因四点中任三点不共线，故 $S_{DBC}>0$，$S_{ABC}>0$，于是 $S_{QBC}>0$. 这说明 Q 不可能在直线 BC 上，当然更不会是 BC 的内点.

同理可证，此时 AC、BD 也没有公共内点.

下面，把定比分点公式再加以推广.

命题 21.9 若直线 AB 不通过线段 PQ 的内点. 则对线段 PQ 上任一点 R，若 $PR=\lambda PQ$，且 λ、B、P、Q 共面时，总有

$$S_{RAB}=\lambda S_{QAB}+(1-\lambda)S_{PAB}.$$

证明 如果 P、Q 两点中有一点在直线 AB 上，如设 P 在 AB 上，则 $S_{PAB}=0$，这时要证的等式简化为

$$S_{RAB}=\lambda S_{QAB},$$

这正是线性公理的直接推论.

现在设 P、Q 两点都不在直线 AB 上. 如果 A、B 两点中有一点在直线 PQ 上，如设 A 在 PQ 上，由于直线 AB 不过 PQ 内点，故 A 不在 PQ 之间，不妨设 P 在 A、Q 之间，如图 21-4 所示，此时由面积可加性及线性公理得

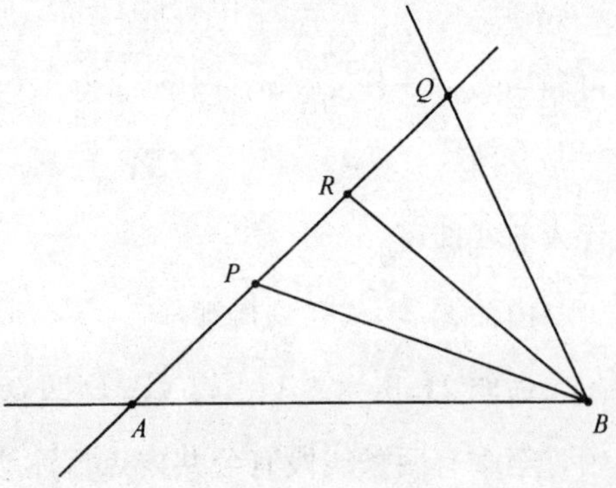

图 21-4

$$S_{RPB}=S_{RAB}-S_{PAB},\quad S_{RQB}=S_{QAB}-S_{RAB}.$$

由于

$$\frac{S_{RPB}}{S_{RQB}}=\frac{PR}{QR}=\frac{\lambda}{1-\lambda},$$

故

$$\frac{S_{RAB}-S_{PAB}}{S_{QAB}-S_{RAB}}=\frac{\lambda}{1-\lambda}.$$

整理即得所要证的等式.

在其他情形，A、B、P、Q 中任意三点不共线，如果所连成的 6 条线段中有两条有公共内点，则只能是 AP、BQ 有公共内点或 AQ、船有公共内点，这是因已设直线 AB 不过 PQ 的公共内点. 不妨设 AP、BQ 有公共内点，可应用命题 21.7 推出所要的公式.

如果六条线段中任两条都无公共内点，由维数公理，必有一点在其余三点构成的三角形之内. 在内的这一点不可能是 A 或 B. 否则，由命题 21.6 可推出直线 AB 通过 PQ 之内点. 于是 P 或 Q 中有一个在其余三点所构成的三角形之内. 为确定，设 Q 在△PAB 之内. 由命题 21.6，PQ 与 AB 交于 M，且 Q 在 P、M 之间，如图 21-5 所示.

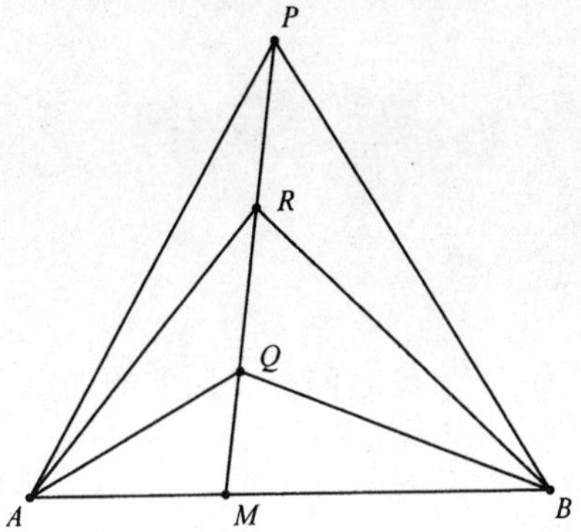

图 21-5

由共边定理，

$$\frac{S_{PAB}}{PM}=\frac{S_{RAB}}{RM}=\frac{S_{QAB}}{QM}.$$

再用分比定律得

$$\frac{S_{PAB}-S_{RAB}}{PR}=\frac{S_{RAB}-S_{QAB}}{QR},$$

所以

$$\frac{S_{PAB}-S_{RAB}}{S_{RAB}-S_{QAB}}=\frac{PR}{QR}=\frac{\lambda}{1-\lambda},$$

整理即得所要等式.

综合以上各种情形，命题 21.9 得证.

对同一平面上的四点 A、B、P、Q，当直线 AB 不通过线段 PQ 的内点，且 P、Q 均不在直线 AB 上时，称 P、Q 两点在直线 AB 的同侧. 若直线 AB 通过线段 PQ 的内点，且 P、Q 均不在直线 AB 上时，则称 P、Q 在直线 AB 的异侧. 由命题 21.9 立刻可得.

命题 21.10 设 A、B、P、Q 是同一平面上的四点，且 P、Q 在 AB 直线的同侧. 则当 $S_{PAB}=S_{QAB}$ 时，直线 PQ 与直线 AB 无公共点.

证明 用反证法. 若 PQ 与 AB 交于 M，由条件 M 不是 PQ 的内点，因 P、Q 在直线 AB 的同侧. 于是不妨设 Q 在 P、M 之间，故有 $PM>QM$. 由共边定理

$$\frac{S_{PAB}}{S_{QAB}}=\frac{PM}{QM}>1,$$

这与假设 $S_{PAB}=S_{QAB}$ 矛盾.

命题 21.10 的逆也成立.

命题 21.11 设 A、B、P、Q 是同一平面上的四点，直线 PQ 与直线 AB 无公共点，则

$$S_{PAB}=S_{QAB}.$$

证明 用反证法. 设 $S_{PAB}>S_{QAB}$，在 PQ 的延长线上取一点 X，使 $PX=nPQ$，此处 n 是一个自然数. 此时 $PQ=\frac{1}{n}PX$. 由于直线 AB 不通过线段. PX 的内点，用命题 21.9 可得

$$S_{QAB}=\frac{1}{n}S_{XAB}+\left(1-\frac{1}{n}\right)S_{PAB},$$

所以

$$S_{XAB}=n\ (S_{QAB}-S_{PAB})\ +S_{PAB}.$$

由于 $S_{XAB}>0$，故得

$$S_{PAB}\geqslant n\ (S_{PAB}-S_{QAB}).$$

取 n 足够大使 $n>\dfrac{2S_{PAB}}{S_{PAB}-S_{QAB}}$，即得 $1\geqslant 2$.

这矛盾表明假定 $S_{PAB}>S_{QAB}$ 不成立．同理 $S_{QAB}>S_{PAB}$ 亦不成立.

命题 21.11 的另一论证方法是设 n 为实数．当取 n 使

$$S_{QAB}=\left(1-\frac{1}{n}\right)S_{PAB}$$

时，即有

$$S_{XAB}=0.$$

这表明 X 在直线 AB 上，与所设矛盾.

同一平面上没有公共点的两条直线叫做互相平行的两条直线．按惯例，直线 AB 平行于 PQ 记作 $AB/\!/PQ$．命题 21.10、命题 21.11 综合起来就是

平行线的面积性质　设 P、Q、A、B 是同一平面上不共线的四点，则 $AB/\!/PQ$ 的充要条件是 $S_{PAB}=S_{QAB}$，且 P、Q 在直线 AB 同侧.

为了证明传统欧几里得公理体系中的平行公理，我们需要对平面上的序关系作更进一步的探讨.

命题 21.12　设 P 是$\triangle ABC$ 的一个内点，则在 ABC 平面上经过 P 的任一直线 l 至少与三直线 AB、BC、CA 中之一相交.

证明　用反证法．若 l 与 AB、BC、CA 皆平行，则对 l 上与 P 不同的另一点 Q，由命题 21.11 有

$$S_{PAB}=S_{QAB},\qquad S_{PBC}=S_{QBC},\qquad S_{PCA}=S_{QCA},$$

又由于 P 是$\triangle ABC$ 内点，故又有

$$S_{ABC}=S_{PAB}+S_{PBC}+S_{PCA}=S_{QAB}+S_{QBC}+S_{QCA},$$

由公理Ⅶ，P 与 Q 应重合，矛盾.

命题 21.12 得来不费工夫．但它太弱了．从直观上看，直线 l 应当和三角形

的周界有两个交点. 下面逐步深入考察平面上的序关系.

命题 21.13 设 A、B、C 三点不共线，P 是 AB 延长线上任一点，Q 在 B、C 之间，则直线 PQ 与 AC 交于 R，R 是 AC 内点，Q 是 PR 内点（图 21-6）.

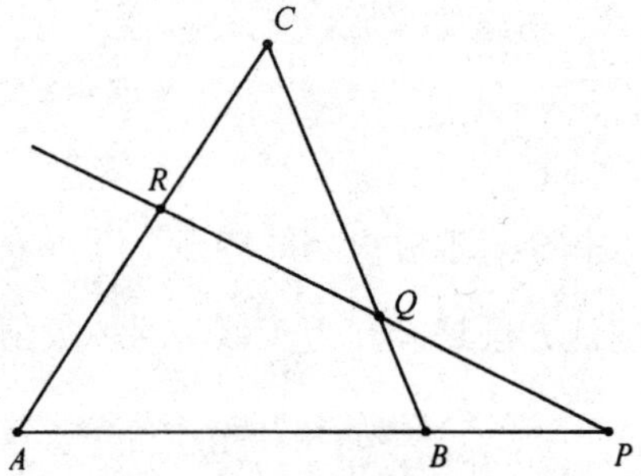

图 21-6

证明 由共边定理，

$$\frac{S_{QAP}}{S_{CAP}}=\frac{QB}{BC},$$

$$\frac{S_{QPC}}{S_{CBP}}=\frac{CQ}{CB},\qquad \frac{S_{QCA}}{S_{ABC}}=\frac{CQ}{CB}.$$

所以

$$\begin{aligned}S_{QAP}+S_{QPC}+S_{QCA}&=\frac{QB}{BC}\cdot S_{CAP}+\frac{CQ}{BC}(S_{CBP}+S_{ABC})\\&=\frac{QB}{BC}\cdot S_{CAP}+\frac{CQ}{BC}\cdot S_{CAP}=S_{CAP}.\end{aligned}$$

可见 Q 是 $\triangle APC$ 的一个内点. 由命题 21.6，PQ 必与 CA 交于一点 R，且 R 是 AC 内点，Q 是 PR 内点. 与命题 21.13 相对应，也有

命题 21.14 设 A、B、C 三点不共线，P 是 AB 延长线上任一点，R 在 AC 之间，则 PR、BC 有公共内点 Q.

证明 参看图 21-6. 设 $AR=\lambda AC$，$AB=\mu AP$. 若在 PR 之间取一点 Q，使 $PQ=\rho PR$，则

$$S_{QAC}=\frac{QR}{PR}S_{APC}=(1-\rho)S_{APC},$$

$$S_{QPC}=\frac{PQ}{PR}\cdot S_{PRC}=\frac{PQ}{PR}\cdot\frac{RC}{AC}\cdot S_{APC}=\rho(1-\lambda)S_{APC},$$

$$S_{QAP}=\frac{PQ}{PR}S_{PRA}=\frac{PQ}{PR}\cdot\frac{AR}{AC}\cdot S_{APC}=\rho\lambda S_{APC}.$$

相加得

$$S_{QAC}+S_{QPC}+S_{QAP}=S_{APC}.$$

可见 Q 是 $\triangle APC$ 的内点.

由命题 21.6，CQ 与 AP 交于一点 B'，B' 在 A、P 之间. 由共边定理，

$$\frac{AB'}{B'P}=\frac{S_{QAC}}{S_{QPC}}=\frac{1-\rho}{\rho(1-\lambda)}.$$

如取 ρ 使

$$\frac{1-\rho}{\rho(1-\lambda)}=\frac{\mu}{1-\mu},$$

即

$$\frac{1}{\rho}=1+\frac{\mu(1-\lambda)}{1-\mu},$$

则 B' 与 B 重合，Q 在 BC 上，又在 PR 上.

现在我们可完成重要的

命题 21.15 设点 P 在 $\triangle ABC$ 内，则在 A、B、C 所确定的平面内任一条过 P 的直线，至少与 $\triangle ABC$ 的周界交于两点.

证明 由命题 21.12，ABC 平面上一条过 P 点的直线必与三直线 AB、BC、CA 中之一相交. 设交点为 Q. 以下分几种情形讨论.

1）若 Q 与 A、B、C 中之一重合. 由命题 21.6，PQ 与 Q 之对边交于其内点，结论成立.

2）若 Q 在 $\triangle ABC$ 的某一边的延长线上. 为确定，不妨设 Q 在 AB 延长线上（图 21-7）. 由命题 21.6，CP 交 AB 于内点 R，P 在 C、R 之间. 由命题 21.13，PQ 与 AC 交于 AC 内点 V. 又由命题 21.14，PQ 与 BC 交于. BC 之内点 U.

3）若 Q 是 $\triangle ABC$ 的某条边的内点. 为确定，不妨设 Q 为 AB 的内点，连接 CP 与 AB 交于 AB 之内点 R. 若 Q 与 R 重合，结论当然成立. 若 Q 在 R、A 之

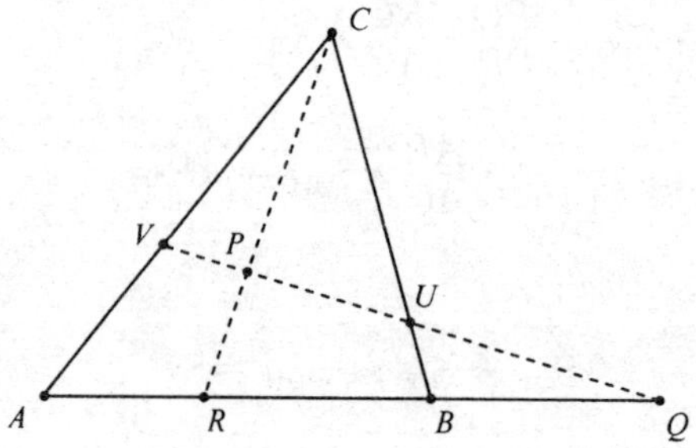

图 21-7

间，由命题 21.13，PQ 与 BC 交于 BC 之内点 U（图 21-8）．若 Q 在 R、B 之间．由命题 21.13，PQ 与 AC 交于 AC 之内点 V．结论成立．

综合以上三点，命题 21.15 成立．

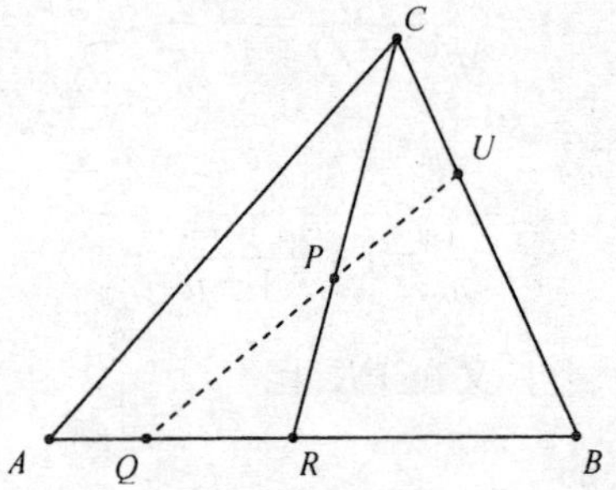

图 21-8

现在，我们可以证明传统欧几里得体系中的平行公理了．

命题 21.16（原平行公理） 过直线 PQ 外任一点 A，有且仅有一条直线与 PQ 平行．

证明 证明有平行线是不难的．

如图 21-9 所示，取 AQ 中点 M，延长 PM 至 B 使 $PM=BM$，则由共边定理可知

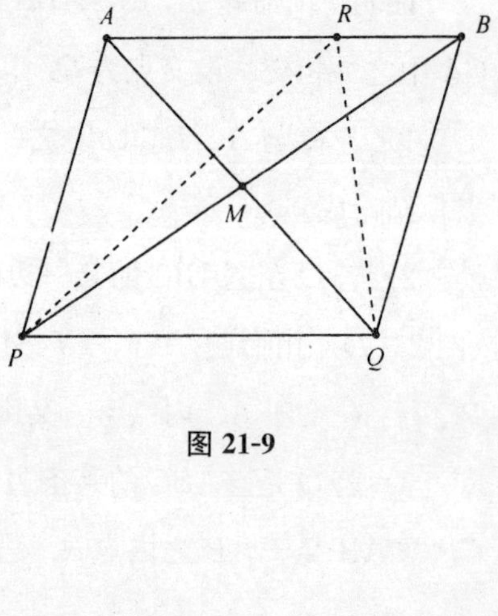

图 21-9

$$\frac{S_{APQ}}{S_{MPQ}}=\frac{AQ}{AM}=2,\qquad \frac{S_{BPQ}}{S_{MPQ}}=\frac{BP}{PM}=2.$$

从而 $S_{APQ}=S_{BPQ}$．

另一方面，由命题 21.7 可知，对 AB 的任一内点 R 都有

$$S_{RPQ}=\frac{RB}{AB}S_{APQ}+\frac{AR}{AB}S_{BPQ}>0.$$

从而直线 PQ 不会经过 AB 的内点，即 A、B 在直线 PQ 同侧．由命题 21．10，直线 AB 与 PQ 无公共点．由 M、B 的作法及命题 21.5，可知 A、B、P、Q 在同一平面上，故得 $AB/\!/PQ$.

下面证明，在此平面上，只有一条直线过 A 且平行于 PQ．用反证法，设另一直线 AC 也满足 $AC/\!/PQ$．考虑共面四点 A、B、C、P 之间的相对位置．首先指出，不妨假设四点中任三点都不共线．这是因为，直线 BC 与 PQ 至多有一个交点，否则 B、C 在 PQ 上，与 $AB/\!/PQ$ 矛盾．因此不妨设 P 不在直线 BC 上，不然可在直线 PQ 上另取一点代替 P．此外，由 $AB/\!/PQ$，可知 A、B、P 不共线；由 $AC/\!/PQ$，可知 A、C、P 不共线，由 AB、AC 是两直线，可知 A、B、C 不共线.

由维数公理（公理Ⅵ），四点 A、B、C、P 中，或者所连成的六线段中有两条交于内点，或者有一点在其余三点构成的三角形内部．下面就这两类情形加以分析.

如果四点连成的六线段中有两条交于内点，只有三种可能.

1）AB、PC 交于内点 R，这时由平行线面积性质及共边定理得

$$S_{RPQ}=S_{APQ}=S_{CPQ},$$

$$\frac{S_{RPQ}}{S_{CPQ}}=\frac{RP}{CP}<1.$$

这两者是矛盾的.

2）同理，AC、PB 交于内点也是不可能的.

3）若 AP、BC 交于内点 R，则有

$$\frac{S_{RPQ}}{S_{APQ}}=\frac{RP}{AP}<1,$$

即 $S_{PRQ}<S_{APQ}=S_{BPQ}=S_{CPQ}$．可见，$B$、$C$ 两点不在直线 PQ 的同侧（否则由命题 21.10 得出 $BC/\!/PQ$，再由命题 21.11 得 $S_{RPQ}=S_{BPQ}$，矛盾）．从而 B、C 在直线

PQ 两侧，即 PQ 过 BC 之内点 S. 若 S 在 R、C 之间，由命题 21.13，PS 经过 AC 之内点. 若 S 在 B、R 之间，由命题 21.13，PS 经过 AB 内点. 分别与 $AC \parallel PQ$、$AB \parallel PQ$ 矛盾.

综上分析，A、B、C、P 连成的 6 线段中，不可能有两条有公共内点.

另一类情形，是 A、B、C、P 中一点在其余三点构成的三角形内部. 可分四款加以分析.

1）若 P 在 $\triangle ABC$ 内，由命题 21.15，直线 PQ 与 $\triangle ABC$ 的周界至少交于两点. 即直线 PQ 必与两直线 AB、AC 之一相交，矛盾.

2）若 C 在 $\triangle ABP$ 内，由命题 21.6，AC 通过 PB 内点 R，此时将推出

$$S_{APQ}=S_{RPQ}=\frac{RP}{BP}\cdot S_{BPQ}<S_{BPQ}=S_{APQ},$$

矛盾.

3）若 B 在 $\triangle ACP$ 内，同 2）可推出矛盾.

4）若 A 在 $\triangle PBC$ 内，由命题 21.6，CA 过 PB 内点 R，同 2）可推 出矛盾.

综上所述，命题 21.16 得证.

于是，可以推出欧几里得—希尔伯特公理系统中与序关系有关的另一条重要公理了.

命题 21.17（原帕施公理） 设 l 是 ABC 平面上的任一直线. 若 l 过线段 AB 的一内点 P，则 Z 必过 $\triangle ABC$ 周界上另一点 Q.

证明 若 l 与 AB 重合，结论显然. 以下设 l 不与 AB 重合，即 l 不过 A 或 B 中任一点. 由命题 21.16，过点 C 只有一条直线平行于 l，故 AC、BC 两直线中至少有一条与 l 相交. 为确定，设 AC 与 l 交于 R. 若 R 与 C 重合或在 A，C 之间，结论已真. 否则，R 在 AC 的延长线上或 CA 的延长线上. 若 R 在 CA 延长线上，由命题 21.13，l（即 PR）必过 BC 内点，若 R 在 AC 的延长线上，由命题 21.14，l 也必过 BC 之内点.

下面的命题，最终完成了我们对平面上的序关系的基本描述.

命题 21.18 若 A、B 在直线 l 的同侧，A、C 也在直线 Z 的同侧，则 B、C

在 l 的同侧.

证明 若 A、B、C 共线，结论显然. 以下设 A、B、C 不共线. 由所设条件知 A、B、C 均不在 l 上. 用反证法，若 B、C 在 l 的异侧，则 l 过 BC 内点. 由命题 21.17，l 必过 AB 或 AC 之内点. 这与所设 A、B 在 l 同侧且 A、C 在 l 同侧矛盾.

命题 21.19 若 A、B 在直线 l 异侧，A、C 也在直线 l 异侧，则 B、C 在 l 同侧.

证明 当 A、B、C 共线时，l 与 AB 的交点 Q 是 AB 内点，也是 AC 内点，可见 A 不可能在 B、C 之间. 为确定不妨设 B 在 A、C 之间. 由于 Q 在 A、B 之间，故 Q 不是 B、C 内点，即 l 不过 BC 之内点，这证明了 B、C 在 l 同侧.

以下设 A、B、C 不共线. 由所设条件，l 通过 AB 内点 P 和 AC 内点 Q. 由命题 21.14，PC 与 BQ 有公共内点 K. 再由命题 21. 7 可知对 BC 任一内点 R 有

$$S_{RPQ}=\frac{BR}{BC}S_{CPQ}+\frac{RC}{BC}S_{BPQ}>0.$$

可见 PO 不过 R，即不过 BC 之内点.

由命题 21.18 和命题 21.19 可知，平面 π 上任一直线 l 把 π 上不在 l 上的点分成了两部分 π_1，π_2，连接同一部分中两点的线段，l 不通过其内点；连接不同部分中两点的线段，l 必通过其内点，这正是第 19 章中所介绍的柯尔莫哥洛夫公理系统中顺序公理Ⅲ$_4$，也是日本高中数学教科书上的公理体系中的公理 2.《初等几何研究》（左铨如，季素月，1991）一书中介绍作者所建议的公理系统（即以面积为基础的公理系统）时，也采用了这条公理. 用了这条公理，可以大大简化几何推理系统的展开过程. 但从另一方面看，由本章推证结果可知，这个公理可由维数公理配合其他公理推出，因而不是独立的. 如何选取公理，使展开过程简化且不影响独立性，是我们后面将探讨的重要方面之一.

本章内容较多，这里作一提要说明，便于读者掌握其脉络.

本章里一共引入 4 条公理，即

公理Ⅳ（面积公理） 三点 A、B、C 对应一个非负实数 $S_{ABC}=S_{CBA}$，叫做 ABC 的面积. 当 $S_{ABC}=0$ 时，A、B、C 三点在一直线上.

公理Ⅴ（线性公理）　若 A、B、C、D 在一直线上，$|DC|=t|AB|$，则对任一点 P，有 $S_{PDC}=tS_{PAB}$.

公理Ⅵ（维数公理）　平面上任意四点 A、B、C、D 所连成的 6 条线段中，如果任两条都没有公共内点，则四个面积 S_{ABC}、S_{ABD}、S_{ACD}、S_{BCD} 之中，必有一个等于另外三个之和.

公理Ⅶ（平面确定性）　过任意不共线的三点 A、B、C，有且仅有一个平面，且对任意三个非负实数 x、y、z，满足 $x+y+z=S_{ABC}$ 者，有且仅有一个点 P 满足：

$$S_{PBC}=x,\quad S_{PAC}=y,\quad S_{PAB}=z,$$

且 P 在 A、B、C 确定的平面上.

应当指出，公理Ⅶ中点 P 的存在性是可以由线性公理和第 20 章中的直线完备公理推出的，公理中只要求它唯一就够了.

在上述 4 条公理基础上，配合第 20 章中关于距离与直线的性质，推出了命题 21.1 到命题 21.19 共 19 个命题. 这些命题中，有些是几何推理中的基本工具，有些则是临时的桥梁，有些是对常用直观事实的确认或对公理的补充.

作为几何推理的基本工具，有命题 21.4（共边定理），命题 21.9（定比分点公式），命题 21.10、命题 21.11（平行线的面积性质），命题 21. 16（原平行公理），命题 21.17（原帕施公理）.

作为对公理的补充或对常用直观事实的确认，有下列命题：命题 21.1（面积对称性）、命题 21.2、命题 21.3（面积可加性）、命题 21.5、命题 21.6、命题 21.18、命题 21.19.

另一些命题，是推导以后的命题的桥梁. 当推导完成之后，它可以被新命题取代. 这些命题是命题 21.7（特殊情形下的定比分点公式）、命题 21.8、命题 21.12、命题 21.13、命题 21.14、命题 21.15 是为推导平行公理及帕施公理而作准备的.

掌握了这些脉络后，在考虑进行公理的组合、代换与优化时，就有章可循了.

第22章

角度登台原为方便 平行新证更加严谨

可以在距离及面积概念基础上定义角度，也可以用公理的形式直接引入角度．两种方法并无本质区别．下面我们用公理直接引入角度，这样会方便一些．

公理Ⅷ（角度公理）　任意三点 A、P、B，当 P 不与 A、B 中任一点重合时，确定一个非负实数$\angle APB=\angle BPA\leqslant P$．此处 P 是一个可任意事先取定的正实数．当且仅当 P 在 A、B 之间时，有$\angle APB=P$；当且仅当 B 在射线 PA 上时，有

$$\angle APB=0.$$

公理中的数 p 即平角的数值，通常取作 π 或 $180°$．本书中以下如无特殊说明，均取作 π．

当$\angle APB$ 有意义时，称由两射线 PA、PB 构成的图形为一个角，也记作$\angle APB$．在几何中用同一个符号记某一图形及其相关数值，是常见的事．如 AB 记线段兼记线段之长，用$\triangle ABC$ 记三角形 ABC 兼记其面积．这样虽不严密，却很方便．一般由上下文可判定其所指，不会发生混淆．我们前面为线段 AB 之长

另立一个记号 $|AB|$；为$\triangle ABC$之面积另立一个记号 S_{ABC}. 对$\angle APB$，其数值当然也可另立一个记号，如 $|\angle APB|$. 不过习惯上对角及其数值都用同一记号，这里也不标新立异了.

射线 PA，PB 叫做$\angle APB$ 的两边. 当$\angle APB$ 大于 O 且小于 π 时，对线段 AB 的任一内点 Q，射线 PQ 上的点，除 P 之外，叫做$\angle APB$ 的内点，在此概念基础上，可引入

公理Ⅸ（角度可加性）

1）当$\angle APB<\pi$ 时，对于$\angle APB$ 内或其边上任一不同于 P 的点 Q，有

$$\angle APQ+\angle QPB=\angle APB.$$

2）若 P 在 A、B 之间，对任一不同于 P 的点 Q，有

$$\angle APQ+\angle QPB=\pi.$$

公理Ⅹ（角度连续性）　当$\angle APB<\pi$ 时，对任一非负实数 $\alpha\leqslant\angle APB$，在线段 AB 上有一点 Q，使$\angle APQ=\alpha$.

公理Ⅺ（刚性公理）　若$\angle APB=\angle CQD$，且

$$AP=CQ,\ BP=DQ,$$

则 $S_{APR}=S_{CQD}$.

刚性公理是把角度、面积、距离三者联系起来的唯一的公理. 没有它，我们就没有办法把不同位置的图形搬到一起来比较. 它在几何体系的展开过程中起着关键的作用.

根据上述公理，首先知道，$\angle APB$ 的值只决定于射线 PA、PB. 即

命题 22.1　设 U 在射线 PA 上，U 不同于 P，则

$$\angle UPB=\angle APB.$$

证明　当$\angle APB=0$ 或 π 时，结论显然.

若 $0<\angle APB<\pi$，由角度可加性得

$$\angle APB=\angle APU+\angle UPB=\angle UPB.$$

命题 22.2　设 $0<\angle APB<\pi$，Q 在 A、B 之间，则

$$\angle APB>\angle APQ.$$

证明 由角度可加性得

$$\angle APB=\angle APQ+\angle QPB>\angle APQ.$$

这最后一步用到$\angle QPB>0$，是因为由假设条件$0<\angle APB<\pi$可知P不在直线AB上，因而P、Q、B三点不共线之故.

命题 22.3（共角定理） 设$\angle APB=\angle CQD$或

$$\angle APB+\angle CQD=\pi,$$

则

$$PA\cdot PB\cdot S_{CQD}=QC\cdot QD\cdot S_{APB}.$$

当C、Q、D不共线时，上式可写成更便于应用的形式

$$\frac{S_{APB}}{S_{CQD}}=\frac{PA}{QC}\cdot\frac{PB}{QD}.$$

证明 先考虑$\angle APB=\angle CQD$的情形，在射线PA上取点E使$PE=QC$；在射线PB上取点F使$PF=QD$. 由命题 22.1 可知

$$\angle EPF=\angle APB=\angle CQD.$$

又由$PE=QC$及$PF=QD$，依刚性公理有

$$S_{EPF}=S_{CQD}.$$

不妨设$S_{CQD}\neq 0$. 否则，C、Q、D共线，由公理Ⅷ（角度公理）可知$\angle CQD$为0或π，从而得$\angle APB$为0或π，推知A、P、B共线，和$S_{APB}=0$. 则结论平凡地成立.

当$S_{CQD}\neq 0$时，由线性公理（图 22-1）可得

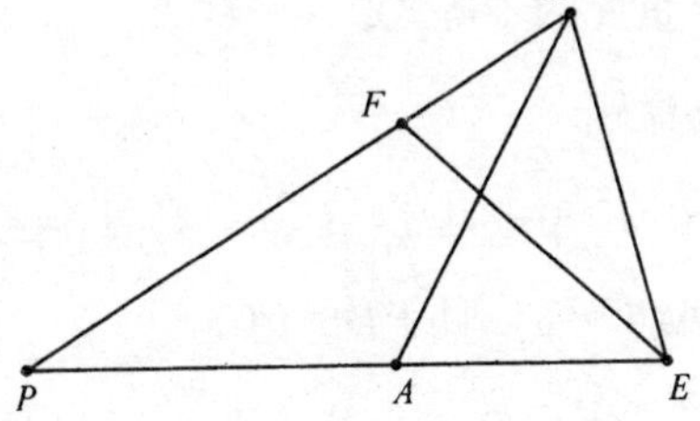

图 22-1

$$\frac{S_{APB}}{S_{EPF}}=\frac{S_{APB}}{S_{EPB}}\cdot\frac{S_{EPB}}{S_{EPF}}=\frac{PA}{PE}\cdot\frac{PB}{PF}=\frac{PA}{QC}\cdot\frac{PB}{QD}.$$

从而由 $S_{EPF}=S_{DQC}$ 知结论成立.

当 $\angle APB+\angle CQD=\pi$ 时，延长 DQ 至 H，使 $QD=QH$，则由角度可加性得

$$\angle CQD+\angle CQH=\pi.$$

从而 $\angle CQH=\angle APB$，于是

$$\frac{S_{APB}}{S_{CQD}}=\frac{S_{APB}}{S_{CQH}}\cdot\frac{S_{CQH}}{S_{CQD}}=\frac{PA\cdot PB}{QC\cdot QH}\cdot\frac{QH}{QD}=\frac{PA\cdot PB}{QC\cdot QD}.$$

到现在，我们还没有证明对任意非负实数 $\alpha<\pi$ 一定存在大小为 α 的角. 下面就来导出这一事实.

命题 22.4（角度完备性） 设 P 在 A、B 之间. 对任给的非负实数 $\alpha<\pi$ 和不在直线. AB 上的点 Q，存在点 R 使 $\angle RPB=\alpha$，且 R、Q 在直线 AB 的同侧.

证明 若 $\angle QPB>\alpha$，由角度连续性，在线段 QB 上有 R 使 $\angle RPB=\alpha$，显然 R 是 QB 的内点. 由于直线. AB 过点 B，而 R 在 QB 之间，故 AB 不通过 RQ 的内点，即 R 与 Q 在 AB 之同侧.

若 $\angle QPB=\alpha$，则结论平凡地成立.

若 $\angle QPB<\alpha$，则 $\angle QPA=\pi-\angle QPB>\pi-\alpha$.

由角度连续性，在 QA 上可取一内点 R 使得 $\angle RPA=\pi-\alpha$. 显然 R 与 Q 在 AB 之同侧. 此时

$$\angle RPB=\pi-\angle RPA=\pi-(\pi-\alpha)=\alpha.$$ □

现在进一步导出一个重要的不等式.

为此，需要一个辅助命题.

命题 22.5 设实数 $\beta>\alpha>0$，且 $\alpha+\beta<\pi$，则可作 $\angle APB$ 及线段 AB 上一内点 C，使 $\angle APB=\beta$，$\angle APC=\alpha$，且 $PB=PC$.

证明 由命题 22.4，可作一角 $\angle XPY=\beta-\alpha$. 在射线 PX 上取点 B、在射线 PY 上取点 C 使 $PB=PC>0$，过 P 作 BC 的平行线 UV. 不妨设 P 在 U、V 之

间. 此时 U、V 在直线 PC 之两侧. 不妨设 B、U 在 PC 同侧，从而 B、V 在直线. PC 之异侧. 显然有

$$\angle UPB+\angle BPC+\angle CPV=\pi>\alpha+\beta,$$

又由 $\angle BPC=\angle XPY=\beta-\alpha$，得

$$\angle UPB+\beta-\alpha+\angle CPV>\alpha+\beta,$$

$$\angle UPB+\angle CPV>2\alpha.$$

故 $\angle UPB$、$\angle CPV$ 两者之中至少有一个大于 α. 不妨设 $\angle CPV>\alpha$，则由角度连续性可取线段 CV 之一内点 Q 使 $\angle CPQ=\alpha$. 由平行线之唯一性可知 PQ 延长后与 BC 交于一点 A，A 在 BC 的延长线上. 于是（图 22-2）

$$\angle APC=\angle CPQ=\alpha,$$

$$\angle APB=\angle CPQ+\angle BPC=\alpha+\beta-\alpha=\beta.$$

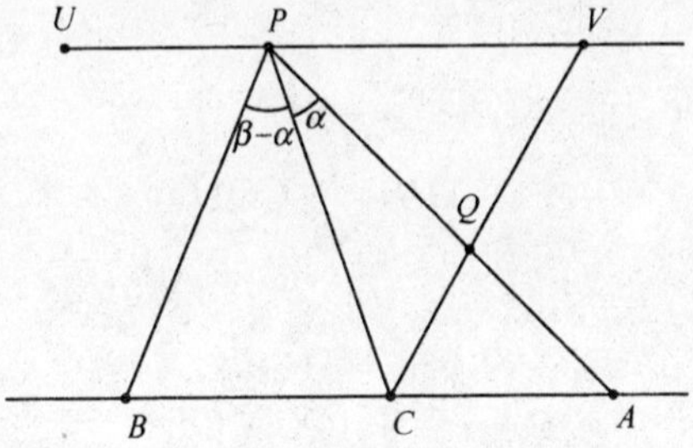

图 22-2

应当指出，上述命题的证明中有些细节略去了. 它们是

1）$\angle UPB+\angle BPC+\angle CPY=\pi$. 这一事实的证明基于两点，一点是由角度可加性得 $\angle UPB+\angle BPV=\pi$，另一点是由角度加可性得 $\angle BPV=\angle BPC+\angle CPV$. 为了证明后者，我们需利用"$B$、$V$ 在直线 PC 两侧"这个条件，指出射线 PC 过线段 BV 之内点. 这在直观上是对的，但要加以证明. 事实上，不难证明：当 $PV/\!/BC$ 时，若 B、V 在 PC 两侧，则 P、C 也在 BV 两侧. 从而 PC 与 BV 有公共内点.

2）关于 PQ 延长后与 BC 的延长线交于 A，也是应当证明的，这里有两点要说明；一点是 A 不在 P、Q 之间，也不在 QP 的延长线上. 另一点是 A 不在 B、

C 之间，也不在 CB 的延长线上，前者的证明，可通过比较 S_{PBC} 与 S_{QBC} 的大小，再用定比分点公式说明，只有 A 在 PQ 延长线上时才可能有 $S_{ABC}=0$. 后者的证明，可根据 A、Q、V 在 PC 同侧而 B 与 V 在 PC 异侧，得出 A、B 在 PC 两侧，故只可能是 C 在 A、B 之间.

有兴趣的读者，可参看我们在这两节中用过的手法，将这些细节补上.

一般而言，从欧几里得的《原本》到希尔伯特的《几何基础》以及大量的几何教科书，其中出现的众多几何命题的证明，在细节上都有若干未加证明的断言要读者完成其证明. 其中大量细节从图上看是十分显然的，但真正证起来颇为棘手. 特别是有关顺序及位置的关系，说清楚相当不容易. 在第 21 章中，我们用了大量篇幅对一些似乎显然的命题加以论证，说明直观与严谨的推理之间，有惊人的差距.

现在可以得到一个重要的不等式.

命题 22.6 设 $\angle APB+\angle CQD<\pi$，并且有

$$\angle APB<\angle CQD,$$

则

$$\frac{S_{APB}}{PA\cdot PB}<\frac{S_{CQD}}{QC\cdot QD}.$$

证明 记 $\angle APB=\alpha$，$\angle CQD=\beta$. 不妨设 $\alpha>O$，否则 $S_{APB}=0$，结论已真.

以下设 $0<\alpha<\beta$. 由命题 22. 5，可作一三角形 XRY，且可在 XY 上取一内点 Z，使得 $\angle XRZ=\beta-\alpha$，$\angle XRY=\beta$，$\angle ZRY=\alpha$，$RX=RZ$. 由于 Z 是 XY 内点，故 $ZY<XY$ 由线性公理得 $S_{XRY}>S_{ZRY}$，即

$$\frac{S_{XRY}}{S_{CQD}}\cdot S_{CQD}>\frac{S_{ZRY}}{S_{APB}}\cdot S_{APB}.$$

由共角定理，

$$\frac{S_{XRY}}{S_{CQD}}=\frac{RX\cdot RY}{QC\cdot QD},\quad \frac{S_{ZRY}}{S_{APB}}=\frac{RZ\cdot RY}{PA\cdot PB},$$

代入前式，两端约去正数 $RX\cdot RY=RZ\cdot RY$，即得

$$\frac{S_{CQD}}{QC\cdot QD}>\frac{S_{APB}}{PA\cdot PB}.$$

由刚性公理可知，当 $AB=AC=1$ 时，$\triangle BAC$ 的面积就被$\angle BAC$ 的大小唯一确定，从而可引入定义.

定义 22.1 设$\angle BAC=\alpha$，$AB=AC=1$，则$\triangle ABC$ 之面积 S_{ABC} 记作 $S(\alpha)$，称为 α 的面积系数.

由定义可知 $S(\alpha)$ 是非负实数，当且仅当 α 为 0 或 π 时，$S(\alpha)=0$，它的另一些基本性质为

命题 22.7 面积系数 $S(\alpha)$ 有下列性质：

1）对任意 $0\leqslant\alpha\leqslant\pi$，有 $S(\alpha)=S(\pi-\alpha)$.

2）当 $0\leqslant\alpha\leqslant\beta\leqslant\frac{\pi}{2}$ 时，$S(\alpha)<S(\beta)$；

当 $\frac{\pi}{2}\leqslant\alpha<\beta\leqslant\pi$ 时，$S(\alpha)>S(\beta)$.

证明 1）当 $\alpha=0$ 或 π 时，显然有

$$S(0)=S(\pi)=0.$$

当 $0<\alpha<\pi$ 时，考虑大小为 α 的$\angle XOY$，不妨设 $OX=OY=1$. 延长 YO 至 Z 使 $OZ=1$. 由线性公理可知 $S_{ZOX}=S_{YOX}$. 但$\angle ZOX=\pi-\alpha$，由定义知

$$S(\pi-\alpha)=S_{ZOX}=S_{YOX}=S(\alpha).$$

2）当 $0\leqslant\alpha<\beta\leqslant\frac{\pi}{2}$ 时，$\alpha+\beta<\pi$，由命题 22. 6 取 $PA=PB=QC=QD=1$ 的特例即知 $S(\alpha)<S(\beta)$. 当 $\frac{\pi}{2}\leqslant\alpha<\beta\leqslant\pi$ 时，有 $0\leqslant\pi-\beta<\pi-\alpha\leqslant\frac{\pi}{2}$，故 $S(\pi-\beta)<S(\pi-\alpha)$，即

$$S(\alpha)>S(\beta).$$

由命题 22.7 可知，对于 $0\leqslant\alpha\leqslant\pi$，当 $\alpha=\frac{\pi}{2}$ 时，$S(\alpha)$ 取到最大值. 亦即，对任一个 $\alpha\neq\frac{\pi}{2}$，总有 $S(\alpha)<S\left(\frac{\pi}{2}\right)$.

由面积系数之定义及共角定理立得

命题 22.8（面积公式） 记$\angle BAC=A$，则

$$S_{ABC}=AB\cdot AC\cdot S(A).$$

证明 在射线 AB、AC 上分别取 E、F 使得 $AE=AF=1$，则

$$S_{AEF}=S(\angle EAF)=S(\angle BAC)=S(A).$$

又由共角定理有

$$\frac{S_{ABC}}{S_{AEF}}=\frac{AB\cdot AC}{AE\cdot AF}=AB\cdot AC,$$

即得 $S_{ABC}=AB\cdot AC\cdot S_{AEF}=AB\cdot AC\cdot S(A)$.

以下逐步推导平行线的角度性质.

命题 22. 9 若 $\angle PAB=\frac{\pi}{2}$ 且 $PQ/\!/AB$，则必有

$$\angle APQ=\frac{\pi}{2}$$

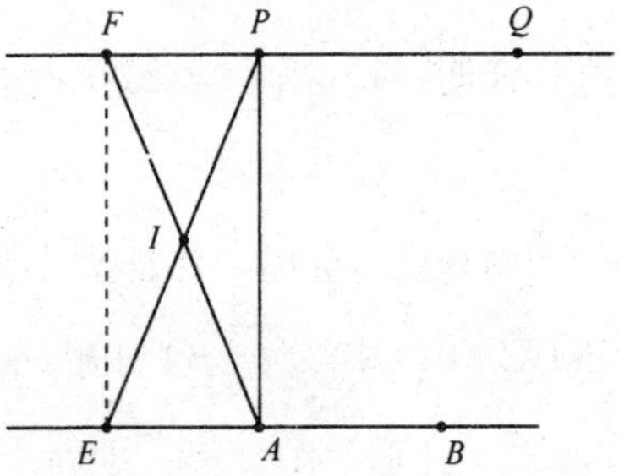

图 22-3

证明 用反证法. 若 $\angle APQ\neq\frac{\pi}{2}$，则可过 P 作直线 PE 使 $\angle EPQ=\frac{\pi}{2}$.

由平行线之唯一性知 PE 必与直线 AB 相交，不妨设交点即为 E 与 A 当然不同，因 $\angle APQ$ 假设不等于 $\frac{\pi}{2}$，而 $\angle EPQ=\frac{\pi}{2}$. 在直线 PQ 上取点 F 使 $PF=AE$，且 E、F 在 AP 之同侧. 这时，A、P、E、F 四点中，任一点不可能在其余三点所成的三角形之内. 这是因为，如 A 在 $\triangle EFP$ 内，则将有 $S_{APF}<S_{EPE}$，这与 $AE/\!/PF$，从而 $S_{APF}=S_{EPF}$ 相矛盾，类似地，E、P、F 也不可能在其余三点所成的三角形之内. 于是 A、E、P、F 四点连成的 6 条线段中，必有两条有公共内点. 由于 $FP/\!/AE$，FP 与 AE 无公共内点；E、F 在 AP 同侧，EF 与 AP 也无公共内点；从而 AF 与 PE 有公共内点 I（图 22-3）. 由此得知

$$S_{AEP}+S_{PEF}=S_{IAE}+S_{IAP}+S_{IPF}+S_{IEF}=S_{AEF}+S_{APF}.$$

由于 $\angle APF\neq\frac{\pi}{2}$ 而 $\angle PAE=\frac{\pi}{2}$，故由面积公式

$$S_{APF}=AP\cdot PF\cdot S(\angle APF)<AP\cdot PF\cdot S\left(\frac{\pi}{2}\right)$$
$$=AP\cdot AE\cdot S(\angle PAE)=S_{AEP},$$

结合前述等式，可推得

$$S_{PEF}<S_{AEF}.$$

下面我们来推出 $S_{PEF}\geqslant S_{AEF}$ 从而导致矛盾. 事实上，

$$S_{PEF}=PF\cdot PE\cdot S(\angle EPF)=PF\cdot PE\cdot S\left(\frac{\pi}{2}\right).$$
$$\geqslant PF\cdot PE\cdot S(\angle AEP)$$
$$=AE\cdot PE\cdot S(\angle AEP)$$
$$=S_{AEP}=S_{AEF}.$$

最后一步用到 $AE/\!/PF$. 这推出了矛盾.

一个显然的推论是

命题 22.10 若 $\angle PAB=\angle QBA=\frac{\pi}{2}$，则 $PA/\!/QB$.

证明 用反证法. 若直线 PA 与 QB 交于一点 X. 过 A 作 BX 的平行线 AY. 取 AX 的内点 Z，连接 BZ. 由于过 B 只有一直线 $BX/\!/AY$，故 BZ 必与直线 AY 交于一点 R，以下分三种可能性导出矛盾.

易知 Z 在 B、R 之间，故

$$\angle BAZ+\angle ZAR=\angle BAR.$$

由题设，$\angle BAZ=\angle BAP=\frac{\pi}{2}$，又由命题 22.9 可知 $\angle BAR=\frac{\pi}{2}$，于是，$\angle ZAR=0$. 从而 AP、AY 是同一条直线，但 $AY/\!/BX$，AP 却与 BX 交于 X，矛盾.

命题 22.11 若 $\angle ABC=\frac{\pi}{2}$，则 $\angle ACB<\frac{\pi}{2}$.

证明 若 $\angle ACB=\frac{\pi}{2}$，由命题 22.10 必有 $AB/\!/AC$，即两平行线交于一点 A，矛盾. 又若 $\angle ACB>\frac{\pi}{2}$，由角度连续性，可在 AB 上取一内点 E 使，$\angle ECB=$

$\frac{\pi}{2}$，则 $BE /\!/ CE$，也矛盾.

以下依惯例称角度为 $\frac{\pi}{2}$ 的角为直角. 且当 $\angle ABC$ 为直角时，称直线 AB 与 BC 互相垂直，并记作 $AB \perp BC$.

命题 22.12 若 $S(\alpha)=S(\beta)$，则 $\alpha=\beta$ 或 $\alpha+\beta=\pi$.

证明 若 $0 \leqslant \alpha<\beta \leqslant \frac{\pi}{2}$ 时，或 $\frac{\pi}{2}<\alpha \leqslant \beta \leqslant \pi$ 时，由命题 22.7，均不可能有 $S(\alpha)=S(\beta)$. 故不妨设 $\alpha \leqslant \frac{\pi}{2} \leqslant \beta$. 于是有 $0 \leqslant \pi-\alpha \leqslant \frac{\pi}{2}$. 由命题 22.7，由 $S(\alpha)=S(\beta)=S(\pi-\beta)$ 得 $\alpha=\pi-\beta$，亦即 $\alpha+\beta=\pi$.

命题 22.13（内错角定理） 若 $AB /\!/ PQ$，且 A、Q 在直线 BP 的异侧，则 $\angle ABP=\angle QPB$.

证明 若 $BP \perp AB$，由命题 22.9，必有 $BP \perp PQ$，结论自然成立.

以下设 BP 与 AB 不垂直. 过 P 作 PQ 的垂线与 AB 交于 C，过 B 作 AB 的垂线与 PQ 交于 D，由命题 22.9，$\angle PCB=\frac{\pi}{2}$，$\angle PDB=\frac{\pi}{2}$. 又由命题 22.10 可得 $PC /\!/ BD$. 于是得

$$S_{PBD}=S_{CBD}=S_{CBP},$$

由面积公式（命题 22.8）

$$BC \cdot BD \cdot S\left(\frac{\pi}{2}\right)=S_{CDB}=S_{PDB}=PD \cdot BD \cdot S\left(\frac{\pi}{2}\right).$$

于是得 $PD=BC$. 再用面积公式得

$$\begin{aligned} BC \cdot BP \cdot S(\angle PBC) &= S_{CBP}=S_{PBD} \\ &= PD \cdot PB \cdot S(\angle BPD). \end{aligned}$$

两端约去 $BC \cdot BP=PD \cdot PB$，得

$$S(\angle PBC)=S(\angle BPD).$$

由 $\angle PCB=\frac{\pi}{2}$，$\angle PDB=\frac{\pi}{2}$ 及命题 22.11 可得

$$\angle PBC<\frac{\pi}{2}, \quad \angle BPD<\frac{\pi}{2}.$$

配合已证的事实 $S(\angle PBC)=S(\angle BPD)$ 及命题 22.12 可得

$$\angle PBC=\angle BPD.$$

这是因为不可能有

$$\angle PBC+\angle BPD=\pi$$

之故. 下面指出，C、D 在直线 BP 之异侧. 这是因为 $BC/\!/PD$，故 B、C、p、D 四点中任一点不可能在其余三点构成的三角形之内，且 BC 与 PD 无公共内点；同时 $PC/\!/BD$，故 PC 与 BD 也无公共内点；由维数公理知 PB 与 DC 有公共内点，从而 D、C 在 BP 之异侧.

若 B 在 A、C 之间，则 A、C 在 PB 异侧. 从而 A、D 在 PB 同侧. 由假设条件，A、Q 在 PB 异侧，故 Q、D 在 PB 异侧，即 P 在 Q、D 之间，从而

$$\angle ABP=\pi-\angle PBC=\pi-\angle BPD=\angle QPB.$$

若 A 在射线 BC 上，即 A、C 在 PB 同侧，于是 Q、C 在 PB 异侧，从而 Q、D 在 PB 同侧，即 Q 在射线 PD 上. 这推出

$$\angle ABP=\angle PBC=\angle BPD=\angle QPB.$$

有了内错角定理，自然不难导出三角形内角和为 π 的常用命题. 但在常见证明过程中关于点线位置的论证常被忽略而代之以直观判断. 此处给出一个完全的证明.

命题 22.14 对任意两两不同的三点 A、B、C 有

$$\angle ABC+\angle CAB+\angle BCA=\pi.$$

证明 如果三点中有一点在另两点之间，如 B 在 A、C 之间，则

$$\angle ABC=\pi, \quad \angle CAB=0, \quad \angle BCA=0,$$

要证明的结论平凡地成立.

以下设 A、B、C 三点不共线. 过 C 作 AB 的平行线 PQ，并取 P、Q 使 C 在 P、Q 之间. 由于直线 AC 过 PQ 内点 C，故 P、Q 在 AC 异侧. 不妨设 Q、B 在 AC 同侧，于是 P、B 在 AC 异侧，由 $PC/\!/AB$ 及命题 22.13 得

$$\angle PCA=\angle CAB.$$

另一方面，由 $CQ/\!/AB$ 及 Q、B 在 AC 同侧可知 c、Q、A、B 中任一点不在其余三点所构成的三角形内部，且 CQ、AB，无公共内点，QB、AC 无公共内点，从而 AQ、BC 有公共内点，故 A、Q 在 BC 异侧. 由命题 22.13 得

$$\angle ABC=\angle BCQ.$$

从而

$$\angle ABC+\angle BCA+\angle CAB=\angle BCQ+\angle BCA+\angle PCA=\pi$$

把我们在第 20～22 章这三章中的探索与在第 17 章中所介绍的希尔伯特的公理系统的内容对照，容易发现，在其五组 20 条公理中，我们没有采用也没有导出的命题，目前只有三条.

I_7　如果两平面 α、β 有一公共点 A，则它们至少还有另一公共点 B.

I_8　至少有四点不在同一平面上.

III_5　若两个三角形 ABC 和 $A'B'C'$ 有 $AB=A'B'$，$AC=A'C'$，且 $\angle BAC=\angle B'A'C'$，则必有

$$\angle ABC\cong\angle A'B'C'$$

这三者之中，I_7、I_8 本质上是关于空间维数的规定. I_7 要求空间限于三维——在四维空间里两个二维平面可能只有一个交点. I_8 则要求空间不限于二维. 这些命题不可能由我们已建立的命题推出. 我们可在今后引入等价的立体几何公理，或简单地承认它们.

但 III_5 本质上是与空间维数关系不大的命题. 其中所提到的两个三角形可在同一平面上，可在三维空间的两张平面上，也可在更高维空间的两张二维平面上. 下面来导出 $\mathrm{III}_5$①.

命题 22.15（角边角定理）　在 $\triangle ABC$ 与 $\triangle XYZ$ 中，若 $\angle CAB=\angle ZXY$、$\angle ABC=\angle XYZ$，则

① 在希尔伯特公理体系中，"合同于"（即"≡"）是不加定义的基本概念. 在这里，把线段合同即视为等长，角的合同即视为角度相等.

$$\frac{AB}{XY}=\frac{BC}{YZ}=\frac{CA}{ZX}.$$

证明 由命题 22.14 可知从题设条件立刻推出$\angle BCA=\angle YZX$. 根据共角定理可得

$$\frac{S_{ABC}}{S_{XYZ}}=\frac{AC\cdot AB}{XZ\cdot XY}=\frac{AB\cdot BC}{XY\cdot YZ}=\frac{BC\cdot AC}{YZ\cdot XZ}$$

上式约简后即得所要之结论.

命题 22.16（希尔伯特公理体系中公理Ⅲ$_5$，即边角边定理）

在$\triangle ABC$与$\triangle XYZ$中，如果有

$$\angle ABC=\angle XYZ,\ AB=XY,\ BC=YZ,$$

则必有$\angle BAC=\angle YXZ$.

证明 用反证法. 若所要证之结论不真，为确定起见，不妨设$\angle BAC<\angle YXZ$，于是由角度连续性可在YZ线段上取一内点Z'使得

$$\angle YXZ'=\angle BAC.$$

配合条件$\angle ABC=\angle XYZ$，由命题 22. 15 得

$$\frac{AB}{XY}=\frac{BC}{YZ'}=\frac{CA}{Z'X'}.$$

但$AB=XY$，故$BC=YZ'<YZ$，与假设矛盾.

在以上准备工作的基础上，展开平面几何已是很容易的事了. 抓住面积公式，可引入正弦定理、正弦加法定理、勾股定理、余弦定理一系列等式. 抓住共角不等式，可引入三角形边角大小关系、三角形两边之和大于第三边等一系列不等式.

应当一提的是，本章所引入的公理 X（角度连续性）是否能从其他公理推出？它可否从公理集合中去掉，改称为定理？这是一个尚待进一步探讨的问题. 作者猜测，它是可以从其他公理推出的，但尚未能给出证明.

第23章

体系对比多位一体 结构互容各有千秋

回顾前三章，我们引入了以三种几何量为基础的几何公理体系．它与传统的几何公理体系的不同之点，主要在于用线性公理代替了平行公理．有了线性公理，就能迅速建立共边定理与共角定理，用并联式推理展开整个初等几何．

不过，目前我们所列出的仅仅是一种可能的方案．它不是唯一的，也不是最优的．在若干地方可以调整．有些公理可以减弱，有些公理可以加强．公理的减弱能够增强公理间的相互独立性，公理的增强可以简化体系展开过程中的推理．有些公理还可能用别的形式或别的等价命题取代．

本章限于平面几何范围，将前三章引入的公理整理重写．然后分析它们所起的作用，并探讨再调整的可能性．

我们的公理可分为三组，它们分别是关于距离、面积和角度的．所考虑的对象是平面，即二维欧几里得空间．平面是由一些“点”组成的集合，“点”是我们的体系中唯一不加定义的基本概念．我们承认实数和集合的概念．直线就是平面的一些特殊的子集．在前三章探讨的基础上，提出下述平面几何公理．

第一组　关于距离的公理

A_1（距离公理）　任两点 A、B 确定一个实数 $|AB|$，叫做 AB 之间的距离.

A_2（直线唯一公理）　经过不同两点 A、B，有且仅有一条直线，记作 AB.

A_3（直线完备公理）　对任一条直线. AB，存在 AB 到实数集的一一对应，使得若 P、Q 分别对应于 x、y，则

$$|PQ|=|x-y|.$$

第二组　关于面积的公理

A_4（面积公理）　任三点 A、B、C 对应一个非负实数 $S_{ABC}=S_{CBA}$，叫做三角形 ABC 的面积. 存在不同的三个点 X、Y、Z 使 $S_{XYZ}>0$. 当 $S_{ABC}=0$ 时，A、B、C 三点在一直线上.

A_5（线性公理）　若 A、B、C 三点在一直线上，$|BC|=t|AB|$，则对任一点 p，有

$$S_{PBC}=tS_{PAB}.$$

A_6（维数公理）　任意四点 A、B、C、D 所连成的 6 条线段中，如果任两条都没有公共内点，则四个面积 S_{ABC}、S_{ABD}、S_{ACD}、S_{BCD} 之中，必有一个等于另外三个之和.

A_7（面积分割公理）　对任意不共线三点 A、B、C 和满足条件 $x+y+z=S_{ABC}$ 的三个非负实数 x、y、z，有且仅有一个点 p 满足 $S_{PBC}=x$，$S_{PAC}=y$，$S_{PAB}=z$.

第三组　关于角度的公理

A_8（角度公理）　任意三点 A、P、B，当 P 不与 A、B 中任一点重合时，确定一个非负实数 $\angle APB=\angle BPA\leqslant\pi$. 当且仅当 P 在 A、B 之间时，有 $\angle APB=\pi$；当且仅当 B 在射线 PA 上时，有 $\angle APB=0$.

A_9（角度可加性）

1）当 $\angle APB<\pi$ 时，对于 $\angle APB$ 内或其边上任一不同于 P 的点 Q，有

$$\angle APQ+\angle QPB=\angle APB.$$

2）若 P 在 A、B 之间，对任一不同于 P 的点 Q，有

$$\angle APQ+\angle QPB=\pi.$$

A_{10}（角度连续性）　当 $\angle APB<\pi$ 时，对任一非负实数 $\alpha\leqslant\angle APB$，在线段 AB 上有一点 Q，使 $\angle APQ=\alpha$.

A_{11}（刚性公理）　若 $\angle APB=\angle CQD$，并且 $|AP|=|CQ|$，$|BP|=|DQ|$，则 $S_{APB}=S_{CQD}$.

我们看到，在第一组公理中，我们选取了第 20 章中的公理Ⅰ′、Ⅱ′、Ⅲ′，而且把公理Ⅰ′中的要求 $|AA|=0$ 去掉了．这样在公理的叙述上显得较简便．从表面上看，A_1、A_2、A_3 比公理Ⅰ′、Ⅱ′、Ⅲ′稍弱，比公理Ⅰ、Ⅱ、Ⅲ更弱．但 A_1、A_2、A_3 与后面的公理配合起来，却仍能推出Ⅰ′、Ⅱ′、Ⅲ′及Ⅰ、Ⅱ、Ⅲ．事实上，由于在后面的公理 A_4 中要求至少有不同的三个点 X、Y、Z 使 $S_{XYZ}>0$，这里肯定了至少有两个点不同．于是，对任意点 A 总有另一个点 B 使 AB 确定一直线，在此直线上可运用公理 $A3$ 使点对应于实数．若点 A 对应于 α，则有 $|AA|=|\alpha-\alpha|=0$．故在 $A1$ 中我们不再要求 $|AA|=0$.

在第 20 章的公理Ⅱ中，有这样的要求：对任给的两点 A、B，当 $|AB|=r>0$ 时，对任给的实数 x，必有唯一的点 p 使距离 $|AP|$、$|BP|$ 满足与 r、x 有关的某些等式．例如，当 $0\leqslant x\leqslant r$ 时，有唯一的点 P 使 $|AP|=x$，且 $|AP|+|PB|=r$ 等．这里的公理 A_3 保证了公理Ⅱ中所断言的点 P 的存在，并肯定在直线 AB 上这样的点 P 的唯一性．但它不能保证在直线 AB 之外没有这样的点．因而公理 A_1、A_2、A_3 就不能推出第 20 章的公理Ⅱ．但总体而言，我们却能由 $A_1\sim A_{11}$ 推出它．事实上，要证明的是

命题 23.1　若 $|AP|+|PB|=|AB|$，则 A、B、P 三点在一直线上．

这其实是下述常见命题的直接推论．

命题 23.2　若 A、B、P 三点不在一直线上，则

$$|AP|+|PB|>|AB|.$$

这就是著名的三角不等式，它可以从下述命题导出．

命题 23.3　在任意 $\triangle ABC$ 中，大边对大角，大角对大边，等边对等角，等

角对等边.

证明 由共角不等式（命题 22. 6）可知，若$\angle ABC<\angle ACB$，则

$$\frac{S_{ABC}}{AB\cdot AC}<\frac{S_{ABC}}{AC\cdot BC}.$$

立刻推出$AC<AB$，这证明了“大角对大边”，由共角定理可知，若$\angle ABC=\angle ACB$即得$AC=AB$，即等角对等边. 用反证法，可推出大边对大角，等边对等角.

命题 23.3 的一个推论是：直角三角形中直角所对的边最大. 由此易证三角不等式：自三角形 ABP 的一顶点 P 向 AB 作垂线，垂足为 Q，则 $PA>AQ$，$PB>BQ$，从而

$$PA+PB>AQ+BQ\geqslant AB,$$

这证明了三角不等式.

现在我们把注意力集中于第二组公理. 这组公理中的 A_4、A_5，即第 21 章中的公理Ⅳ和公理Ⅴ，内容比较简单，暂时不考虑对它调整的问题. 但 A_6 和 A_7 比较复杂，也不大自然，值得讨论.

对比第 21 章中的公理Ⅵ，在 A_6 中去掉了一开头的“平面上”这个限制. 对比公理Ⅶ，A_7 也去掉了“过任意不共线的三点 A、B、C，有且仅有一个平面”这一句话. 这是因为，现在我们只讨论平面几何，一开始就假定了所有的点都在一个平面上之故. 这些关于平面的要求，待进一步讨论空间几何公理时再加上不迟.

这两个公理的用处，在于肯定平面上某些点的存在性. 例如，命题 21.5 肯定若 A、B 两不同点在平面上，则直线 AB 上的点都在平面上；命题 21.6、命题 21.12、命题 21.13、命题 21.14、命题 21.15、命题 21.17 等都是为了论证平面上某两条直线的交点的存在性. 在目前只讨论平面几何时，命题 21.5 是不必要的了. 因为我们考虑的范围只是一个平面，而直线是它的子集，根本不存在直线上的点是否在平. 面上的问题. 但命题 21.6、命题 21.12 等却是必要的，而它们的证明有赖于 A_6 和 A_7. 如果没有 A_6 和 A_7，任意四点连成的 6 条直线可能再也

没有这四点之外的交点，如在空间的不共面四点那样．如果要去掉 A_6 和 A_7，就必须用能够刻画平面性质的公理来代替它．例如，引入

A_6^*（交点公理）　（平面上）任意两两不重合的四点中，必有两点使得它们所确定的直线通过另两点连成线段的内点．

公理 A_6^* 的意义是十分直观的．如果四点在一直线上，则任两点连成的直线通过任两点所确定的线段的内点．如果四点中有三点 A、B、C 共线，而 B 在 A、C 之间，则第四点 D 与 B 确定的直线 DB 通过 AC 内点 B．以上两种情形是 A_6^* 的平凡情形．一般情形下，如图 23-1 所示．

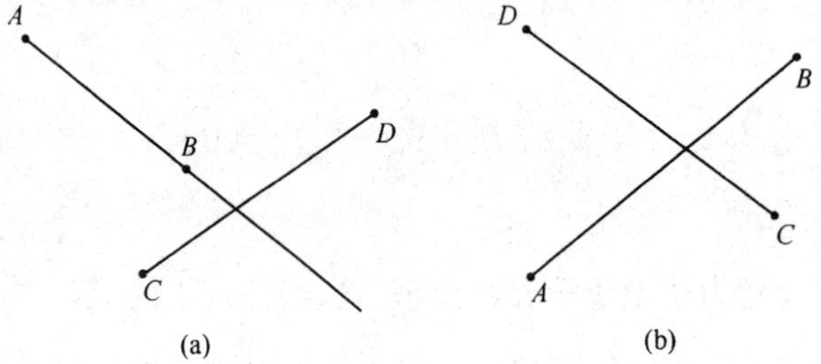

图 23-1

我们将公理 A_6^* 与线性公理 A_5 及其推论共边定理配合起来，可以取代 A_6、A_7，并简化体系展开时之推理过程．下面略述其梗概．

为了简便，把两直线相交的情形分别用三个术语刻画．

1）内交：若直线 AB 经过线段 PQ 内点 M，且 M 是 AB 内点，称 AB、PQ 内交于 M．

2）外交：若直线 AB、PQ 交于 M，且 B 在 A、M 之间，Q 在 P、M 之间，则称 AB、PQ 外交于 M．

3）内外交：若直线 AB 经过 PQ 内点 M，且 B 在 A、M 之间，则称 AB、PQ 内外交于 M．

下述命题用面积间的等式与不等式刻画了直线的这三种相交方式的特点．

命题 23.4　设直线 AB、PQ 交于 M，则

1）若 AB、PQ 内交于 M，则

$$S_{APQ}+S_{BPQ}=S_{PAB}+S_{QAB};$$

2）若 AB、PQ 外交于 M，则

$$S_{APQ}-S_{BPQ}=S_{PAB}-S_{QAB}>0;$$

3）若 AB、PQ 内外交于 M，则

$$S_{APQ}-S_{BPQ}=S_{PAB}+S_{QAB}.$$

证明 在情形 1)，由于 M 在 P、Q 之间，故

$$S_{APQ}=S_{APM}+S_{AQM},$$

$$S_{BPQ}=S_{BPM}+S_{BQM}.$$

又因 M 在 A、B 之间，故

$$S_{PAB}=S_{APM}+S_{BPM},$$

$$S_{QAB}=S_{AQM}+S_{BQM}.$$

于是立刻可知欲证之结论为真.

在情形 2)，由于 B 在 A、M 之间得

$$S_{PAB}=S_{APM}-S_{BPM},$$

$$S_{QAB}=S_{AQM}-S_{BQM}.$$

又因 Q 在 P、M 之间得

$$S_{APQ}=S_{APM}-S_{AQM},$$

$$S_{BPQ}=S_{BPM}-S_{BQM}.$$

于是立得

$$S_{APQ}-S_{BPQ}=S_{PAB}-S_{QAB}.$$

为证明 $S_{PAB}-S_{QAB}>0$，用共边定理

$$\frac{S_{PAB}}{S_{QAB}}=\frac{PM}{QM}=\frac{PQ+QM}{QM}>1$$

故得 $S_{PAB}>S_{QAB}$，即 $S_{PAB}-S_{QAB}>0$.

在情形 3)，由于 B 在 A、M 之间得

$$S_{PAB}=S_{APM}-S_{BPM},$$

$$S_{QAB}=S_{AQM}-S_{BQM}.$$

又由于 M 在 P、Q 之间得

$$S_{APQ}=S_{APM}+S_{AQM},$$

$$S_{BPQ}=S_{BPM}+S_{BQM}.$$

易验证有

$$S_{APQ}-S_{BPQ}=S_{PAB}+S_{QAB}.$$

由此可得一有用的工具.

命题 23.5 若 AB、PQ 外交于 M，则 AQ、BP 内交于一点 N

证明 应用公理 A_6^*，在 A、B、P、Q 四点中必有两点连成的直线通过其余两点连成线段之内点. 由于 AB、PQ 外交，故彼此均不能过另一个之内点. 下面论证 AP、BQ 彼此亦不能过另一个之内点.

由题设，AB、PQ 外交于 M，由命题 23.4，

$$S_{APQ}-S_{BPQ}=S_{PAB}-S_{QAB}>0. \tag{23-1}$$

若 AP、BQ 内交，由命题 23.4 得

$$S_{APQ}+S_{PAB}=S_{BPQ}+S_{QAB}. \tag{23-2}$$

由（23-2）－（23-1）得

$$S_{PAB}+S_{BPQ}=S_{BPQ}-S_{PAB}+2S_{QAB},$$

所以

$$2(S_{PAB}-S_{QAB})=0.$$

这与（23-1）的不等式矛盾.

又若 AB、PQ 内外交，则由命题 23. 4 可知在 S_{APQ}、S_{BPQ}、S_{PAB}、S_{QAB} 四者之中必有一个等于另三个之和，与（23-1）联合，将推出四者之中有一个为 0，从而推出四点中三点共直线，与 AB、PQ 外交之前提矛盾. 同理 BA 与 PQ、PQ 与 AB、QP 与 AB 均不能内外交.

至此我们已证明了在 PQ、AB 两者之中，一个不能过另一个的内点.

由公理 A_6^*，在 A_6^*、BP 两者中，必有一个通过另一个之内点. 但基于前述理由，它们不可能内外交，故必内交.

在继续推导之前，不妨指出，现在已可以由公理 A_6^* 推出公理 A_6（维数公

理）了.

事实上，由公理 A_6^* 可知，无三三共线的四点 A、B、P、Q 所连成的 6 条线段中，或者有 2 条线段内交，即有公共内点，或者有 2 条线段内外交，即在 S_{APQ}、S_{BPQ}、S_{PAB}、S_{QAB} 中有一个等于其余三个之和. 这正是公理 A_6 所要的结论. 至于四点中有三点共线的，公理 A_6 平凡地成立.

为了进一步由公理 A_6^* 导出公理 A_7，我们需再做一些工作.

命题 23.6 若 AB、PQ 内交于 M，则在 A、B、P、Q 四点所连成的 6 条线段中，任两条都不可能内外交.

证明 由命题 23.4，当 AB、PQ 内交时有

$$S_{APQ}+S_{BPQ}=S_{PAB}+S_{QAB}.$$

若 6 条线段中有两条内外交，则上式中的四个面积中有一个等于另外三个之和，这将推出其中一个为 0，即 A、B、P、Q 中有三点共直线，与所设 AB、PQ 内交矛盾.

命题 23.7 分别在 $\triangle ABC$ 两边 AB、AC 上取内点 P、Q，使有

$$\frac{|AP|}{|PB|}=\frac{x}{z},\quad \frac{|AQ|}{|QC|}=\frac{y}{z},$$

则 BQ、PC 内交于 M，且

$$|PM|=\frac{y}{x+y+z}|PC|,\quad |QM|=\frac{x}{x+y+z}|BQ|.$$

证明 由所设条件可知 BP、CQ 外交于 A. 由命题 23.5 可知 BQ、PC 内交于一点 M.

由共边定理，

$$\begin{aligned}\frac{|PM|}{|MC|}&=\frac{S_{PBQ}}{S_{CBQ}}=\frac{S_{PBQ}}{S_{ABQ}}\cdot\frac{S_{ABQ}}{S_{CBQ}}\\&=\frac{|PB|}{|AB|}\cdot\frac{|AQ|}{|QC|}=\frac{z}{x+z}\cdot\frac{y}{z}=\frac{y}{x+z}.\end{aligned}$$

故得

$$\frac{|PM|}{|PC|}\cdot\frac{|PM|}{|PM|+|MC|}=\frac{y}{x+y+z}.$$

同理可得要证的另一个等式.

以上几个命题的证明中，命题 23.4 只用了线性公理，命题 23.5、命题 23.6、命题 23.7 则还用到公理 A_6^*，都没有用到公理 A_6、A_7，下面从这些命题导出 A_7，就说明了用公理 A_6^* 确实可代替 A_6 及 A_7.

命题 23.8（公理 A_7，即面积分割公理）　对任意不共线三点 A、B、C 和满足条件 $x+y+z=S_{ABC}$ 的三个非负实数 x、y、z，有且仅有一个点 P 满足 $S_{PBC}=x$，$S_{PAC}=y$，$S_{PAB}=z$.

证明　若 x、y、z 中有两个为 0，如 $x=y=0$，则令 $P=C$，此时有

$$S_{PBC}=S_{PAC}=0,\qquad S_{PAB}=S_{ABC}=z.$$

反之，若户满足这些条件，由 $S_{PBC}=0$ 知 P 在直线 PC 上，由 $S_{PAC}=0$ 知 P 在直线 AC 上，故只有 $P=C$，即这样的 P 是唯一的.

若 x、y、z 中有一个为 0，如 $x=0$，点 P 应满足 $S_{PBC}=x=0$，即 P 在直线 BC 上，由 $S_{PAC}+S_{PAB}=S_{ABC}$，可知 P 是 BC 内点，且满足 $\frac{|CP|}{|PB|}=\frac{S_{PAC}}{S_{PAB}}=\frac{y}{z}$.

这样的 P 当然是唯一确定的.

以下讨论 x、y、z 均不为 0 的非平凡情形. 先证明满足题设条件的点 P 的存在性.

在线段 AC 上取内点 M，在线段 BC 上取内点 N，使

$$\frac{|CM|}{|MA|}=\frac{x}{z},\qquad \frac{|CN|}{|NB|}=\frac{y}{z}.$$

由命题 23.7，AN、BM 内交于一点 P，且

$$|PM|=\frac{y}{x+y+z}|BM|,\qquad |PN|=\frac{x}{x+y+z}|AN|.$$

由共边定理，

$$\frac{S_{PBC}}{S_{ABC}}=\frac{|PN|}{|AN|}=\frac{x}{x+y+z}=\frac{x}{S_{ABC}},$$

于是得 $S_{PBC}=x$，同理 $S_{PAC}=y$，又由共边定理

$$\frac{S_{PAB}}{S_{ABC}}=\frac{S_{PAB}}{S_{NAB}}\cdot\frac{S_{PAB}}{S_{NAB}}=\frac{|PA|}{|AN|}\cdot\frac{|BN|}{|BC|}$$

$$=\frac{y+z}{x+y+z}\cdot\frac{z}{y+z}=\frac{z}{x+y+z}=\frac{z}{S_{ABC}}.$$

这证明了 $S_{PAB}=z$.

以下反过来证明，满足题设条件的点 P 是唯一的.

设 Q 是满足条件

$$S_{QBC}=x,\quad S_{QAC}=y,\quad S_{QAB}=z$$

的一个点，要证明的是 Q 与 P 重合.

由公理 A_6^*，在 A、B、C、Q 四点中，必有两点所连成的直线经过另两点所成线段的内点. 亦即在 6 条线段 AB、BC、CA、QA、QB、QC 中必有两条内交或内外交. 由于等式

$$S_{ABC}=S_{QBC}+S_{QAC}+S_{QAB}$$

的要求，不可能有两条线段内交，也不可能由△ABC 的一边内外交其余两点连成的线段. 否则，如 AB 内外交 QC，由命题 23. 4，将推出面积 S_{QAC} 等于其余三者之和而与条件矛盾. 故只能是 AQ、BQ、CQ 中的某个内外交△ABC 的对应边. 有三种可能

若 AQ 内外交 BC 于 G，由共边定理可推知

$$\frac{|BG|}{|GC|}=\frac{S_{QAB}}{S_{QAC}}=\frac{z}{y},$$

可见 G 与 N 重合，即 Q 是 AN 内点. 又由

$$\frac{|QN|}{|AN|}=\frac{S_{QBC}}{S_{ABC}}=\frac{S_{PBC}}{S_{ABC}}=\frac{|PN|}{|AN|},$$

可知 P、Q 重合.

若 BQ 内外交 AC 于 H，同理可证 H 与 M 重合，推得 P、Q 重合.

最后一种情形是 CQ 内外交 AB 于 K，由共边定理可知

$$\frac{|AK|}{|KB|}=\frac{S_{QAC}}{S_{QBC}}=\frac{y}{x},$$

由于

$$\frac{|AM|}{|MC|}=\frac{z}{x},$$

根据命题 23.7，CK、BM 内交于一点 Q'，且

$$\frac{|Q'M|}{|BM|}=\frac{y}{x+y+z}=\frac{|PM|}{|BM|},$$

$$\frac{|Q'K|}{|CK|}=\frac{z}{x+y+z}=\frac{|QK|}{|CK|}.$$

这表明 Q'，P、Q 重合.

至此，我们已证明：可以用公理 A_6^* 取代公理 A_6、A_7. 实际上，引入 A_6^* 之后，第 21 章中的推导可被简化. 例如，由命题 23.5 立刻得到第 21 章中的命题 21.14，用证明命题 23.8 的部分手法可得命题 21.13 等.

以下进而探讨第三组公理的调整方案.

在第 22 章末尾我们曾猜测公理Ⅹ（即本节公理 A_{10}，角度连续性）可以由其他公理推出，但未能给出证明. 这里，用稍微改变其他公理的办法来去掉公理 A_{10}.

方案之一是把公理 A_9 稍微加强. 变为

公理 A_9^*（角度可加性）

1）当 $0<\angle CQO<\angle APB<\pi$ 时，在线段 AB 上存在点 X 使

$$\angle APX=\angle CQD,$$

$$\angle XPB=\angle APB-\angle COD.$$

2）若 P 在 A、B 之间，对任一不同于 P 的点 X，有

$$\angle APX+\angle XPB=\pi.$$

公理 A_9^* 蕴含 A_9 是显然的. 下面论证，公理 A_9^*. 与其他公理配合，也能推出公理 A_{10}. 为此，需要一些辅助命题.

命题 23.9（角平分线存在性）　在任意$\triangle ABC$ 的边 BC 上存在点 P，使

$$\angle BAP=\angle PAC=\frac{1}{2}\angle BAC.$$

证明　取点 P 使 P 在 B、C 之间且

$$\frac{|BP|}{|CP|}=\frac{|AB|}{|AC|},$$

由共边定理得

$$\frac{S_{ABP}}{S_{ACP}}=\frac{|BP|}{|CP|}=\frac{|AB|}{|AC|}=\frac{|AB|\cdot|AP|}{|AC|\cdot|AP|},$$

即

$$\frac{S_{ABP}}{|AB|\cdot|AP|}=\frac{S_{ACP}}{|AC|\cdot|AP|}. \tag{23-3}$$

下面论证$\angle BAP=\angle PAC$. 用反证法，若不然，不妨设，$\angle BAP<\angle PAC$；由于角度可加性（公理 A_9^*）知$\angle BAP+\angle PAC=\angle BAC<\pi$，故由命题 22.6 得

$$\frac{S_{ABP}}{|AB|\cdot|AP|}<\frac{S_{ACP}}{|AC|\cdot|AP|}.$$

此与式（23-3）矛盾.

有了角平分线的存在性，就可以推出角度连续性了.

命题 23.10（由角度可加性及角平分线存在性推导角度连续性，即公理 A_{10}——第 22 章的公理Ⅹ） 当$\angle APB<\pi$时，对任一非负实数$\alpha\leqslant APB$，在线段 AB 上有一点 Q 使$\angle APQ=\alpha$.

证明 用反证法. 设有非负实数$\alpha\leqslant\angle APB$，使对线段 AB 上任一点 Q 都有$\angle APQ\neq\alpha$，来导出矛盾. 设$\angle APB=\beta$，考虑排除 $\alpha=0$ 及 $\alpha=\beta$ 的平凡情形，即设 $0<\alpha<\beta$. 把线段 AB 上的点 Q 分为两组：

若$\angle APQ<\alpha$，Q 属于甲组；

若$\angle APQ>\alpha$，Q 属于乙组.

由角度可加性可知，若 Q 属于甲组，则 AQ 上的点都属于甲组；若 Q 属于乙组，则 QB 上的点都属于乙组，于是两组之间有一分界点 E.

若 E 属于乙组，则$\angle APE=\gamma>\alpha$. 考虑$\angle APQ$ 当 Q 属于甲组时的最小上界 δ，显然有 $\delta\leqslant\alpha$. 取 $d=\frac{1}{4}(\gamma-\delta)$. 由于 δ 是$\angle APQ$ 当 Q 属于甲组时的最小上界而且 $\delta-d<\delta$，故在甲组中有点及使$\angle APR>\delta-d$. 应用命题 23.9，在线段 RE 上有内点 S 使

$$\angle RPS=\angle SPE=\frac{1}{2}\angle RPE=\frac{1}{2}(\angle APE-\angle APR).$$

由角度可加性，

$$\begin{aligned}\angle APS&=\angle APR+\angle RPS\\&=\angle APR+\frac{1}{2}(\angle APE-\angle APR)\\&=\frac{1}{2}\angle APR+\frac{1}{2}\angle APE\\&>\frac{1}{2}(\delta-d)+\frac{1}{2}(\gamma-\delta+\delta)\\&=\delta+\frac{3}{2}d>\delta.\end{aligned}$$

这与 δ 是 $\angle APQ$ 当 Q 属于甲组时的上界矛盾.

若正属于甲组，则 $\angle APE<\alpha$. 取 $\alpha'=\beta-\alpha$，$\angle BPE=\gamma'=\beta-\angle APE>\alpha'$，考虑 $\angle BPQ$ 当 Q 属于乙组时的最小上界 δ'，取 $d'=\frac{1}{4}(\gamma'-\delta')$，则乙组中有点及 R'，使 $\angle BPR'>\delta'-d'$. 以下几乎一字不改地可仿上推出矛盾.

但是事情并没有完. 我们证明命题 23.10 用到了角平分线存在性，即命题 23.9. 而命题 23.9 的证明用到命题 22.6. 命题 22.6 的证明用到命题 22.5，命题 22.5 的证明用到角度完备性——即命题 22.4. 命题 22.4 的证明则有赖于公理Ⅹ——角度连续性. 也正是我们在命题 23.10 中要证明的公理 A_{10}. 这岂不是循环论证?

为了避免循环论证，我们应当给命题 22.6 一个新的证明，或给命题 22.5 一个新的证明.

检查命题 22.6 的证明，我们发现，只要有下述比命题 22.5 稍弱一点的命题也就可以了.

命题 23.11（命题 22.5 的一种较弱的形式，证明时可用公理 A_9^* 代替公理 A_{10} 所推出的命题 22.4） 设 $\angle APB=\alpha$，$\angle CQO=\beta$，$0<\alpha<\beta$，且 $\alpha+\beta<\pi$，则可作一三角形 XRY，且在线段 XY 上有一内点 Z，使

$$\angle XRZ=\beta-\alpha,\quad \angle XRY=\beta,$$
$$\angle ZRY=\alpha,\quad RX=RZ.$$

证明 由公理 A_9^*，可在线段 CD 上取一内点 E，使 $\angle CQE=\angle APB=\alpha$，$\angle EQD=\beta-\alpha$. 在 QD 射线上取一点 F 使 $QF=QE$. 过 Q 作 EF 的平行线 UV. 设 U、V 在直线正 Q 之两侧，且 F、U 在 EQ 同侧. 此时

$$\angle VQE+\angle UQF=\pi-\angle EQF=\pi-(\beta-\alpha)>2\alpha.$$

故 $\angle VQF$、$\angle UQF$ 中至少有一个大于 $\alpha=\angle APB$. 不妨设 $\angle VQE>\angle APB$. 由公理 A_9^*，可取 VE 上一内点 C'，使 $\angle EQC'=\angle APB$. 延长 QC' 与直线 EF 交于 Y. 令 $Z=E$，$X=F$，$R=Q$，就得到所要的结论.

上述证明与命题 22.5 的证明相比，有两处用公理 A_9^* 代替了命题 22.4，其他无实质区别，故略其细节.

去掉公理 A_{10} 的另一方案是把角平分线的存在性作为公理，即把公理 A_9^* 换成

$\widetilde{A}_9$（角度可加性）

1）当 $0<\angle CQD<\pi$ 时，对线段 CD 上任一内点 X，有 $\angle CQX<\angle CQD$；且存在这样的 X^*，使

$$\angle CQX^*=\angle X^*QO=\frac{1}{2}\angle CQD.$$

2）若 P 在 A、B 之间，对任一不同于 P 的点 X，有

$$\angle APX+\angle XPB=\pi.$$

由公理 $\widetilde{A}_9$，可通过不断添加角平分线的办法推出公理 A_9 和公理 A_{10}. 由于证明较冗繁，此处从略.

至此，我们已把前面引入的 11 条公理调整为 9 条，即 $A_1\sim A_5$，A_6^*，A_8，A_9^* 和 A_{11}. 在调整时，我们首先注意的是那些看来不太自然的公理，如 A_7，A_{10}，但是，有些看来顺理成章的公理在我们系统中是可以去掉的. 事实上，公理 A_2（直线唯一公理）是可以用面积公理和线性公理来证明的. 因为有

命题 23.12（用公理 A_4、A_5 推导直线唯一公理） 若 A、B、P 在一直线上，A、B、Q 在一直线上，且 A、B 两点不相重合，则 B、P、Q 在一直线上.

证明 由于 A、B、P 在一直线上，由线性公理得

$$S_{QBP}=\frac{|BP|}{|AB|}S_{QAB},$$

但又因 A、B、Q 在一直线上，故 $S_{QAB}=0$. 从而 $S_{QBP}=0$，即 Q、B、P 在一直线上.

命题 23.12 显然蕴含了直线唯一公理. 事实上，设 P、Q 是直线 AB 上不同两点，为了证明直线 AB 与直线 PQ 是同一条直线，只要证明 AB 直线上任一点都在直线 PQ 上，且反过来也对，即可. 在命题 23.12 中，已证明了直线 AB 上任一点 Q 也在直线 BP 上；同理，当 B、P 不同时，直线 BP 上任一点也在 AB 上. 亦即，当三点 A、B、P 两两不同而又共线时，直线 AB 与直线 BP 是同一条直线. 当 Q 在 AB 上时，Q 也在 BP 上. 于是，当 P、Q 不同时，BP 和 PQ 也是相同的直线. 这证明了：两点确定一直线.

因此，从理论上，如要求公理的相互独立性，应把 A_2 从 9 条公理中去掉. 不过，“两点决定一直线”这一命题如此直观、如此深入人心，在数学教育中保留它的公理资格也许更好一些. 公理间相互独立的要求，在我国数学教科书上早已被悄悄地取消了.

剩下的 8 条公理（A_1、A_3、A_4、A_5、A_6^*、A_8、A_9^*、A_{11}），也并非不可以再减弱. 例如，公理 A_6^* 就可以减弱为

“（平面上）任三点不共线的四点所连成的 6 条直线中，总有 2 条相交于不同于四点中任一点的第五点.”

这是因为，由命题 23.5 可知，若 AB、PQ 外交，则 AQ、BP 内交. 故上述减弱了的叙述仍蕴含公理 A_6^*.

这类对公理是否独立、是否可减弱的探讨似乎实际用处不大. 从第 24 章起，我们继续向前，讨论如何把平面几何公理体系扩充为立体几何公理体系.

第 24 章

度量为纲轻车熟路 体积唱戏故道新踪

要把平面几何的公理体系扩充为立体几何的公理体系，一方面要增加有关空间性质的公理，另一方面，对原有的平面几何公理也要逐条检查，重新明确其有效的范围.

平面几何公理体系有一个大前提：所涉及的点、线等都在同一平面上. 但随着每条公理的具体内容不同，有的公理到了立体几何中仍然成立，有的公理则要加上“在同一平面上”的限制.

在第 23 章中，经过调整后总结出平面几何的 8 条公理，即

A_1——距离公理.

A_3——直线完备公理.

A_4——面积公理.

A_5——线性公理.

A_6^*——交点公理.

A_8——角度公理.

A_9^*——角度可加性公理.

A_{11}——刚性公理.

这 8 条公理中，经逐条检查后看到只有交点公理 A_6^* 必须加上“在同一平面上”的限制，其他公理均可直接看作立体几何的公理.

再增加些什么公理，才能构成立体几何的公理体系呢?

一个省力的简单方案是：把希尔伯特公理体系中不能由这 8 条推出的公理都采纳进来. 它们是

I_4 过不在同一直线上的三点 A、B、C，必有一平面 α. 每一平面上至少有一点.

I_5 过不在同一直线上的三点 A、B、C，至多有一个平面.

I_6 如果一直线的两点在一平面 α 上，则该直线的每一点都在 α 上.

I_7 如果两平面 α、β 有一公共点 A，则它们至少还有另一公共点 B.

I_8 至少有四点不在同一平面上.

这样的省力办法并非不可以. 但如这样做了，空间立体几何的展开仍要走欧几里得—希尔伯特体系繁琐的旧路，与我们的初衷不符. 并且，前 8 条与后 5 条，风格也大不相同. 因此，我们取另一方案：像在平面上引入面积一样在空间直接引入体积，借助于体积关系来推导立体几何中的命题.

类似于面积公理（A_4），我们引入

公理 $\mathbf{B_1}$（体积公理） 任意四点 A、B、C、D 对应一个非负实数 $V_{ABCD}=V_{BCDA}$，且存在不同的四个点 X、Y、Z、W，使 $V_{XYZW}>0$.

类似于线性公理（A_5），引入

公理 $\mathbf{B_2}$（空间线性公理） 若 A、B、C 三点在一直线上，且 $|AC|=t|AB|$，则对任两点 P、Q 有 $V_{PQAC}=tV_{PQAB}$.

在平面几何公理体系中，没有必要再给平面下定义. 在欧几里得—希尔伯特公理体系中，平面是一个元词——即不加定义的基本概念. 对于我们，由于取体积作为基本概念，就可以给出平面的定义了.

平面的定义 若三点 A、B、C 使 $S_{ABC}>0$，则一切满足条件 $V_{QABC}=0$ 的点 Q 所成之集，叫做由 A、B、C 三点生成的平面.

这样，交点公理（A_6^*）中的平面，也有了定义. 最后，我们采用希尔伯特

公理 I_7.

公理 B_3（交线公理）　若两平面有一公共点 A，则它们至少还有一公共点 B.

公理 B_3 的实质，是限制了我们所讨论的立体几何是三维空间的几何. 若无此公理，就可能是四维或更高维的空间. 在四维空间里，两个平面可能只有一个公共点. 我们熟知的立体几何的许多命题，都不一定成立了.

根据上述平面的定义，马上可得

命题 24.1（体积对称性）　V_{ABCD} 的值与 A、B、C、D 的顺序无关. 亦即，对 $ABCD$ 的任一排列 $PQRS$，有

$$V_{ABCD}=V_{PQRS}.$$

证明　由体积公理，已知

$$V_{ABCD}=V_{BCDA}=V_{CDAB}=V_{DABC}.$$

再由线性公理 B_2，由 C、D、D 在一直线上以及 $CD=DC$，可得

$$V_{ABCD}=V_{ABDC}=V_{BCAD}=V_{CDBA}=V_{DACB}.$$

利用体积公理再作轮换

$$\begin{aligned}V_{ABCD}&=V_{ABDC}=V_{BDCA}=V_{DCAB}=V_{CABD}\\&=V_{BCAD}=V_{CADB}=V_{ADBC}=V_{DBCA}\\&=V_{CDBC}=V_{DBAC}=V_{BACD}=V_{ACDB}\\&=V_{PACB}=V_{ACBD}=V_{CBDA}=V_{BDAC}.\end{aligned}$$

再由上式第二行第三项的 V_{ADBC} 利用线性公理交换 B、C，又轮换得

$$V_{ADBC}=V_{ABCB}=V_{DCBA}=V_{CBAD}=V_{BADC},$$

即证明了对 A、B、C、D 的全部 24 个排列对应的体积不变.

命题 24.2（空间共边定理 1）　若 AB、CD 两直线交于 M，$AM=tBM$，则对任一点 P 有

$$V_{PACD}=tV_{PBCD}.$$

证明　在直线 CD 上取一点 N，使 $MN=CD$.

由线性公理得

$$V_{PACD}=V_{PAMN}=tV_{PBMN}=tV_{PBCD}.$$

命题 24.3 若 A、B、C 共直线，则对任一点 P 有

$$V_{PABC}=0.$$

证明 若 A、B、C 三点重合，则 $|BC|=0\cdot|AB|$，从而 $V_{PABC}=0\cdot V_{PAAB}=0$. 若非三点重合，则有两点不同，不妨设 $|AB|>0$，从而有 实数 t 使 $|BC|=t|AB|$，由线性公理 B_2 得

$$V_{PABC}=tV_{PAAB}=tV_{PBAA}=0,$$

最后一步是因 $|AA|=0\cdot|AB|$ 之故.

于是立刻得到

命题 24.4（希尔伯特公理 I_4） 过不在同一直线上的三点 A、B、C，必有一平面 α，每一平面上至少有一点.

证明 由命题 24.3 可知 $V_{ABCC}=V_{AABC}=V_{ABBC}=0$，从而 A、B、C 三点皆在由 A、B、C 生成的平面上.

为了导出希尔伯特公理 I_5，要再作一点准备. 先建立一个简单的工具.

命题 24.5 设 $S_{ABC}>0$，P 是直线 AB 上不同于 B 的任一点，则 ABC 生成的平面与 PBC 生成的平面相同.

证明 由于 P 不同于 B，故 $|PB|>0$，从而

$$S_{PBC}=\frac{|PB|}{|AB|}S_{ABC}>0.$$

由定义知 PBC 可生成一平面. 由空间线性公理及 P、A、B 在一直线上可得，

$$\frac{V_{QCPB}}{|PB|}=\frac{V_{QCAB}}{|AB|}.$$

从而 V_{QCPB} 与 V_{QCAB} 同时为 0 或同时非 0. 由平面定义可知 PBC 与 ABC 生成同一平面.

命题 24.6 若 P 在 ABC 所生成的平面上，且 $S_{PBC}>0$，则 PBC 生成的平面与 ABC 生成的平面相同.

证明 若两条直线以 CA、AB 之一通过点 P，由命题 24.5，结论成立. 二

若不然，由交点公理（A_6^*），P、A、B、C四点中必有两点连成的直线与其余两点连成的直线交于第五点M.

若M为AP、BC之交点，由命题24.5，MAB与ABC生成相同的平面；但P在AM上，故PMB与MAB生成同一平面；又有C在MB上，故PBC与PMB生成同一平面，即PBC与ABC生成同一平面.

若M为PB（PC）、AC（AB）之交点，由命题24.5，MBC与ABC生成同一平面. 但因P在直线MB（MC）上，故PBC与MBC生成同一平面.

命题24.7 若P、Q、R三点在ABC所生成的平面上，且$S_{PQR}>0$，则PQR与ABC生成相同的平面.

证明 由命题24.6可知，我们可用点P取代A、B、C中之一而仍生成同样的平面，不妨设PBC与ABC生成相同的平面.

若Q在直线PB上，由命题24.5及$|PQ|>0$（因$S_{PQR}>0$），可知PQC与PBC生成相同之平面. 否则，$S_{QPB}>0$，则由命题24.6可知PQB与PBC生成同一平面. 总之，可用户、Q取代A、B、C中两点且仍生成同一平面. 最后，由$S_{PQR}>0$可用只取代A、B、C中尚余的一点且仍生成同一平面.

命题24.8（希尔伯特公理Ⅰ$_5$,） 过不在同一直线上的三点，至多有一个平面.

证明 设P、Q、R及不在同一直线上，即$S_{PQR}>0$. 又设由ABC生成的平面. 和由XYZ生成的平面β都过P、Q、R三点. 由命题24.7，PQR生成的平面与α相同，又与β相同，可见α、β是同一平面.

接着，我们又可以证明

命题24.9（希尔伯特公理Ⅰ$_6$） 设P、Q是平面α上不同的两点，则直线PQ上任一点都在平面α上.

证明 设α由ABC生成. 若A、B都在直线PQ上，则直线PQ上任一点X在直线AB上. 由命题24.3，得$V_{XABC}=0$，故X在α上.

若直线PQ与AB不同，可取A、B中之一，不妨设为A，使$S_{APQ}>0$. 由命题24.7，APQ生成平面α. 对直线PQ上任一点X，有

$$V_{XAPQ}=0.$$

故 X 在平面 α 上.

前面所说应当补充的五条空间几何的希尔伯特公理中，已有三条被证明了．至于 I_8，它是体积公理中要求存在四点使 $V_{XYZW}>0$ 这一断言的直接推论．另一条 I_7，我们已接受它作为公理 B_3.

至此，我们引入的 11 条公理（A_1、A_3、A_4、A_5、A_6^*、A_8、A_9^*、A_{11}、B_1、B_2、B_3）已被证明是蕴含欧几里得—希尔伯特的诸公理的．另一方面，这 11 条公理都是欧几里得几何中人所共知的真命题，故它们在逻辑上与传统的欧几里得几何公理体系等价.

在已证诸命题基础上容易展开欧几里得几何，即建立常用的解题工具，计算公式等，在平面几何中，有一系列的有力工具，如共边定理、共角定理、面积公式等．这些工具在立体几何中也能得到相应的推广．这些应当是进一步的工作．此处仅给出几个最基本的工具性命题.

命题 24.10 设 A、B、C、D 在一平面上且有

$$S_{ABC}>0, \quad S_{BCD}>0,$$

则对任一点 P，有

$$\frac{V_{PABC}}{S_{ABC}}=\frac{V_{PBCD}}{S_{BCD}}.$$

（共高四面体体积之比等于底面积之比但此处没用到高的概念）

证明 不妨设 A、D 在直线 BC 之异侧（若不然延长 AB 至 E，使 $AB=BE$，则由线性公理知：

$$V_{PABC}=V_{PEBC}.$$

然后以 E 代 A 完成证明）

设 AD 与 BC 交于 M，由命题 24.2 及平面共边定理得

$$\frac{V_{PABC}}{V_{PBCD}}=\frac{AM}{BM}=\frac{S_{ABC}}{S_{BCD}}.$$

故欲证之结论成立.

由此可过渡到更一般的情况.

命题 24.11 设 A、B、C、P、Q、R 在同一平面上，且 $S_{ABC}>0$，$S_{PQR}>0$，则对任一点 X 有

$$\frac{V_{XABC}}{S_{ABC}}=\frac{V_{XPQR}}{S_{PQR}}.$$

证明 点 P 不可能同时在三条直线 BC、CA、AB 上. 不妨设 P 不在 BC 上，即 $S_{PBC}>0$. 由命题 24.10 得

$$\frac{V_{XPBC}}{S_{ABC}}=\frac{V_{XPBQ}}{S_{PBC}}.$$

由于 $S_{PQR}>0$，故 Q 与 P 不同，从而 Q 不可能同时在两直线 PB、PC 上. 不妨设 Q 不在 PB 上，则 $S_{PBQ}>0$.

从而由命题 24.10 得

$$\frac{V_{XPBC}}{S_{PBC}}=\frac{V_{XPBQ}}{S_{PBQ}}.$$

再用一次命题 24.10 得

$$\frac{V_{XPBQ}}{S_{PBC}}=\frac{V_{XPBQ}}{S_{PBQ}}.$$

综合以上递等式，命题 24.11 得证.

现在可以导出相应于平面上的共边定理的基本命题了.

命题 24.12（共面定理） 若直线 PQ 与 ABC 所生成的平面交于 M，则 $|QM|>0$ 时，

$$\frac{V_{PABC}}{V_{QABC}}=\frac{|PM|}{|QM|}.$$

证明 由于 M 不可能同时在 BC、CA、AB 这三条直线上，故 S_{MBC}、S_{MCA}、S_{MAB} 中总有非 0 者. 不妨设 $S_{MAB}>0$. 由命题 24.10 可得

$$\frac{V_{PABC}}{S_{ABC}}=\frac{V_{PMAB}}{S_{MAB}},$$

$$\frac{V_{QABC}}{S_{ABC}}=\frac{V_{QMAB}}{S_{MAB}}.$$

由于 P、Q、M 共线，用空间线性公理得

$$\frac{|PM|}{|QM|}=\frac{V_{PMAB}}{V_{QMAB}}=\frac{V_{PMAB}}{S_{MAB}}\cdot\frac{S_{MAB}}{V_{QMAB}}$$
$$=\frac{V_{PABC}}{S_{ABC}}\cdot\frac{S_{ABC}}{V_{QABC}}=\frac{V_{PABC}}{V_{QABC}}.$$

这就完成了命题 24.12 的证明.

证明中用到了 $V_{QABC}\neq 0$，这由于假设中 PQ 与 ABC 平面交于 M 及 $|QM|>0$ 蕴含条件 Q 不在 ABC 平面上，从而得 $V_{QABC}>0$.

有了共面定理，即可证明不少有趣的命题，如重心定理以及类似于平面上的塞瓦定理等一类命题，还可进一步讨论平行于平面的直线等立体几何的基本命题. 借助于交线公理（B_3），可把许多立体几何问题分解为平面几何问题. 这些都不是这本书的任务了.

第25章

抛砖引玉愿益学子 投石问路敬待来人

由于面积方法在几何定理机器证明领域得到应用并导致突破性进展，它在未来的几何教学中，特别是计算机辅助几何教学中，极有可能扮演重要的角色. 因此，建立以面积为基本量的几何公理体系并对它进行较深入的研究，是一件有意义的工作.

本书下篇仅仅是这项工作的第一步. 所做到的，只不过是提出一个以面积、角度、体积为基本量的三维欧几里得几何公理体系，并说明了它与传统的欧几里得—希尔伯特公理体系的等价性. 这里提供的证明方法是粗糙的，有可能进一步提炼而使之更为简捷，得体. 公理与定义的选择和叙述方式也不是不可改进的. 有些问题有待进一步研究. 例如，

1）关于平面的定义问题. 前面的公理Ⅶ（第21章）实际上给出了平面的一种定义方法——用三点定面和面积分割法确定平面上的点. 后采我们实际上用体积 $V_{QABC}=0$. 作为 Q 在平面 ABC 上的判定准则，从而把平面 A、B、C 定义为

这样的点Q的集合. 这容易让人提出一个问题：平面是二维的，而体积是三维的概念. 能否不借助三维概念而定义平面呢？

办法当然是有的，在第21章中引入的公理Ⅶ可以发展为平面的一种定义方法，但这种定义方法似不能导致推理的简捷化，故我们也没有采取它. 还有一种很直观的平面定义方法：把平面看成是由直线织成的. 例如，对不共线的三点A、B、C，任取其中一点和另两点连成的线段上的任一点可作一直线，所有这些直线上的点之集可以叫做由A、B、C三点生成的平面，这样由低维到高维的构造方法，不仅直观，似乎也不会导致以后推理的麻烦.

2）关于直线的定义问题. 在第21章中，我们引入的公理Ⅱ（直线完备公理）曾给出直线的定义. 但最后我们采取了公理Ⅰ′，和公理Ⅲ. 而涉及三点共线的充分条件的公理，只有面积公理A4中所说的：当$S_{ABC}=0$时，A、B、C三点在一直线上. 关于三点共线的必要条件，我们在第21章中曾证明（命题21.2），若A、B、C在一直线上，则$S_{ABC}=0$. 因此，事实上$S_{ABC}=0$已成为三点A、B、C共线的定义.

但这样做，又是自上而下的定义，即用二维的面积概念定义一维的直线. 此外，如用等式$S_{ABC}=0$作为A、B、C共线的定义，就是先肯定了$S_{ABC}=0$是A、B、C共线的充要条件. 而实际上，由A、B、C共线可用其他公理导出$S_{ABC}=0$. 这一来，采用它为定义就削弱了系统内的相互独立性.

有一个解决办法是：仅仅把直线定义为具有某些性质的一些点集，而这些性质即是有关的公理. 这毕竟比传统体系中把直线作为不加定义的基本概念又向现代数学靠近了一步.

3）关于角的定义问题. 在几何公理中可以不谈到角的度量，甚至可以完全不提角的概念. 传统的几何公理体系中，只是把角定义为具有公共端点的两条射线所构成的图形. 而在展开的过程中引入角的度量. 在现代的一些几何公理体系中，如以两点距离为基础的公理体系（见第18章），面向教育的柯尔莫哥洛夫公理体系，都没有把角的概念放在公理之中，在左铨如、季素月（1992）所著的《初等几何研究》中，所介绍的以面积为中心的公理体系，也没有涉及角度. 这都说明，在展开过程中再引入角度也是一种常用的方法. 在实际教学中哪种方法更恰当，需要通过深入的实践加以比较.

在我们的公理体系中，也可以只引入角和角的相等（合同）的概念而不引入角度. 这时可去掉公理 A_8（角度公理）和 A_9^*（角度可加性公理），用“边边边公理”代替它们.

边边边公理 若 $|AB|=|XY|$，$|BC|=|YZ|$，$|AC|=|XZ|$，则 $\angle ABV=\angle XYZ$.

然后在展开过程中定义角的大小、角的度量等.

4）如何直观而严谨地引入带号体积和带号面积，是值得讨论的问题.

如果一开始在公理中就引入带号体积与带号面积，会给展开推理带来极大的方便. 但这样一来代数的味道似乎太浓了. 而且看来不易被初学几何的中学生所接受. 因此，引入带号体积与带号面积的时机、方式都是要研究的问题.

要注意的是：目前几何定理机器证明的软件中，所使用的体积与面积是带号的. 使用不带号的体积与面积会给自动推理带来很大的困难. 例如，若用 $\overline{S}_{ABC}$ 记 $\triangle ABC$ 的带号面积，则 $PQ//AB$ 的充分必要条件是 $\overline{S}_{PAB}=\overline{S}_{QAB}$. 而对一般面积而言，由 $PQ//AB$ 虽能导出 $S_{PAB}=S_{QAB}$，但反之不然. 知道了 $S_{PAB}=S_{QAB}$，还必须加上条件“P、Q 在直线 AB 同侧”才能推出 $PQ//AB$ 且而同侧概念基于顺序关系. 在几何定理机器证明研究领域，顺序关系的引入与处理目前仍是一大难题.

在几何公理体系中的不带号的体积与面积与机器证明中带号的体积与面积，在图形给定之后是可以相互转化的. 如何直观而简捷地处理这个转化过程，也是计算机辅助几何教学研究与实践中需要解决的问题.

5）前面我们提供的证明，应当是可以再加以简化的.

6）关于公理间的相互独立性问题，也有待于探讨.

由此看来，建立一个既直观、又严谨，既便于展开，又有利于教学，既能保持传统几何的优美，又能与现代数学紧密联系的欧几里得几何体系，确是一件有一定难度的工作. 我们目前已有了一条可能成功的新路. 但沿着这条路能否达到预期的目的，还要靠更多的实践和探讨才能做出确切的回答.

参考文献

[1] 常庚哲. 1980. 复数计算与几何证题. 上海：上海教育出版社.

[2] 范恩贵. 2004. 可积系统与计算机代数. 北京：科学出版社.

[3] 高小山. 2006. 方程求解与机器证明. 北京：科学出版社.

[4] 黄文奇. 2004. 近世计算理论导引. 北京：科学出版社.

[5] 陆征一. 2004. 多项式系统的实根分离算法及其应用. 北京：科学出版社.

[6] 欧几里得. 2005. 几何原本. 燕晓东译. 北京：人民日报出版社.

[7] 王东明. 2002. 消去法及其应用. 北京：科学出版社.

[8] 王永祥. 2007. 进程代数. 北京：科学出版社.

[9] 吴尽昭. 2007. 交互式马尔可夫链. 北京：科学出版社.

[10] 吴文俊，吕学礼. 1986. 三角形的角平分线. 北京：科学普及出版社.

[11] 吴文俊. 1977. 初等几何判定问题与机械化证明. 中国科学（A），20：507～516.

[12] 吴文俊. 1984. 几何定理机器证明的基本原理. 北京：科学出版社.

[13] 吴文俊. 2003. 数学机械化. 北京：科学出版社.

[14] 吴文俊. 2009. 慎重地改革数学教育. 数学教学，(5).

[15] 希尔伯特. 1987. 几何基础. 江泽涵，朱鼎勋译. 北京：科学出版社.

[16] 闫振亚. 2007. 复杂非线性波的构造性理论及其应用. 北京：科学出版社.

[17] 杨路，夏壁灿. 2007. 不等式机器证明与自动发现. 北京：科学出版社.

[18] 曾广兴. 实域论. 2003. 北京：科学出版社.

[19] 张景中，曹培生. 2005. 从数学教育到教育数学. 成都：四川教育出版社，1989；台北：九章出版社，1996；北京：中国少年儿童出版社.

[20] 张景中，杨路，侯晓荣. 1993. 代数方程组相关性的一个判准及其在定理机器证明中的应用. 中国科学（A），23（10）：1036～1042.

[21] 张景中，杨路. 1989. 定理机械化证明的数值并行法及单点例证法原理概述. 数学的实践与认识，（1）：34～43.

[22] 张景中. 1990. 一个古老的梦实现了（几何定理机器证明的吴法浅谈）! 自然杂志，13（10）：682～688.

[23] 张景中. 1991. 举例子能证明几何定理吗? 自然杂志，14（1）：55～62.

[24] 左铨如，季素月. 1992. 初等几何研究. 上海：上海科技教育出版社 .

[25] Chou S C，Gao GX，Zhang J Z. 1994. Machine Proofs in Geometry. Singapre：World Scientific.

[26] ChOU S C. 1988. Mechanical Geometry Theorem Proving. Dordrecht，Norwell，MA，USA：Reidel Publishing Company Gelemter H，Hansen J R，Loveland D W. 1960. Empirical exploratiOns of the gemometry theorem proying machine//Proc. Western JOint Comp. Conf. ，143～147. San Francisco，May 3～5 .

[27] Gilmore P C. 1970. An examination of geometry theorem mach ine. Artif. Intell. 1：171～187.

[28] Nevins A J. 1975. Plane geometry theorem proying using forward chaining. Artificvial Intelligence 6（1）：1～23.

[29] Zhang J Z，Chou S C，Cao C X. 1992. Automated production of traditional proofs fortheorems in Euclidean geometry，I. The Hilbert intersection point theorems，WSUCS-92-3；Annals of Mathematics and Anmcial Intelligence，13（1995），109～137.